Höckerschwan, Singschwan, Zwergschwan

3. unveränd. Auflage, Nachdruck der 2. Auflage von 1970

Mit 84 Abbildungen

Alfred Hilprecht

Die Neue Brehm-Bücherei Bd. 177
Westarp Wissenschaften · Magdeburg · 1995
Spektrum Akademischer Verlag · Heidelberg · Berlin · Oxford

Dr. Oskar Heinroth †

zum Gedenken

Die Deutsche Bibliothek — CIP-Einheitsaufnahme

Hilprecht, Alfred:
Höckerschwan, Singschwan, Zwergschwan / von Alfred Hilprecht. –
3., unveränd. Aufl., Nachdr. der 2. Aufl. von 1970. –
Magdeburg: Westarp-Wiss.; Heidelberg: Spektrum Akad. Verl., 1995
(Die Neue Brehm-Bücherei; Bd. 177)
ISBN 3-89432-188-1
NE: GT

Publiziert in Zusammenarbeit mit
Spektrum Akademischer Verlag, Heidelberg

Druck und Bindung: Hartmann, Ahaus

Inhaltsverzeichnis

1. Der Schwan im Volksglauben

Dichtung und Sage sprechen vom Schwan schon in früher Zeit. Die alten Griechen weihten ihn dem Gott des Schönen, Apollo, von dem er auch die Gabe der Weissagung erhielt, und Zeus genoß die Umarmung der Leda in Schwanengestalt.

Auch in der germanischen Mythologie steht der Schwan in enger Beziehung zu den Gottheiten. Er war der Bote der Nornen an die Asengötter, und indem er den Schiffen den Weg wies, die die Toten dem Seelenlande zuführten, hielt er Verbindung mit dem Reiche der finsteren Hel, der Totengöttin. Mancherorts – so auf Rügen – übernahm der Schwan die Rolle des Klapperstorches und brachte statt diesem die Neugeborenen.

In der Sage vom Schwanenritter kehrt nach dem Tode des Schwans die Sonne, der Frühling, der junge Held zurück. Fährt er dem schönen Mädchen in einem Nachen entgegen, darf ihn niemand fragen, woher er kommt; der Schwan, der den Nachen zieht, würde ihn sonst wieder zurück in das Reich des Todes führen.

Wie weit der Schwan auch in unserem Volke die Gabe der Weissagung zugesprochen bekam, äußert sich noch heute in den unbewußten Aussprüchen „es schwant mir" oder „mir wachsen Schwanenfedern", mit denen wir eine Vorahnung bezeichnen. Wetterbote war er, weil er mit seinem Wiedererscheinen das Ende der regnerischen, winterlichen Jahreszeit ankündigte. Er verhieß auch Glück. Als Gottfried von Bouillon – nach alter Erzählung – im Lager von Jerusalem einen Schwan erblickte, der dreimal sein Haupt umkreiste, nach Jerusalem flog und sich auf einen Turm setzte, deutete er den Vorfall als ein günstiges Omen. Die Stadt wurde darauf im Sturm genommen.

Die Kunst hat den menschlichen Vorstellungen und Dichtungen über den Schwan mannigfachen Ausdruck gegeben, und heraldische Zeichen stellen ihn symbolisch dar.

2. Die Ordnung der Schwäne

Die Schwäne gehören zu den Entenvögeln. Von den neun Arten, die es auf der Welt gibt, kommen in Europa drei vor: der Höckerschwan *Cygnus olor* (Gmelin), der Singschwan *Cygnus cygnus* (L.) und der Zwergschwan *Cygnus columbianus bewickii* Yarrell.

Vom Singschwan werden zwei Rassen unterschieden: der das nördliche europäische und asiatische Festland bewohnende *Cygnus cygnus cygnus* (L.) und der auf Island lebende, im Durchschnitt etwas kleinere *Cygnus cygnus islandicus* Brehm.

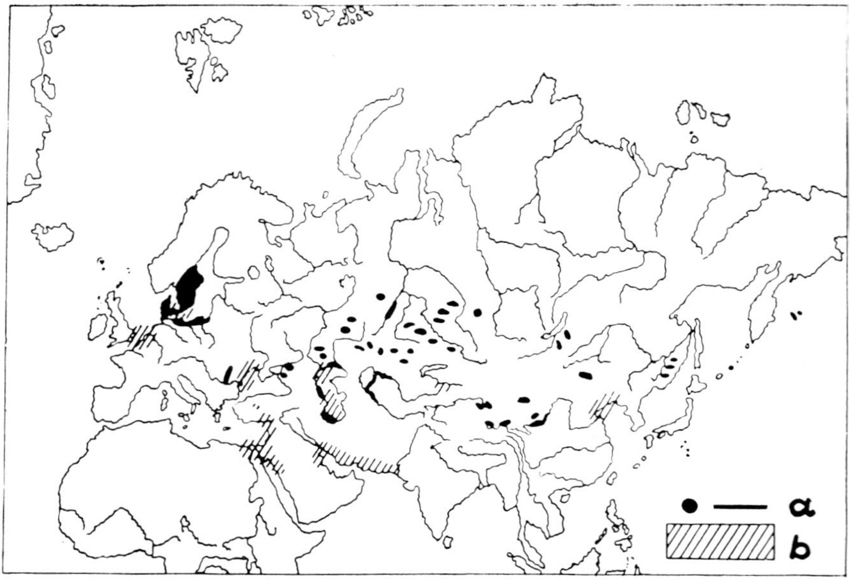

Fig. 1. Verbreitung des wilden Höckerschwans *Cygnus olor*. Nach Dementiew u. Gladkow, ergänzt. a) Brutgebiete, b) Überwinterungsräume

Beim Zwergschwan *Cygnus columbianus bewickii* besteht die Tendenz des Größerwerdens von West nach Ost, der Schnabel wird mächtiger und breiter, und das Gelb und Schwarz ist anders verteilt. Isakow und Ptuschenko stellten es fest und glauben darum, zwei Rassen unterscheiden zu müssen: eine westliche *Cygnus columbianus bewickii* Yarrell und eine in Ostsibirien heimische *Cygnus columbianus jankowskii* Alphéraki. Rassengrenze und Übergangsgebiet sollen die Taimyrhalbinsel und die Lena sein. Stegmann und Tugarinow halten diese Unterscheidung jedoch nicht für angebracht, und Hartert (1921) führt die Subspezies *jankowskii* nur mit Vorbehalt auf. Auch Vaurie kann nach gründlichen Untersuchungen die Rasse *jankowskii* nicht anerkennen, da die Zwergschwäne nach seiner Meinung sowohl im Westen wie im Osten in ganz gleicher Weise variieren, sowohl hinsichtlich der Länge des Schnabels wie auch der Breite der Schnabelspitze und der Ausdehnung des gelben Basisflecks (Niethammer brieflich). In der Check-List of Birds of the World von Peters ist sie nicht genannt. Auffällig ist jedoch, daß die beiden Populationen verschiedene Winterplätze aufsuchen.

Im arktischen Nordamerika kommt der Pfeilschwan, *Cygnus columbianus columbianus* als naher Verwandter des Zwergschwans vor.

Der H ö c k e r s c h w a n ist nur in einer Rasse vertreten. In der Gefangenschaft hat er eine ursprünglich für eine andere Art gehaltene und als „Unveränderlicher Schwan" – *Cygnus immutabilis* Yarrell – bezeichnete Mutante gebildet, deren Junge und Einjährige nicht das graubraune, sondern ein weißes Federkleid tragen. Es vererbt sich nur unter gefangenen oder halbdomestizierten Schwänen, und zwar wechselweise. Nähere Ausführungen darüber im Abschnitt „Abnorme Weißfärbung".

3. Allgemeine Verbreitung

Der H ö c k e r s c h w a n bevorzugt zu seinem Aufenthalt Gebiete mit gemäßigtem Klima. Als Wildvogel finden wir ihn in der Norddeutschen Tiefebene, in Dänemark, im Südteil Schwedens, an der unteren Donau, in den Wolga-Ural-Steppen, in den Ebenen des südlichen Westsibirien, in Turkestan, Ussurien, in der südlichen Gobi und in Nordkansu, ferner in Kleinasien und im Iran (s. Fig. 1).

Weiter zum Norden hinauf besiedelt der S i n g s c h w a n die Waldzonen Nordskandinaviens, Nord- und Ostfinnlands (zwischen dem 64. und 70. Breitengrad), die nördlichen Teile der Sowjetunion in Europa

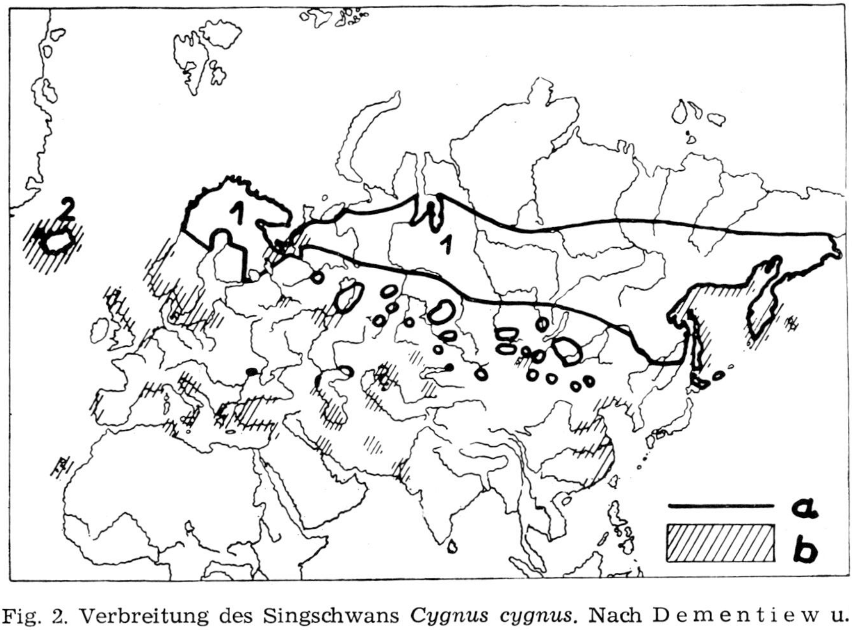

Fig. 2. Verbreitung des Singschwans *Cygnus cygnus*. Nach D e m e n t i e w u. G l a d k o w , geändert. 1 = *Cygnus c. cygnus*, 2 = *Cygnus c. islandicus*.
a) Brutgebiete, b) Überwinterungsräume

und Sibirien (zwischen dem 62. und 70. Breitengrad), und er dringt stellenweise auch in die Tundra vor, wird aber in seinen südlicheren Vorkommen auch in offenem, trockenem Gelände angetroffen. Seine Verbreitung reicht ostwärts bis nach Kamtschatka, südlich bis zum Südrand Sibiriens, ferner brütet er am Nordufer des Kaspischen Meeres, in der Kirgisensteppe, im Baikalgebiet und im nördlichen Heilongjiang (ehem. Mandschurei). Auf Island lebt die im Durchschnitt etwas kleinere Form *islandicus* (s. Fig. 2). Früher soll der Singschwan auch in Grönland gebrütet haben, Naumann nimmt hier aber eine Verwechslung mit nordamerikanischen Arten an.

Der Zwergschwan, der den Singschwan nördlich der Waldgrenze vertritt, dringt am weitesten zum Norden vor, bis in die Tundren Europas und Asiens und bewohnt die Strecke von der Kolahalbinsel bis zum Kolymadelta in Ostsibirien innerhalb der Juliisothermen von 2 ° und 12 ° (Voous 1960) (s. Fig. 3).

3.1. Verbreitung des Höckerschwans

Für Mecklenburg führt Kuhk (1939) den Höckerschwan als einen verbreiteten häufigen Brutvogel auf. Er bewohnte in einem oder mehreren Paaren alle größeren geeigneten Seen. Aus alter Zeit ist als Brutplatz der Conventer See bekannt. Siemsen erwähnt ihn schon 1793 als Schwanensee, und Wüstnei spricht noch 1897 von etwas mehr als 60 Brutpaaren, die ihn bevölkerten. Den ersten Weltkrieg überdauerte hier nicht ein Vogel. Erst etwa 1923 stellten sich wieder einige Brutpaare ein. Nach dem zweiten Weltkrieg war von dem Schwanenreichtum abermals nicht viel übriggeblieben.

In der Mark Brandenburg sind die Höckerschwäne „in solcher menge gewesen, daß Se. Königl. Maj. Friedrich I. A. 1704 eine sonst in diesen landen noch nie üblich gewesene Schwanenjagt auf dem Ukersee gehalten, daran auch ein so gnädiges wohlgefallen gehabt, daß Dieselbe diesen seltsamen vorfall und den vorzüglichen aufenthalt dieses federwilds durch einrükkung eines Schwans in das Prenzlowische Statwappen bei der nachwelt verewiget, und einen besonderen Wapenbrief darüber ertheilet und ausfertigen lassen“ (Bekmann 1751). Johann Samuel Seckt führt neben dem Ückersee auch den Blindowsee als besondere Brutplätze auf.

Auf den märkischen Seen wurden früher viele Schwäne gefangen und zur Blutauffrischung der Havel und Spree zugesetzt (darüber Näheres im Abschnitt „Die Havelschwäne“). G. Steinbacher (1938) errechnete im Jahre 1936 für die Kurmark nur noch 11 Brutpaare und 22 Nichtbrüter, insgesamt also 44 alte Schwäne. Die halbwilden der Spree und Havel blieben dabei unberücksichtigt.

Der zweite Weltkrieg brachte erneut erhebliche Verluste. Der Bestand schrumpfte so bedenklich zusammen, daß der Höckerschwan auszuster-

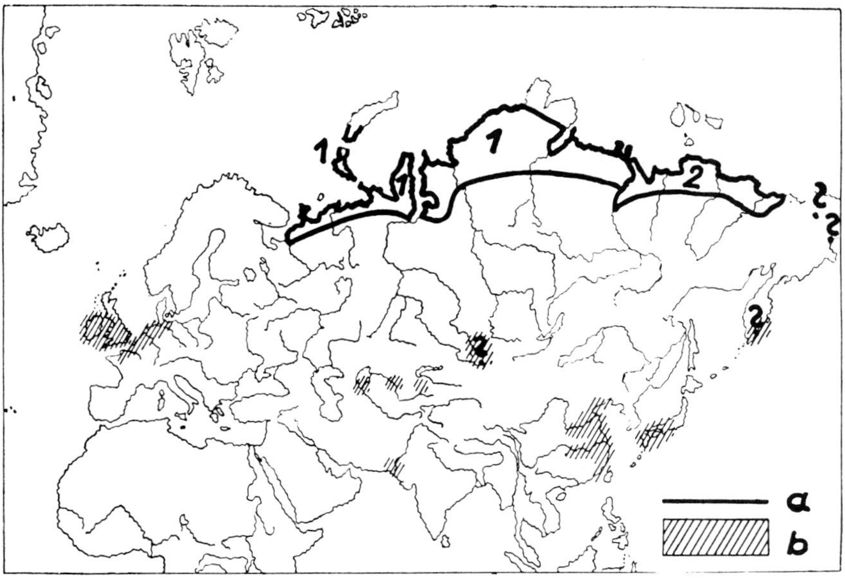

Fig. 3. Verbreitung des Zwergschwans *Cygnus bewickii.* Nach D e m e n t i e w u. G l a d k o w , geändert. 1 = *Cygnus columbianus bewickii,* 2 = *Cygnus columbianus jankowskii.* a) Brutgebiete, b) Überwinterungsräume

ben drohte. Man stellte ihn darum in der Deutschen Demokratischen Republik unter besonderen gesetzlichen Schutz und nahm ihn in die „Liste der vom Aussterben bedrohten Tiere" auf. Das bewirkte ein erneutes Anwachsen des Restbestandes, und er besiedelte wieder mehr und mehr die Gewässer, die er verlassen hatte. Als 1966 eine Höckerschwanzählung für das gesamte Gebiet der DDR vorgenommen wurde, ergab sie wieder den erfreulichen Bestand von insgesamt 926 Nistpaaren, von denen 820 mit Erfolg gebrütet hatten. Die Zahlen verteilen sich auf die einzelnen Bezirke wie folgt: Rostock 318 Paare, Neubrandenburg 318, Schwerin 215, Potsdam 47, Frankfurt/Oder 12, Magdeburg 10, Halle (Saale) 3, Berlin 2 Paare und Dresden 1 Paar. Die für die Zählung angestrebte Trennung in wilde und halbwilde Vögel ließ sich nicht durchführen (H i l p r e c h t 1968).

Das Ergebnis der Zählung läßt vermuten, daß die geeigneten Brutplätze im Norden der DDR mittlerweile wieder alle besetzt wurden. Die Vögel rücken hier jetzt schon enger zusammen und nehmen selbst mit Gewässern bis zu einem halben Hektar vorlieb.

In Schleswig-Holstein galten bis zum Jahre 1861 als bedeutende Nistorte des Höckerschwans der Wesseker See, der Gruber See und der Klostersee bei Cismar. Oft wurden hier in einem Jahr gegen 70 Schwäne geschossen (D i e t r i c h 1928). In den zwanziger Jahren unseres Jahrhunderts zählte man dagegen nur noch wenige Höckerschwäne. Nach Durchführung strengerer Schutzmaßnahmen sowie durch Aussetzen halbwilder Vögel nahmen sie wieder zu und vermehrten sich schließlich in einer Weise, daß der Höckerschwan nunmehr auf allen, selbst den kleinsten Gewässern, anzutreffen ist. Auch die Flensburger Förde und die Schlei hat er besiedelt und brütet hier in stillen Buchten. Während sich die Brutschwäne im unteren Schleigebiet und auf dem Schwanseer See zusammenballen, ist der Westen des Landes dagegen nur gering besiedelt (W e i l a n d 1960). Die genaue Zahl ist nicht bekannt und läßt sich bei dem Reichtum des Landes an großen und kleinen Seen und Sumpfgebieten nur sehr schwer ermitteln (E m e i s brieflich). Jäger und Ornithologen befürchten bereits, der Schwan würde bei seiner schon sehr dichten Besiedlung Schleswig-Holsteins andere Wasservögel auf den Teichen und Seen vergrämen. Die Regulierung des Bestandes durch gelenkten Abschuß wurde darum erwogen.

Schweden bewohnt der Höckerschwan nach dem „Förteckning över Sveriges Fooglar“ in mäßiger Zahl im Südteil des Landes und geht bis zum 61. Breitengrad hinauf. 1925 war er in der Provinz Schonen fast ausgerottet. Der ganzjährige Schutz und das Verständnis der Anlieger bewirkten, daß sich der Vogel seit der Mitte des Jahrhunderts wieder gut vermehrte und verbreitete (Ö s t e r l ö f brieflich). Für die Bezirke Seeland und Schonen stieg die Anzahl der Brutvögel von 722 im Jahre 1953 auf 1726 im Jahre 1959 (M a t t h i a s s o n 1963). Der Vogel dringt weiter nordwärts vor und erreichte 1959 bereits den 20° 30′ n. Br. Möglicherweise brütet er auch im Ångermanland und Norbotten.

In Norwegen versuchte der Höckerschwan wiederholt um den Oslofjord herum zu brüten, die Nester wurden aber wieder verlassen. Nur im Jahre 1968 gelang eine Brut mit 2 oder 3 Jungen in Råde, Östfold. Unbekannt ist, ob es sich um Wildvögel oder verwilderte Parkvögel handelte, doch wurde im Juni 1956 in Åven, Östfold (Ostseite des Oslofjordes) ein auf Amager in Dänemark beringter Höckerschwan tot gefunden (H o l g e r s e n brieflich).

Durch rücksichtslosen Abschuß war der Höckerschwanbestand in Dänemark bis zum Jahre 1926 auf 4 Paare zurückgegangen. Es wurde der ganzjährige Schutz verfügt, wonach sich der Bestand wieder erholte. 1935 waren es schon 30 bis 40 Paare, 1950 bereits 385 Paare (J e s p e r s e n 1951) und 1954 gar 750 Paare. Er ist auch weiter im Steigen (P a l u d a n 1962). Die Zunahme ist besonders auf den östlichen Inseln auffällig, in Jütland geringer, wo der Höckerschwan erst 1935 einwanderte. Immerhin waren es hier 1954 244 Paare (P e d e r s e n 1961). Neu eingewandert ist er mit 1 bis 2 Brutpaaren auf der Insel Bornholm (M e l c h i o r - H a n s e n 1962). Für die Bezirke Bydgoszcz und Poznan nannte F r a s e (1936) 16 Brutpaare, die 1936 59 Junge ausbrachten, außerdem wurden 17 nicht brütende Vögel gezählt.

Lenski (1950) stellte auf dem Luptowsee in Nordwest-Polen (südlich Koszalin) im Jahre 1936 22 Brutpaare fest. Der allgemeine Schutz, der dem Schwan zugesprochen wurde, bewirkte auch hier eine starke Vermehrung. 1944 waren es bereits 36 Brutpaare mit 217 Jungen (höchste früher festgestellte Zahl 96 Brutpaare).

Für Nordost-Polen (Mazury) ergab die 1936 von der Vogelwarte Rossitten (Rybatschi) veranlaßte Bestandsumfrage 456 Brutpaare mit 1141 Jungen sowie 1109 nicht brütenden Schwänen (von Sanden 1939). Eine weitere Rundfrage im Jahre 1938 ergab rund 500 Brutpaare auf 130 Seen (Tischler 1941). Über die Entwicklung des Schwanenbestandes auf dem Nordenburger See gab von Sanden (1934–1939) eine genaue Übersicht. Danach wurde 1893 das erste Brutpaar bemerkt, bis 1903 wuchs der Bestand auf etwa 100 Paare an und hielt sich bis 1914 auf dieser Höhe. 1914 bis 1918 konnten keine genauen Kontrollen durchgeführt werden, doch trat wohl keine Veränderung ein, 1919 führte die rücksichtslose jagdliche Verfolgung fast zur Vernichtung des Bestandes, 1927 waren nur noch einzelne Brutpaare vorhanden, die sich sehr scheu benahmen, da ihre Nester geplündert wurden. 1928 waren es schließlich wieder 8 Paare, doch blieb nach dem strengen Winter 1929 nur ein Brutpaar erhalten. 1930 stellten sich darauf 8 Brutpaare ein, die bei durchgreifendem Nestschutz 37 Junge hochbrachten; 1931 waren von 8 bis 9 Brutpaaren 7 Bruten erfolgreich und erbrachten 43 Jungschwäne; 1932 führten 10 Brutpaare 41 Junge; 1933 zogen etwa 22 Brutpaare 98 Jungschwäne auf. 1934 etwa 28 Brutpaare 86 Jungschwäne (Schäden durch Raubzeug); 1938 waren es dann bereits etwa 45 Brutpaare mit 91 Jungschwänen (wiederum Schäden durch Raubzeug), 1939 ungefähr 50 Brutpaare.

In Polen belief sich der Bestand zwischen den beiden Weltkriegen auf rund 400 Paare und 800 nicht brutfähige Vögel. Nach starkem Rückgang während des zweiten Weltkrieges erholte sich das Vorkommen und erreichte 1956 bereits 1000 Paare und 1500 Nichtbrüter; 1958 waren es dann gar rund 3600 Paare und 3000 Nichtbrüter (Sokolowski 1960). Damit dürfte Polen gegenwärtig die größte Brutdichte der Wildform des Höckerschwans innerhalb seiner Verbreitungsgrenzen aufweisen. Er unterschritt bereits den 50° 30′ n. Br.

In der Litauischen SSR, wo der Höckerschwan vor vielen Jahren als Brutvogel verschwand, stellte er sich 1937 wieder ein. Bald folgten weitere Paare. Ein hoffnungsvoller Anfang auf dem Metjalissee wurde zunichte, auf dem Shaltitissee dagegen stieg das Vorkommen seit der Besiedlung 1942 auf 23 Brutpaare im Jahre 1959. Auch an anderen Stellen erschienen Schwäne; insgesamt brüteten nach Voljus und Muraschka (1961) in der Litauischen SSR im Jahre 1959 90 bis 100 Höckerschwäne. Ivanauskas (1960) führt für 1958 etwa 4 Brutpaare für das Delta der Neman an, und zwei Nester sollen in Lagomitien gefunden worden sein.

Für das Gebiet der Estnischen SSR wird das Brüten des Höckerschwans erst 1908 am Paadlalachtsee erwähnt (S t o l l), ferner 1909 und 1910 auf dem Linnulachtsee der Insel Oesel. 1928 wurde hier noch einmal ein Brutversuch unternommen, doch schoß man das Weibchen ab. Dann fanden weitere Brutversuche erst wieder 1959 auf dem Linnulachtsee und auf der Insel Moon statt, auf Moon mit Erfolg. 1960 hielten sich in der Estnischen SSR 17 alte Höckerschwäne auf, es wurden auch Gelege gefunden.

In der Lettischen SSR war vor dem Kriege der Enguressee der einzige Nistplatz, der wechselnd 1 bis 3 Brutpaare beherbergte (v o n T r a n s e h e 1939).

Im Süden Europas ist der Höckerschwan Brutvogel an der unteren Donau und in den angrenzenden Teilen Bulgariens. M a k a t s c h (1950) stellte das Brüten auf dem Dojransee in Mazedonien fest. Neuerdings nistet er in den Niederungen des Dnjepr, doch scheint er sich hier wie auch in den Gebieten von Siwasch, Kiew, Charkow, Poltawa, Woronesh, Kertsch, Pensa und Gorki nur mehr zufällig aufzuhalten. In geringer Zahl brütet er an den Flüssen Kuban, Terek und Sulak, bisweilen auch an der nördlichen Küste des Kaspischen Meeres, ferner in den Steppen an der Wolga und des westlichen Uralgebietes (D e m e n t i e w u. G l a d k o w 1952). Im Wolgadelta war er nach B e l e w i e h (1963) bis um die Jahrhundertwende als Brutvogel häufig, verschwand aber dann; seit 1930 kommt er wieder vor und nimmt zu. Er soll nach S t r i c k l a n d (N a u m a n n) vereinzelt auch in der Türkei nisten (u. a. im Golf von Saloniki) sowie nach D e m e n t i e w u. G l a d k o w (1952) auch im Iran.

Über die Verbreitung in Asien machen D e m e n t i e w u. G l a d k o w folgende Angaben: Nistet im Südteil des Transuralischen Seengebietes in den Niederungen Ingisiens und Turgais, am See Tschelkar, im Gebiet Troizk und Kustanai, bewohnt den See Assan-Balyk nahe dem See Kurgaldchin und wird auch auf einer Reihe weiterer Seen Kasachstans angetroffen, insbesondere auf dem Sassyk-Kul und Ala-Kul sowie auf den Seen der Barabasteppe einschließlich des Tschanysees. In der Kulundasteppe, im mittleren Stromgebiet des Irtysch wie auch auf dem Saissan-Nor fehlt der Höckerschwan, ferner auch in Sibirien im Becken von Ob bis Sabaikalja, hat sich aber in Dauria, insbesondere auf dem Tarei-Nor, wieder eingestellt.

In der Mongolei fand man ihn auf dem Dalaj-Nor und weiter ostwärts rund um den Sidemi. Unlängst hat er sich auch auf dem Chankasee verbreitet. In China wohnt er im Raum von Gobi, auf dem Kuku-Nor, in den Sümpfen Tsaidams, auf dem Lop-Nor und anderen Seen des Nordrandes von Tibet. Weiter westlich wird er auf den entlegenen Seen bei Kuitan und Sary-Kumeja, auf Ala-Kul und dem Balchaschsee sowie gewöhnlich in den Tälern des Syr-Darja und Amu-Darja angetroffen. Er nistet auch in den Tälern des Tedshen und Murgab.

Wie Dementiew u. Gladkow betonen, ist der Höckerschwan in den angeführten Gebieten – ausgenommen das Uralbassin und einige kasachische Seen – überall sehr selten. Die einzelnen Vorkommen sind weit auseinandergezogen und fern menschlicher Siedlungen. Nur wo der Schwan nicht gejagt wird, leben die Vögel dichter beieinander.

Die nördliche Verbreitungsgrenze in Westsibirien umreißt Johansen (1959) wie folgt: Am Ural im südlichen Teil des Swerdlowsk-Gebietes beim Sinarasee (ca 56° n. Br.) und bei Woskresenskoje. Zwischen dem Ural und dem Tobolfluß im Troizk-Gebiet sowie zwischen dem Tobol- und dem Ischimfluß bei Presnogorjkowka (ca. 54° 30′). Am Irtysch bei Omsk, gewöhnlich vorkommend zwischen dem Irtysch und dem Tschanysee, selten dann bei Karatschi (ca. 55° 20′) und am Ubinskoje-See (55° 20′). Somit verläuft die Nordgrenze in Westsibirien etwa zwischen 54° 30′ und 55° 30′ und geht nur am Ural etwas weiter nordwärts.

Zumeist liegen die Brutvorkommen des Höckerschwans in Europa unter 600 m, auf dem Zeller See erreichen sie 750 m, und auf dem Jägersee im Kleinen Arltal – als Ausnahme – 1100 m (Tratz in Niethammer 1968, Bd. 2). Der gesamte europäische Bestand zwischen den Jahren 1954 und 1962 wird von Szijj (in Niethammer 1968) mit mindestens 35 000 Exemplaren bei etwa 8700 Brutpaaren angenommen.

In halbwildem Zustand kommt der Höckerschwan in England, Irland, den Niederlanden, in der Schweiz, am Bodensee und in den mittleren Bezirken der Deutschen Demokratischen Republik vor (s. Abschnitt 18). Auch die wilden Bestände in der Norddeutschen Tiefebene sind mit halbwilden Vögeln untermischt, so daß sie hier nicht sicher auseinandergehalten werden können.

In Finnland wurde der Höckerschwan kürzlich auf Åland eingeführt und beginnt, die Insel zu besiedeln (Kalela brieflich). Einbürgerungsversuche hatten auch im östlichen Nordamerika (Long Island, New Jersey, Hudsontal) Erfolg, ferner in Australien und Neuseeland. Ein Versuch in Island scheiterte zunächst. Von einem bei Reykjavik ausgesetzten Paar wurde das Männchen von Singschwänen getötet. Es wurde ein neues hinzugesetzt, und nun schreitet das Paar alljährlich zur Fortpflanzung. Die Nachkommen können aber anscheinend auf Island keinen Platz finden, da die geeigneten Brutplätze von Singschwänen bereits besetzt sind (Gudmundsson brieflich).

3.2. Verbreitung des Singschwans

In Norwegen brütet der Singschwan nur im äußersten Norden, in der Finnmark (Varanger, Pasvik, Karasjok, Kautokein und an anderen Stellen). Die Zahl der Brutpaare ist unbekannt, da ihre Beobachtung bei der Ausdehnung der schwer erreichbaren Brutgebiete schwierig ist (Holgersen brieflich). Ein Singschwanpaar brütete 1960 auf der Insel Senja (69° 13′ N 17° 27′ O) und damit zum ersten Male nahe der

Küste des Atlantischen Ozeans und im westlichen Teil Skandinaviens. In Schweden kommt er nach dem „Förteckning över Sveriges Fooglar" selten in den Mooren der Nadelwald- und Birkenregion vor, und zwar im nordwestlichen Norrbotten, in Åsele, Lule und Torne Lappmark, wahrscheinlich auch in Pite Lappmark (hier ausnahmsweise bis in die Weidenregion hinauf). Er hat auch im nördlichen Jämtland und in Lycksele Lappmark gebrütet. In Jämtland wurden 1944 zur Wiederansiedlung 5 Paare ausgesetzt. In den übrigen Teilen Schwedens wird er nur auf dem Zuge angetroffen. Der Bestand ist seit der Mitte des 19. Jahrhunderts stark zurückgegangen und wird — ungerechnet die angesiedelten Vögel — auf 20 Paare geschätzt.

Auch in Finnland war der Singschwan äußerst selten geworden (Kalela brieflich), obwohl er unter Schutz steht. Er zog sich mehr nach Norden und Osten zurück (s. Fig. 4). In den weitläufigen Einöden des Landes, die der Vogel bewohnt, kümmerte man sich wenig um die erlassenen Schutzbestimmungen. Eine rege Aufklärungstätigkeit zur Erhaltung des Schwanes, die um die Mitte des Jahrhunderts in Finnland einsetzte, hatte aber Erfolg. 1953 brütete ein Paar im Kirchspiel Revonlahti (64° 42′ N 25° O) und besiedelte damit verlassenen Brutraum (Kalela brieflich), und während der Bestand der Brutpaare 1949 noch mit ca. 15 geschätzt wurde, meldeten Haapanen und Helminen (1965) für das Jahr 1964 bereits 50 bis 80.

Die UdSSR bewohnt der Singschwan nordwärts bis zum Tulomybassin der Halbinsel Kanin, erreicht den Unterlauf der Petschora bis zur Landzunge Kruglowo, dringt in die Bucht des Ob ein und findet sich im Bassin des Unterlaufs des Tas, wo er stellenweise häufig ist. Den Jenissei besiedelt er bis zum 66. Breitengrad, ferner das Bassin von Wiljui, die Streifen des Schiefwaldgebirges am Oberlauf der Indigirka, das Gebiet Werchne-Kolymsk und Anadyr sowie Tschukodskekaja bis zum 65. Grad n. Br. In Karelien verläuft die Südgrenze seiner Verbreitung auf dem 62. Breitengrad.

Vereinzelt kommt der Singschwan sodann noch im Uralgebiet an der Kama vor. Selten nistet er am nordwestlichen und nördlichen Ufer des Kaspischen Meeres, wird im Sommer auch am Syr-Darja angetroffen, doch sind die Nistplätze hier nicht zuverlässig nachgewiesen. Er brütet ferner an den Seen des Naursumski-Gebietes, ferner bis Tarbagatei, am Saissansee und von Djemgarien bis zu den Seen der Mongolischen Volksrepublik (Kossogol, Zangin-Dalaj-Nor, Puir-Nor u. a.). Im Baikalgebiet wurde er nistend auf den Seen bei Ustjbargusia und an der oberen Angara nachgewiesen sowie auf einigen Bergseen des Baikalgebirges. Ferner erstreckt sich sein Brutvorkommen auf Nordostchina (Heilongjiang), auf Südsachalin und Kamtschatka und geht stellenweise über die Waldzone hinaus. Im europäischen Teil der UdSSR reicht sein Vorkommen südlich bis in die Steppen von Barabinsk und Kulunda östlich

Fig. 4. Die Veränderung im Brutvorkommen des Singschwans *Cygnus c. cygnus* (L.) in Finnland seit 1870.
— — — südliche Grenze des Brutvorkommens 1873.
○ Brutplätze 1915–1930.
⊙ Brutplätze 1930–1945.
● Brutplätze nach 1945.
—— westliche Grenze des Brutvorkommens 1948.
Zeichnung: Merikallio

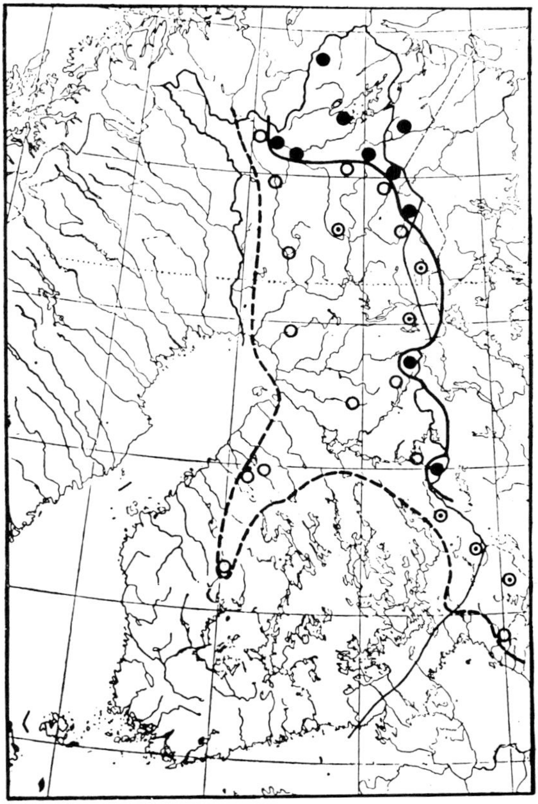

des Urals, auch kommt er am Nordwestrande des Altai brütend vor (Dementiew u. Gladkow 1952).

Johansen (1959) gibt die Nordgrenze für die Verbreitung des Singschwans in Westsibirien wie folgt an: im westlichen Teil etwa um 66° n. Br., bei Obdorsk um 66° 30′, am Tas 67°, östlich des Jenissei bis 70°, somit in Mittelsibirien der stark nordwärts ansteigenden Waldgrenze folgend. Ferner Brutvorkommen am Nordural am Ljapin bei ca. 64°, wohl auch noch nördlicher, da ziehende Schwäne beobachtet wurden. Im mittleren Ural stellenweise sehr häufig, z. B. in großen Kolonien im Syssertsk-Gebiet (ca. 57° 30′). In der Waldzone gleichmäßigere Verteilung, in der Steppenzone mehr sporadisch vorkommend (Turgai-Gebiet, am Kurgaldshin-Tengis-See, bei Ssemipalatinsk, und häufig am Saissansee).

Als Pallas 1811 in Petersburg seine „Zoographia rossico-asiatica“ herausgab, war er beeindruckt von der Häufigkeit des Singschwans. „Mit Beginn des Frühjahrs“ schreibt er, „wenn sie vom Süden nach dem

Norden zurückzuwandern beginnen, wimmelt es von ihnen an der Wolga und den anderen dortigen großen Flüssen, an der Meerenge von Jenikale und an den Mündungen des Kubanflusses." Das Bild hat sich seitdem erheblich gewandelt. Wie Dementiew u. Gladkow (1952) feststellen, hat er sehr abgenommen und fehlt bereits in einigen früher von ihm bewohnten Bezirken. An der Nordgrenze seiner Verbreitung, in den unzugänglichen und menschenleeren Sumpfgebieten, hat er sich besser halten können als im Süden.

Der Singschwan hat auch seine alten Brutplätze in Nordostengland und Schottland, wo er noch bis in die neuere Zeit hinein vorkam, verlassen. Peterson, Mountfort und Hollom (1954) führen ihn nicht mehr als Brutvogel Großbritanniens auf.

In Mitteleuropa schritt der Singschwan noch niemals zur Brut (Niethammer 1938), versehentlich kam dann aber doch ein falscher Brutnachweis in die „Artenliste der Vögel Deutschlands".

In Island ist der Singschwan in der Form *islandicus* durch ganzjährigen Schutz (seit 1913) recht häufig und über das ganze Land verbreitet. In einigen Landesteilen scheint er an Zahl zuzunehmen. Er brütet sowohl in den Niederungen wie auch im zentralen Hochland und geht hier bis zu einer Höhe von 800 m hinauf. Im Hochland ist er zahlreicher, da er hier ungestörter ist als in den bewohnten Niederungen (Gudmundsson brieflich).

3.3. Verbreitung des Zwergschwans

Der kleine oder Tundraschwan hat seine Wohnplätze in den Tundren des unwirtlichen Nordens, in den versumpften und mit Gras bewachsenen Niederungen, den zahlreichen Seen, den Flußtälern mit ihren Altwassern und Verbindungsarmen, namentlich in ihren Mündungsgebieten. Die Form *columbianus bewickii* bewohnt nach Dementiew u. Gladkow (1952) die Landflächen am Weißen Meer (bis zum 74° 30′ N), und zwar von Petschenga ostwärts bis zum Strand der Taimyrhalbinsel, sodann die Tundren am Jenissei bis zum Delta der Lena, wo sie in die umstrittene östliche Form *columbianus jankowskii* übergeht und mit ihr im Raume der östlichen Taimyra bis zur Lena Mischgruppen bildet. In der westlichen Form nistet er ferner auf beiden Inseln von Nowaja Semlja, auf den Inseln Kolgujew und Waigatsch sowie in der Graslandtundra an der Küste der Karasee, auf der Halbinsel Jamal und in den Niederungen aller sibirischen Flüsse bis zur Lena. Mit seinen südlichen Brutplätzen reicht er in die Holztundra hinein zum 60. Grad n. Br. und kommt damit an die Wasserscheide des Tas und der Turuchana. Nach Stresemann (1940) brütete er bei Petsamo. Gemeldete Vorkommen in den Niederungen des Wiljui sind zweifelhaft.

Die vermeintliche östliche Form des Zwergschwans *columbianus jankowskii* nistet in der Waldtundra vom Delta der Lena ostwärts bis zum

Delta der Kolyma und findet sich auch in den Niederungen der Jana und Indigirka. Meldungen über Nistplätze auf der Penshinje, auf dem Ana-Dyr und Tschukotka sowie in den südlichen Teilen Sachalins werden als nicht glaubwürdig verworfen.

In den weiten Gebieten der Tundra ist der Zwergschwan nach Dementiew (1952) mehr oder weniger gemein, an einigen Stellen sogar verhältnismäßig zahlreich. Im allgemeinen kann auf 20 km^2 Raum ein Brutpaar gerechnet werden. Wo der Zwergschwan gejagt wird, ist er recht selten.

4. Die Brutgebiete

Der Höckerschwan bewohnt stehende oder träge fließende schlecht zugängliche Süß- oder Brackwässer mit ausgedehnten freien Wasserflächen und rohrbewachsenen Ufern, vorzugsweise Binnenseen und Teiche, Altwässer, Sumpfniederungen und die Deltas der Ströme. Auf Saltholm im Oeresund und auf einigen anderen Inseln Dänemarks brütet er auch am Strand (Salomonsen brieflich). Der Untergrund muß flach und pflanzenreich sein, damit der Schwan mit seinem Hals auf den Grund hinablangen und Wurzeln und Wasserpflanzen vom Boden heraufholen kann. Sandige und kiesige Teiche können ihm diese Pflanzenweide nicht bieten. Wo er häufig wird, nimmt er aber auch mit nährstoffarmen Seen vorlieb.

Zur Zug- und Strichzeit besucht er die Meeresküsten und hält sich in den Lagunen, auch auf Strömen und in Überschwemmungsgebieten auf. Halbwilde Höckerschwäne nehmen auch mit kleineren und geschlosseneren Teichen sowie Flußufern vorlieb.

Der die Steppen- und Waldsteppengebiete des Nordens bewohnende Singschwan liebt große, möglichst abgelegene Gewässer, die außer Rohrbewuchs auch größere offene Wasserflächen aufweisen, gleichviel ob sie süß oder salzig sind. Manchmal siedelt er sich auch an Meeresküsten an, wenn sie Schilf tragen und Verbindung mit offenen Gewässern haben. Auch auf den Seen der Buschtundra findet er sich ein, und wo er nicht gestört wird, nistet er sogar an kleinen Teichen, deren Ufer überwachsen sind. Außerdem findet man ihn an großen Flüssen und deren Altwässern, wo er zum Nisten Inseln und andere schlecht zugängliche Stellen wählt. Hin und wieder kommt er auch in der Nähe menschlicher Ansiedlungen vor (Dementiew u. Gladkow 1952).

In Island brütet er in einsamen Sümpfen, Morästen, auf Teichen und anderen stehenden Gewässern des Berglandes.

Der Zwergschwan liebt noch mehr die Sümpfe, Moräste und quelligen Ufer, überhaupt kleinere Gewässer. Hier hält er sich mehr watend an den Ufern auf und durchwühlt den Morast mit dem Schnabel. Vereinzelte Gebüschgruppen am Wasserrand stören ihn nicht, doch meidet er nach Naumann waldige Sümpfe mit Baumbestand. Selbst hohes Schilf ist ihm zuwider, weshalb er sich mehr an Stellen aufhält, wo er den Pflanzenwuchs zu überschauen vermag. Nur östlich der Lena wird er nach D e m e n t i e w u. G l a d k o w (1952) auch in Waldtälern angetroffen.

5. Der Schwan als Parkvogel

Jahrhunderte schon wird der H ö c k e r s c h w a n als Ziervogel auf Seen, Flüssen und Parkteichen gehalten. Zuerst soll das im Orient geschehen sein, von wo aus wahrscheinlich auch die Wildform ihre Ausbreitung nahm. Vom Wildschwan unterscheidet sich der Parkschwan in keiner Weise, er wird durch den regelmäßigen Futterempfang dem Menschen gegenüber nur vertrauter, auch amputierte man ihm in der Jugend eine Flügelhand, damit er nicht entweichen konnte. In der Gefangenschaft hat sich beim Höckerschwan lediglich die Mutation *immutabilis* gebildet, die im Abschnitt 16.1. ausführlich behandelt wird.

Der Schwan gewöhnt sich leicht an den Menschen, und da er auch anspruchslos im Futter ist, eignet er sich gut für die Gefangenhaltung. Selbst frisch eingefangene alte Vögel finden sich schnell in ihre neue Umgebung und schreiten bei nur halbwegs günstigen Bedingungen zur Fortpflanzung.

In alten Zeiten war es ein Vorrecht der Fürsten, Schwäne zu halten. Die Havelschwäne wurden bis zum Jahre 1918 vom Hofjagdamt betreut, und die Themseschwäne unterstehen noch heute der Krone. Uralte Privilegien regelten die Hoheitsrechte über die Schwäne auf der Themse. Man unterscheidet zwischen fürstlichen und bürgerlichen Schwänen, die durch bestimmte Einschnitte in die Schnäbel kenntlich gemacht wurden. Waren die Jungschwäne herangewachsen, fuhren die Vertreter des Königs sowie die der Gilden der Weinhändler und Färber alljährlich vom Old swan pier in London auf Kähnen die Themse hinauf, um zu markieren, was des Königs war und was den Gilden gehörte. Ein den Weinhändlern zugehöriger Schwan bekam zwei Kerben in den Schnabel geschnitten, ein den Färbern zugehöriger nur einen, und ein dem König gehörender blieb ohne Zeichen. Da sich die Jungtiere bei den Alten aufhalten, war es leicht die Zugehörigkeit festzustellen. Kamen sie aus einer Mischehe, etwa, daß das Männchen den Färbern gehörte, das Weibchen aber dem König, so nahm die eine Hälfte die Zugehörigkeit des Vaters, die andere Hälfte die der Mutter an und wurde entsprechend gezeichnet. War die Zahl ungerade und ging bei der Teilung nicht auf, nahm das überzählige Junge die Zugehörigkeit des Vaters an.

Auf eine lange, viele Jahrhunderte währende Geschichte kann auch der Schwanenbestand auf der Hamburger Alster zurückblicken. 1914 betrug er etwa 400, 1936 344, 1955 220 Höckerschwäne.

Fig. 5. Linker Flügel von oben

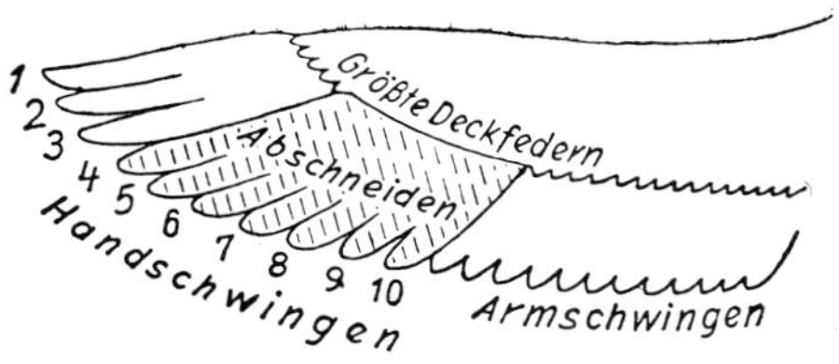

In der UdSSR wird der S i n g s c h w a n wegen seiner klangvollen Stimme dem Höckerschwan als Ziervogel der Teiche und Seen vorgezogen. Auch er wird leicht zahm, selbst Frischfänge. N a u m a n n vermeint, der Singschwan zeige sich dem Menschen gegenüber gutmütiger als sein Vetter. Obwohl etwas tölpisch, soll er sich doch in einem engeren Gelaß weit besser und reinlicher halten als der Höckerschwan. Auch der Singschwan pflanzt sich bei günstigen Bedingungen in der Gefangenschaft alljährlich fort.

Leicht zähmbar ist auch der Z w e r g s c h w a n , doch übersteht er die Gefangenschaft nicht so lange. Das mag an der Ernährungsweise liegen. Vielleicht sollte man ihm die Möglichkeit geben, sich Pflanzen, Wurzeln und Kleingetier in verkrautetem Wasser selbst zu suchen.

Die früher übliche Amputation der einen Hand des Schwans, wodurch 10 Handschwingen fortfallen und der Vogel flugunfähig wird, wirkt sehr entstellend, zumal wenn der Vogel die Flügel breitet. Es genügt, wenn nur die Hälfte der Hand mit den äußersten vier bis fünf Federn abgenommen wird. Noch besser ist, man verzichtet auf das Amputieren und kürzt dem Vogel lediglich einige Schwungfedern eines Flügels in Höhe der Großen Deckfedern (s. Fig. 5). Das Kürzen muß dann allerdings alljährlich wiederholt werden, da sich die Federn bei der Mauser erneuern.

6. Kennzeichen, Ausdrucksformen

6.1. H a l s h a l t u n g – K ö r p e r f o r m

An der anmutigen Halshaltung, die dem H ö c k e r s c h w a n eigen ist, vermag man ihn schon aus weiter Entfernung zu erkennen. S i n g - und Z w e r g s c h w a n tragen ihren Hals viel steifer aufrecht, recken ihn oft kerzengerade in die Höhe und knicken ihn zuweilen unschön. Die formschöne Wirkung ergibt sich beim Höckerschwan vor allem durch die Kopfhaltung und den fast immer schräg abwärts gerichteten Schnabel, worin sich der Schwung des Halses fortsetzt. Darum bleibt auch der hoch aufgereckt sichernde Höckerschwan beeindruckender als der dann besonders steif und eckig erscheinende Singschwan. B e r n d t (1940) sah auch beim Zwergschwan den Hals zu einem Bogen geformt, doch geschah es nicht in so charakteristischer Art wie beim Höckerschwan. Der Hals war weniger stark s-förmig gekrümmt und wurde bei der geringsten Erregung sogleich wieder kerzengerade in die Höhe gereckt.

Unterschiedlich ist auch die Stärke und Form des Halses. Beim Singschwan erscheint er nicht so abgerundet, sondern etwas zugespitzter als beim Höckerschwan, auch etwas schlanker, doch ungefähr gleich lang.

Der Hals des Zwergschwans dagegen ist etwas dicker und kürzer, wodurch der Vogel — wie auch durch die übrige Form — mehr enten- bzw. gänseartiger wirkt.

Bewegt der Höckerschwan den Kopf, so geschieht es mehr geschwungen und weniger ruckhaft als beim Sing- und Zwergschwan, die den Hals dann kerzengerade durchstrecken. Auch der Schnabel wird dabei verschieden gehalten. Beim Höckerschwan weist er am erhobenen Hals abwärts, der Singschwan jedoch hält ihn dabei waagerecht und winkelt den Kopf oft schief zum Hals. Auch der Zwergschwan hält den Schnabel bei aufgerecktem Hals waagerecht. Die Schnabelhaltung ist zwischen dem Höckerschwan und den Vögeln der Singschwangruppe ein gutes Unterscheidungsmerkmal schon auf weite Sicht (vgl. dazu die Abb. 1—3).

Sichert der Höckerschwan, so hebt er den Halsansatz vom Rükken ab, der Kopf wendet sich der Störung zu. Sing- und Zwergschwan recken dabei den Hals steil auf, er erscheint dann länger und schlanker.

Wollen Schwäne auffliegen, um einer Gefahr auszuweichen, stoßen sie den Kopf senkrecht auf und ab. Auch beim Vorspiel zur Paarung wird es beobachtet. Beim Höckerschwan ist das Kopfstoßen kurz und schwungvoll, beim Sing- und Zwergschwan geschieht es in der für diese Vögel typischen ruckartigen Weise.

Die ausdrucksvolle Haltung, die der Höckerschwan zur Schau trägt, läßt ihn als die vollkommenste und edelste Form unter seinen Verwandten erscheinen. Auch seine gemessenen Bewegungen sind schwanenhaft würdevoll, während sich der Singschwan dagegen weit unruhiger, manchmal geradezu zappelig ausnimmt.

Der Höckerschwan wird allgemein für etwas plumper gehalten, doch teilt Christoleit (1926) diese Ansicht nicht. Er weist darauf hin, daß der Höckerschwan in allen seinen Körperformen unter den Schwänen am wenigsten gänseähnlich wirke, insbesondere sein Kopf, auch der viel gestrecktere und beweglichere Schwanzteil mit dem Schwanz. Ferner macht Christoleit auf den tieferen Einschnitt zwischen dem Hals und dem auch flacheren Rücken beim schwimmenden Höckerschwan aufmerksam, welche Formen ihn vom Singschwan merklich unterscheiden. Dementiew u. Gladkow (1952) finden den Rücken beim Höckerschwan eckiger und nicht so rund wie beim Singschwan.

Der Zwergschwan wirkt nach Beckmann (1939) ebenmäßiger im Körperbau, im Stehen und Schwimmen mehr entenartig. Seine geringere Größe ist nicht immer auffällig, zumal in der Entfernung.

Allein danach lassen sich Sing- und Zwergschwan im Felde nicht sicher unterscheiden. Wenn Mauersberger (1958) versuchte, Zwergschwäne aus einer Ansammlung mit Singschwänen herauszufinden, gelang es manchmal durch den unmittelbaren Vergleich sehr leicht, veränderten sie aber ihre Lage, konnte er die gleichen Vögel erst nach einem Blick auf andere Merkmale wiedererkennen.

Die mehr gänseartige Erscheinung des Zwergschwans dürfte durch den relativ kürzeren und dickeren Hals bewirkt werden. Die Länge des Rumpfes gegenüber dem Hals (jeweils vom Schulterwinkel des schwimmenden Vogels aus gerechnet) verhält sich beim Singschwan nach Mauersberger (1958) etwa wie 3 : 2, beim Zwergschwan etwa wie 2 : 1. Junge Zwergschwäne im Dunenkleid unterscheiden sich von jungen Singschwänen leicht durch runden Kopf, hohe Stirn und kurzen Schnabel.

6.2. Schnabelunterschiede

Die Verschiedenartigkeit der Schnäbel unserer Schwanarten fällt besonders in der Nähe auf. Sie gestattet ein genaues Erkennen. Der Schnabel des Höckerschwans ist in der Jugend bleischwärzlich, später bleigrau, dann blaurötlich und schließlich, nach 1,25 Jahren, gelbrot. Stets schwarz ist der Unterschnabel sowie ein schmaler Rand des oberen Schnabels, der Nagel (harte Hornplatte an der Spitze) und die Nasenhöhle. Gleichfalls schwarz ist ein zwischen Schnabel und Auge befindliches nacktes Dreieck, das in der Jugend etwas kleiner ist, sowie eine rundliche nackte Wulst an der Schnabelwurzel vor der Stirn, der Höcker. Dieser Höcker

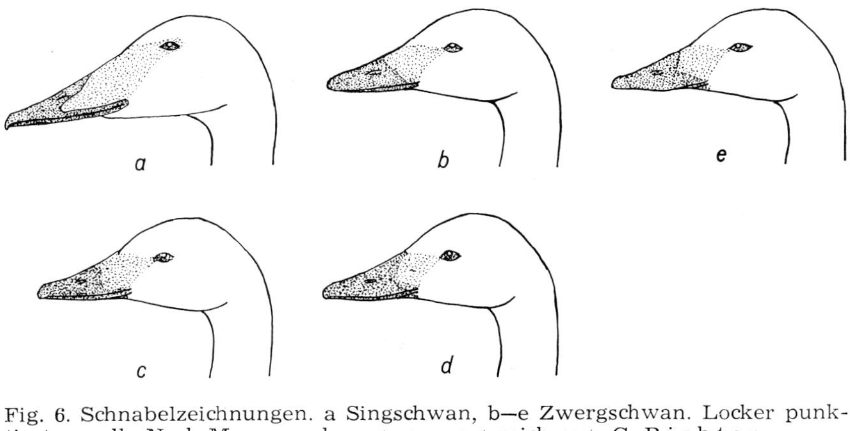

Fig. 6. Schnabelzeichnungen. a Singschwan, b—e Zwergschwan. Locker punktiert = gelb. Nach Mauersberger, umgezeich. von G. Richter

Abb. 1. Der Schnabel des Höckerschwans weist bei erhobenem Hals abwärts (s. auch Abb. 2 und 3). Aufn. A. Hilprecht

ist charakteristisch für den Höckerschwan und gab ihm seinen Namen. Bei älteren Vögeln wird er auf seiner glatten Oberseite mit den Jahren immer rötlicher und bildet sich im Frühjahr bei den geschlechtsreifen Männchen am stärksten aus. Die anderen Schwäne haben keinen Nasenhöcker.

Beim Singschwan verläuft der Schnabel vom Scheitel bis zur Spitze in einer fast geraden, schwach eingebogenen Linie. Die Schnabelfarbe ist bis zum Nasenloch rein gelb (bei jungen fleischfarben bis zum Nagel) mit schwarzen Zeichnungen an den Kanten, schwarzer Spitze und schwarzem Unterschnabel. Gelb ist auch die nackte Zügelgegend.

Der Schnabel des Zwergschwans ist gegenüber dem des Höcker- und Singschwans kürzer und breiter. Seine Form variiert, manchmal ist er ähnlich dem Löffelentenschnabel abgeplattet (Friderich 1891). Die Verteilung des Gelb und Schwarz auf dem Schnabel ist nicht einheitlich (s. Fig. 6), der schwarze Nagel ist größer und deutlicher begrenzt. Bei der westlichen Population geht das Gelb bis auf 10 mm an den Rand des Schnabellochs heran, bei der östlich der Lena heimischen Population ist das Gelb mehr ausgedehnt, erscheint mehr orangefarben und geht zumeist bis über den Rand des Schnabellochs hinaus (Dementiew u. Gladkow 1952). Nach brieflicher Mitteilung von Niethammer stellte Vaurie nach gründlichen Untersuchungen fest, daß die Schnäbel der Zwergschwäne in Färbung und Gestalt sowohl im Westen wie im Osten in gleicher Weise variieren. Nach Scott (1966, 1967) sind Zeichnung und Gestalt beim Zwergschwan so individuell verschieden, daß die einzelnen Vögel an diesen Schnabelkennzeichen erkannt werden können. Er schlägt vor, diese „natürliche Markierung" zum Auseinanderhalten der Individuen im freien Feld zu benutzen. Es war ihm möglich, auf diese Weise die Rückkehr von Wintergästen in den folgenden Wintern einwandfrei festzustellen.

Der Schnabel der Dunenjungen ist zum großen Teil hell gelblich, bis zum Herbst des zweiten Jahres darauf ockerfarben. Die späteren dunklen Teile sind zunächst rötlichgrau und gehen über Bleischwarz und Blauschwarz in ein mattes Schwarz über.

In der Entfernung wirkt der Schnabel des Zwergschwans dunkel (der des Singschwans hauptsächlich gelb). Der Kopf erscheint gegenüber dem langstirnigen und lang„nasigen" Singschwan viel runder, wodurch der Vogel ein anderes „Gesicht" erhält (Beckmann 1939a). Darauf weist auch Mauersberger (1958) hin. Er schreibt: „Wenn man einmal die spitz ausgezogene ‚Nase' des Singschwans recht betrachtet hat, wird man den kürzeren und stumpferen Kopf des Zwergschwans schwerlich verkennen." Schwieriger ist die Unterscheidung junger Vögel, doch helfen hier andere Merkmale und das familienweise Auftreten.

Die Regenbogenhaut ist beim Höckerschwan braun, beim Sing- und Zwergschwan schwarzbraun.

Abb. 2. Der Singschwan wirkt hochbeiniger (vgl. Abb. 6), der Schnabel wird waagerecht gehalten (vgl. Abb. 1). Aufn. F. Schmidt

Abb. 3. Zwergschwan – der Schnabel bildet bei erhobenem Hals eine Waagerechte zur Wasserfläche wie beim Singschwan (vgl. Abb 2).
Aufn. K. Curry-Lindahl

6.3. Schwimmen – Baden – Tauchen

Im Schwimmen entwickeln Schwäne Kraft und Ausdauer. Das Wasser ist ihr Element. Langsam, den erhobenen Hals leicht rückwärts geneigt, fährt der Höckerschwan dahin. Der untere Halsansatz ruht auf dem Wasser. Beim Singschwan bilden Ansatz und Rücken einen spitzen Winkel, der Hals wird auch senkrechter gehalten, doch treibt der Vogel auf dem Wasser, biegt er ihn oft halbkreisförmig. Beim Zwergschwan ist das ebenso, den Hals biegt er aber mehr nach vorn.

Im allgemeinen rudern Schwäne mit beiden Beinen abwechselnd, nur manchmal wird ein Bein benutzt. Beim Vertreiben eines Eindringlings aus dem Brutrevier und zuweilen auf der Flucht stößt sich das Höckerschwanmännchen mit beiden Beinen zugleich ab. Das gibt dem Vogel einen kraftvollen Ausdruck, seine Geschwindigkeit scheint sich dadurch aber nicht zu erhöhen, denn der Zwischenraum zum Verfolgten wird nicht merklich geringer. Manchmal leitet er in dieser Weise ein Imponierverhalten ein.

Beim Baden halten Schwäne keine bestimmten Zeiten ein. Im Tierpark Berlin sah sie Petzold (1964) hierbei im allgemeinen am frühen Morgen und zeitigen Nachmittag. Christoleit (1926) sah Singschwäne stets mittags bei dieser Beschäftigung. Dabei werden Kopf und

Abb. 4. Höckerschwan. Aufn. A. Hilprecht

Hals im Wasser zumeist in Schlangenlinien bewegt, wobei der Hökkerschwan den Kopf etwas tiefer als der Singschwan eintaucht, dessen Rumpf wiederum tiefer im Wasser liegt, auch legt er die Flügel seitlich breiter aus, während sie der Höckerschwan nur etwas hängend über dem Wasser schleifen läßt. Beide führen die Bewegungen hastig aus und begleiten sie mit starkem Schwanzwedeln. Der Zwergschwan taucht Kopf und Hals kürzer und flacher ein. Dieses Kopfhalstauchen geht bei den Schwänen häufig unmittelbar in die Putzhandlung des Kopfhalsreibens über, wobei sich der Singschwan am eifrigsten zeigt (Petzold 1964).

Eine andere Badeart, das Badewälzen, beginnt wie das Kopfhalstauchen, doch wird der Hals dabei nicht in Wellen bewegt. Der Schwan „wälzt sich unter heftigen Beinbewegungen und unter Mithilfe der Flügel auf die Seite (bis über 90°, die Füße bewegen sich manchmal frei in der Luft) und richtet sich dann mit einem Ruck wieder auf". Der Singschwan sperrt danach stets den Schnabel (Petzold 1964).

Das dichte Federkleid läßt den Schwanenleib nur wenig in das Wasser einsinken, das Tauchen muß ihm daher schwerfallen. Man sieht es ihn auch nicht üben. Heinroth (1911) konnte aber Koskoroba-, Schwarzhals-, Trompeter- und Schwarze Schwäne beobachten, die unter dem Wasserspiegel verschwanden und an entfernteren Orten wieder auftauchten. Er nimmt an, daß auch Sing- und Zwergschwäne zu tauchen vermögen, während vom Höckerschwan nur junge sich bisweilen bemühten, unter die Wasserfläche zu kommen. Das gelänge ihnen aber nicht recht, und er folgert daraus, daß es erwachsene Höckerschwäne wohl nie könnten. Auch Delacour u. Mayr (1945) sprechen den Schwänen die Tauchfähigkeit zu bis auf den Höckerschwan. Christoleit (1926) hatte jedoch Gelegenheit, einen gefangenen Höckerschwan diese Tätigkeit üben zu sehen. Der Vogel verschwand im Spiel nach erheblichem Anlauf mit einem Ruck im Wasser, bewegte sich in etwa ein Meter Tiefe unter dem Wasserspiegel in Wellenlinien fort und erschien wieder mit einem Ruck an der Wasseroberfläche. Beim Auftauchen hatte er das Gefieder glatt angelegt, den Hals etwas zurückgebogen und den Schwanz erhoben. Übrigens bezeugt auch Naumann die Tauchfähigkeit des alten Höckerschwans. Drechsler (1954) berichtet von jungen, ziemlich ausgewachsenen Höckerschwänen, die bei einem Fangversuch im August unter den sie einkreisenden Booten hinwegtauchten, sich mit den Flügeln unter Wasser fortbewegten und erst ein ganzes Stück entfernt wieder an die Wasseroberfläche kamen.

6.4. Haltung und Bewegung auf dem Lande

„Schwäne sollten niemals an Land kommen", sagt Molnár in seinem Lustspiel „Der Schwan". „Sie sollten immer majestätisch in der Mitte der Gewässer dahersegeln. Wenn sie das Ufer betreten, so sehen sie aus

Abb. 5. Auf dem Lande wirken junge Schwäne größer als auf dem Wasser. Aufn. A. Hilprecht

Abb. 6. Der Höckerschwan ist kurzbeinig (vgl. Abb. 2).
Aufn. A. Hilprecht

Abb. 7. Singschwan – die charakteristische Halshaltung.
Aufn. A. Blomgren

wie Gänse“. Sie machen auf dem Lande auch eine etwas unglückliche Figur. Der massige Körper ruht auf viel zu kurzen, aber stämmigen Beinen, der Gang ist schwerfällig wankend und unsicher watschelnd, wobei der Körper beim Höckerschwan in waagerechter Stellung gehalten wird, während der Singschwan den vordersten Teil des Körpers beim Gehen etwas schräg aufwärts und den Hals gekrümmt hält, zuweilen so stark, daß der Schnabel dem Vorderhals nahekommt. Auch legt er ihn beim Gehen fast zur Hälfte dem Rücken an, was man beim Höckerschwan selten sieht. Das An-Land-Gehen vom Wasser oder Eis wird fast stets durch kräftige Flügelschläge unterstützt.

Wie weit aber der Höckerschwan Wassertier ist, läßt eine Eigentümlichkeit erkennen, auf die Heinroth (1928) hinweist. Beim Gang in das Wasser tut sich der Höckerschwan stets schon auf die Brust nieder, wenn der Halsansatz das Wasser berührt. Wandert er bei Tauwetter über das Eis und kommt an eine nur wenige Millimeter tiefe Pfütze, so legt er sich hinein. Er will immer schon schwimmen, wenn es noch gar nicht geht, auch wenn ihm am flachen Ufer das Wasser gerade die Füße umspült. Darin kommt die geistige Unbeholfenheit des Höckerschwans zum Ausdruck. Gänse und Enten versuchen nie, in einem Wasser schwimmen zu wollen, das dazu nicht die nötige Tiefe hat.

Der Singschwan wirkt hochbeiniger, namentlich in der Erregung, da die Unterschenkel bei ihm mehr aus dem Bauchgefieder heraustreten (Heinroth 1928). Er ist im übrigen besser zu Fuß als der Hökk e r s c h w a n und wandert von einem Ufer zum anderen, was der Höckerschwan zu vermeiden sucht. Er schwimmt auch nie so anhaltend auf großen freien Flächen, sondern hält sich lieber in der Nähe der Ufer auf, wo er im seichten Wasser und Morast watet. Bei der Flucht über Land vermag er erstaunlich flink zu laufen, so daß der Mensch Mühe hat, selbst einen flügellahm geschossenen Vogel einzuholen (N a u m a n n).

Auch der Z w e r g s c h w a n geht viel am Uferrand auf Nahrungssuche. Seine Füße sind im Verhältnis zur Körpergröße um vieles kleiner als beim Singschwan, er läuft damit aber noch besser und ausdauernder.

Bei allen drei europäischen Schwanarten sind die kräftigen, mit breiten Schwimmhäuten versehenen Ruder im Alter matt schwarz, oftmals etwas rötlich durchschimmernd. Im Dunenkleid sind sie beim H ö k - k e r s c h w a n bleigrau, beim S i n g s c h w a n blaß rosa, beim Z w e r g s c h w a n hell gelblich; im Jugendkleid beim H ö c k e r - s c h w a n hell bleischwarz, beim S i n g s c h w a n graurot und beim Z w e r g s c h w a n rötlich grauschwarz.

Zum Trocknen werden die Ruder öfter aus dem Wasser gehoben. Dabei wird der Fuß für längere Zeit ausgestreckt. Beim Putzen auf dem Lande geschieht das Ausstrecken waagerecht und mit gespannter Schwimmhaut, schwimmt er dabei, so ist die Schwimmhaut zusammengefaltet und wird nur ab und zu gespreizt. Auch während des Putzens ist das abwechselnde Spreizen und Entspannen üblich und kann bei gutem Wetter stundenlang anhalten. Dem Einziehen des Beines gehen

Abb. 8. Höckerschwan am Gelege beim Abschütteln des Wassers.
Aus B. B e r g , Tookern

ein paar schnelle Schleuderbewegungen voraus. Sing- und Zwergschwan zeigen das gleiche Verhalten, strecken aber das Bein mit gespreizter Schwimmhaut häufiger als der Höckerschwan im Stehen nach hinten ab (Petzold 1964). Helmstaedt (1965), der Sing- und Zwergschwäne über eine Reihe von Tagen auf dem Gülper See beobachtete, sah Rudertrocknen beim Singschwan, konnte es aber beim Zwergschwan nicht bemerken.

Von Zeit zu Zeit bringen die Schwäne ihr Gefieder in Ordnung, besonders nach dem Baden. Sie reiben sich Kopf und Hals, ziehen Federn durch den Schnabel, drücken das Wasser aus dem Gefieder, beknabbern und glätten es, und sie kratzen sich auch den Kopf. Während der Höckerschwan dem Baden häufig ein Kopf- und Halsreiben anschließt, schiebt der Singschwan lediglich die Flügel hin und her und schlägt beim An-Land-Gehen die Schwingen (Petzold 1964). Er soll sich nach Airey (1952) auch mit dem Ruder putzen. Der Zwergschwan verhält sich hierbei wie der Singschwan.

Besonders während des Putzens wird der Schnabel bei etwas gehobenem Hals und leicht abwärts gerichtetem Schnabel kurz hin- und hergeschwenkt, um anhaftende Wassertropfen oder Federn abzuschütteln. Beim Sing- und Zwergschwan ist das Schwenken stärker und erreicht fast 180°. Werden nach längerem Liegen Flügel und Fuß gestreckt, so stets einseitig. Der Flügel wird weit gebreitet, das Bein nach hinten abgestreckt, der Schwanz zur Streckseite hin gefächert.

Beim Streckschütteln führt die auffälligsten Bewegungen der gestreckte Hals aus. Petzold (1964) fand bei seinen Verhaltensstudien hierbei die bemerkenswertesten Unterschiede zwischen dem Höckerschwan und der Singschwangruppe. Der Höckerschwan führt das Schütteln nach Heinroth „merkwürdig gewaltsam" aus, geradezu einexerziert. Der Auslöser ist ein Unlustreiz, veranlaßt etwa durch das Verschieben der Federn oder durch eingedrungenes Wasser. Die Schüttelbewegung beginnt am Körper und setzt sich über den Hals zum Kopf fort (bei den Eulen umgekehrt). Der Vogel wedelt dabei mit dem Schwanz, biegt den Hals kreisförmig, so daß der Schnabel in die Nähe des Halses kommt, steigert das Schwanzwedeln und beschreibt mit dem Kopf einen fast vollkommenen Halbkreis nach oben. Dabei werden die Flügel kurz angeschlagen oder zum Vibrieren gebracht. Am Schluß weist der Schnabel fast senkrecht aufwärts; der Vogel hat sich aufgerichtet, worauf der Hals so weit zusammensinkt, daß ihn der Schnabel fast berührt, was nach Petzold (1964) für den Höckerschwan typisch ist; dann normales Schwanzwedeln.

Anders verhalten sich Sing- und Zwergschwan. Auch bei ihnen beginnt das Schütteln mit Schwanzwedeln und gebogenem Hals, doch wird er nicht über die Waagerechte erhoben, die Flügel sind auch nicht so sehr beteiligt, und „der Kopf wird niemals nach oben geführt". Der Schnabel, der nur einen Viertelkreis beschreibt, zeigt zu Beginn fast senkrecht abwärts und gerät nicht wieder in Halsnähe wie beim Höckerschwan. Anschließend wird nicht immer mit dem Schwanz gewedelt (P e t z o l d 1964).

Um Wasser aus dem Gefieder zu schütteln oder die Federn während des Putzens zu ordnen, wird mit den Schwingen geschlagen. Dieses Sichflügeln kann nach P e t z o l d in ein Streckschütteln übergehen, läuft aber niemals wie dieses in gleicher automatischer Folge ab. Ein Beispiel kann dazu anregen. Nach langsamem Schwanzwedeln richtet sich der H ö c k e r s c h w a n dabei hoch auf, der Hals wird steif hochgereckt, und es wird mehrmals sehr kräftig mit den Flügeln geschlagen, der letzte Schlag mit Nachdruck; danach abermals Schwanzwedeln und zumeist Putzen. Beim Zusammensinken aus der hochgereckten Stellung ist der Hals ein wenig nach vorn durchgebogen, „also gerade umgekehrt wie nach dem Streckschütteln“ (P e t z o l d 1964).

Beim S i n g s c h w a n sind die Flügelbewegungen beim Schütteln nicht so ausgeprägt, die Schläge weniger kraftvoll und von gleichbleibender Stärke, der letzte Schlag wird nicht besonders betont. Anschließend oft ein Winkeln der Flügel. Geht der Singschwan an Land, ist der Hals bei den ersten Flügelschlägen noch „suchend“ nach vorn gebogen und richtet sich erst mit den weiteren Flügelschlägen auf, wird aber gegenüber dem Höckerschwan nicht so steil hochgereckt und bleibt dabei oft gekrümmt (P e t z o l d 1964).

Schlägt der Z w e r g s c h w a n die Flügel, so wird der Hals im allgemeinen nur leicht gebogen, die Schläge sind gleichstark.

Nach dem Flügeln folgt häufig ein senkrechtes Winkeln der Schwingen bis fast zur Kopfhöhe. Die Flügel sind dabei fast geschlossen, der Hals ist vorgestreckt, der Schwanz wird beiderseits gefächert. Am häufigsten sieht man es bei der Singschwangruppe, und es kann hier mehrere Sekunden währen (P e t z o l d 1964). Alle drei Schwanenarten führen mit dem Schwanz Wedelbewegungen aus: nach dem Gang in das Wasser oder an das Land, im Anschluß an das Flügelschlagen, nach der Verfolgung eines Gegners, beim Imponieren, in leichter Form nach dem Trinken, häufig während des Putzens sowie auf dem Nest.

Beim Schlafen – auch auf dem Wasser – steckt der H ö c k e r s c h w a n den Kopf gewöhnlich bis kurz vor den Schnabelhöcker unter das Schultergefieder (nicht unter den Flügel), der Hals hängt auf der anderen Seite im Bogen hinab. Beim Ruhen auf dem Land wird der Kopf zuweilen auch nur dem Flügel aufgelegt. Der S i n g s c h w a n schiebt den Schnabel beim Schlafen im allgemeinen so weit unter das Gefieder, daß das Schwarz der Schnabelspitze gerade verschwindet. Den Hals formt er im wachen Liegen mitunter ganz merkwürdig: „Der untere Abschnitt wird weit auf den Rücken zurückgelegt, der obere vorwärts gebogen.“ Beim stehend schlafenden Vogel dagegen hängt der Hals in kurzem Bogen herab, der Körper schwebt fast waagerecht. Das gleiche Schlafverhalten zeigt der Z w e r g s c h w a n (P e t z o l d 1964).

6.5. Drohen — Imponieren — Flügelstellen

Bei Abwehr einer Gefahr auf dem Lande wendet sich der Höckerschwan drohend auf die Seite, „hebt die Schwingen auf Höckerschwanweise an, legt den untersten Teil des Halses auf den Körper, richtet die Halsfedern auf und senkt den Kopf nach vorn, so daß der Hals stark gekrümmt ist. Der Schnabel ist offen, und man hört ein heiseres Zischen. Er sieht nicht direkt auf den Angreifer, aber bewegt den Kopf langsam von Seite zu Seite" (Poulsen 1948).

Besonders charakteristisch für den Höckerschwan ist das prahlerische Anheben der Ellenbogen, das sogenannte „Flügelstellen". Kein anderer Vogel vermag es so eindrucksvoll und so vollendet auszuführen. Die angehobenen Flügel wirken dabei wie zwei gewölbte Segel, weshalb die Dichter sagen, der Schwan segle vor dem Wind. Das Flügelstellen ist eine Drohhaltung, und sie ist in dieser ausgeprägten Form nur dem Höckerschwan eigen. Auch die Schwänin imponiert mit Flügelaufstellen, doch nicht so stark. Sie hält die Flügel mehr aufwärts und auch mehr geschlossen.

Wohl hebt auch der Singschwan zuweilen die Schwingen ein wenig, doch kann diese Haltung mit dem „Flügelstellen" des Höckerschwans nicht gleichgesetzt werden. Auf Christoleit (1926) machten diese Versuche immer einen „unordentlichen" Eindruck. Die geöffneten Schwingen werden vom Singschwan nur etwas seitlich vom Körper ge-

Abb. 9. Höckerschwan-Männchen mit gestellten Flügeln.
Aufn. A. Hilprecht

Abb. 10. Höckerschwan-Männchen mit gestellten Flügeln. Aufn. A. Hilprecht

halten, der gesenkte Hals bleibt dünn und wird nicht auf den Rücken gelegt.

Beim eigentlichen Angriff läßt der Höckerschwan den offenen Schnabel vor allem gegen den Hals des Gegners schnellen, während der Singschwan mit tief gehaltenem Kopf auf den Gegner zuläuft und schreiend nach ihm stößt, ohne vorher eine Imponierstellung in der Art des Höckerschwans einzunehmen. Er greift unmittelbar an. Im Wasser richtet sich das Männchen zuweilen hoch auf und trampelt mit den Rudern, daß es schäumt und ein lautes Getöse entsteht. Heinroth (1928) schreibt dazu: „Beim Anblick des Gegners und namentlich dann, wenn er ihn vertrieben zu haben glaubt, wendet er sich zu seiner Gattin um, und nun stoßen beide ... ein recht andauerndes, lautes Geschrei aus, das schließlich eigentümlich kläglich abklingt. Dabei werden die vom Körper seitlich abgehaltenen, aber wenig gebreiteten Flügel und der Kopf eifrig auf- und abbewegt."

Zwergschwäne bekämpfen sich in der Paarungszeit wie auch bei der Verteidigung des Nistplatzes sehr hartnäckig. Schon auf dem Heimflug, lange vor der Erreichung ihres Zieles, führen sie auf den Rastplätzen Kämpfe um die Weibchen aus, was in der Timansker Tundra beobachtet werden konnte. Die Männchen schwimmen aufeinander zu, recken sich auf, erheben die Hälse und schlagen mit den Flügeln, so daß ihre Federn in Unordnung kommen. Schließlich wirft sich einer auf den anderen. Der Streit endet damit, daß der Schwächere fliegend das Weite sucht (Dementiew u. Gladkow).

6.6. Der fliegende Schwan

Wenn sich die großen weißen Vögel über das Wasser erheben und durch die Luft dahinbrausen, bieten sie ein imposantes Bild. Ungewöhnlich sind der auffallend lange, nach vorn ausgestreckte, wenig gesenkte Hals, die weit ausgespannten Flügel und der kurze Schwanz, der die nach hinten gestreckten Beine überdeckt.

Beim Aufflug vermag sich der massige Vogel nur schwer aus dem Wasser zu lösen. Es gelingt erst nach langem Anlauf gegen den Wind unter lautem Wassertreten und heftigen, das Wasser peitschenden Flügelschlägen. Hat der Schwan Höhe gewonnen, geht die Fahrt bei ruhigen, aber kraftvollen und weit ausholenden Flügelschlägen reißend schnell dahin. Wenn es sein muß, vermögen sich die Vögel – gleichfalls mit langem Anlauf – auch vom Eise zu erheben und fallen wieder darauf ein, besonders der gewandtere Singschwan. Dieser tut es nach Beobachtungen von Christoleit (1926) auch dann, wenn offenes Wasser in der Nähe ist. Er beobachtete, wie ein Singschwanpaar, behindert durch die Leiber dicht gedrängter Artgenossen, aus einer schmalen Spalte auf den Eisrand stieg und von hier ohne weiteres abflog.

Der Zwergschwan erhebt sich direkt von der Wasserfläche, ohne auf ihr ein Stück zu laufen. Mauersberger (1958) sah auch ihn vom Eis auffliegen.

Gehen die Schwäne auf das Wasser nieder, so gleiten sie oft noch 100 m darüber hin und fallen gewandt ein. Zur Milderung des Aufpralls

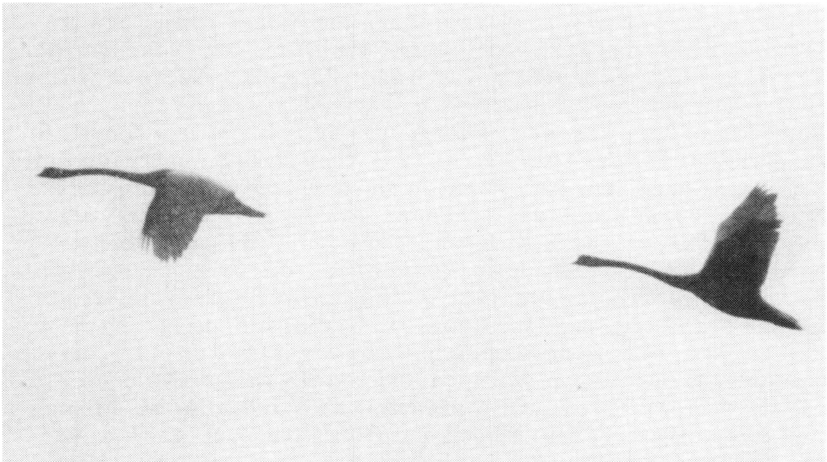

Abb. 11. Fliegende Höckerschwäne. Aus B. Berg, Tookern

stellen sie die Schwingen schräg gegen die Flugrichtung und stemmen die Ruder mit den ausgespannten Schwimmhäuten nach vorn. Das Zurückbiegen des Halses bewirkt eine Verlagerung des Schwergewichts nach hinten. Mit dem Augenblick, da der Vogel auf das Wasser stößt, erschlaffen die Flügel und werden angelegt, nicht aber beim Niedergehen auf das Eis. Hier bleiben sie noch so lange gelüftet, wie der Schwan infolge des Schwunges über das Eis laufen muß (B e r g 1928).

Unmittelbar vor dem Auffliegen strecken Schwäne den Hals gerade in die Luft, machen einige aufwärts gerichtete Schnabelbewegungen — gewöhnlich unter Ausstoßen des Locktons —, legen das Gefieder glatt an und richten sich gegen den Wind (H e i n r o t h 1928). Diese Bewegung wirkt nach P o u l s e n (1948) ansteckend auf die Artgenossen, wie etwa das Gähnen beim Menschen. Sie reagieren darauf mit mehr oder weniger schnellem Auffliegen, je nachdem, wie intensiv die Aufforderung vorausging. Dabei ist der Knick des mit dem Körper schräg aufwärts gerichteten Halses beim H ö c k e r s c h w a n immer nahe am Körper, beim S i n g - und Z w e r g s c h w a n dagegen mehr zur Halsmitte. Sonst bieten Höcker- und Singschwan das gleiche Flugbild, der Singschwan erscheint nur wenig schlanker, sein Flügelschlag ist ruhiger (A i r e y 1955), und seine Art zu fliegen hat auch etwas mehr Gleitendes (B e r g 1928). V e r t h e i n (1935) zählte bei einem jungen Höckerschwan in 5 Sekunden 12 Flügelschläge, bei einem gleichzeitig beobachteten Zwergschwan dagegen 14 bis 15.

Der S i n g s c h w a n gibt sich durch seine Stimme zu erkennen, die er auch im Fluge hören läßt und die im Flugverband der „Stimmfühlung“ dient. Der H ö c k e r s c h w a n fliegt fast immer stumm. Die fehlende Stimme ersetzt im Flug ein sehr lautes, auf weite Entfernung hin vernehmbares, singend pfeifendes und metallisch schwirrendes Flügelrauschen. Nach N a u m a n n ist es bei stillem Wetter eine Viertelmeile (ca. 2 km) zu hören, „wo es wie ein heiseres, heulendes Hundegebell klingt oder den Tönen ähnelt, welche zwei Zimmerleute mit der Schrotsäge hervorbringen, wenn sie einen Balken quer durchsägen“. Er unterlegt diesem Geräusch die Silben *„grau, grau, grau . . .“* H e y d e r (brieflich) findet das Schwingengeräusch mit diesen Silben treffend wiedergegeben, hält aber den Vergleich mit der Schrotsäge wegen des zu langsamen Tempos für nicht glücklich, das raschere Sägen mit der kleineren Grobsäge dagegen käme dem Geräusch näher. D e m e n t i e w u. G l a d k o w (1952) drücken es mit Quietschen aus.

Dieses Flügelrauschen fehlt den anderen Schwänen, die beim Fliegen nur das übliche Flügelsausen verursachen. Wie das Rauschen entsteht, ist noch ungeklärt. Der Flügel des Höckerschwans gleicht jedenfalls ganz dem des Singschwans, und besonders gebaute Federn, also Schallschwingen, sind bei ihm nicht festzustellen.

Auch der Z w e r g s c h w a n verständigt sich im Fluge durch Rufe. Vom Höcker- und Singschwan unterscheidet er sich neben seiner ge-

Abb. 12. Fliegende Singschwäne im Niederrheingebiet.
Aufn. H. Engländer

ringeren Größe – die aber in der Entfernung täuschen kann – durch raschere Flügelschläge. Sein Flug ist auch steifer, im ganzen aber leichter (Poulsen, Stülcken 1956).

Bei Singschwänen wurde Flug in V-Ordnung, in einer Reihe und auch ganz ungeordnet beobachtet. Nach Verthein (1935) fliegt der Zwergschwan „im allgemeinen in Keilform", nach anderen Beobachtern ohne bestimmte Ordnung. Schmidt (1965) sah sie sowohl in Schrägreihen (zu vier bis elf), in Keilhaken (um 16) und in vollem Winkel bzw. Bumerangbogen (32 bis 75 Vögel) ziehen, oft in großen Höhen. Familien flogen meist für sich allein. Einmal führten vier Singschwäne die Schrägreihe von elf Zwergschwänen an.

6.7. Die Stimme des Höckerschwans

Der Höckerschwan wurde früher auch „Stummer Schwan" genannt. Man behauptete, er habe keine Stimme. Noch 1893 schrieb Gadow in „Bronns Klassen und Ordnungen des Tierreiches": „*Cygnus olor* ist stumm wie die Störche." Es stimmt aber nicht. Wohl ist der Höckerschwan recht schweigsam, keineswegs aber stumm. Besonders zur Brutzeit hört man im Freileben von ihm laute, trompetende Rufe, die beim Männchen gurgelnd wie „*kiurr*", beim Weibchen heller „*keiorr*" klingen, nach Petzold „*cherr-cherr*". Bei starkem Mißtrauen wird das Gurgeln

Abb. 13. Im Gegenlicht. Aufn. A. Hilprecht

mehr vokalisiert, es klingt dann etwa wie *„kuhrr"*, aber nie so melodisch wie beim Singschwan, vielmehr tiefer, rauher und etwas klirrend. Stärkerer Erregung gibt der Höckerschwan schwimmend oder fliegend (selten) durch ein *„wie"* oder *„wia"* Ausdruck, das in das Gurgeln zurückschlagen und *„wiachrr"* lauten kann (Christoleit 1926).

In der Gefangenschaft ist der Höckerschwan besonders still. Nur hin und wieder bringt er in der Besorgnis kurze schnarchende, gurgelnde und prustende Laute hervor, die je nach der Stimmung abgewandelt werden. Gereizt zischt er bei gestrecktem Hals. Kurze, lockende Schnarchtöne vernahm v. Sanden am Nest des wilden Höckerschwans, schnarchende und schnaubende Laute Berg (1928) bei dem sich putzenden oder badenden Vogel, wenn er sich behaglich reckte und die Flügel schüttelte. Auch nach der Vertreibung eines Gegners stößt das Männchen, wenn es zum Weibchen zurückkehrt und sich ihm mit gehobenen Flügeln zeigt, gewöhnlich schnarchende Laute aus. Drechsler (1954) vernahm vom besorgten Weibchen am Nest bellende *„wau wau wau"*-Laute, und Petzold hörte bei diesem leise röchelnden „Unwilligkeitslaut" die Silben *„churchurchur"* heraus. Er sieht in ihm eine Variante des Drohlautes. Heinroth drückt den nasalen Lockton mit *„Chr"* aus, den der Lockstimme ähnlichen, etwas schärferen Schrecklaut mit *„chirr"*. Er wird bei gesteigerter Ängstlichkeit oft wiederholt.

Während der Kopulation ist ein langgezogener, mäßig lauter Schnarchton zu hören, den anscheinend das Weibchen äußert, während das Männchen beim Aufrichten nach der Kopulation den sehr lauten Schnarchton *„chorrrr“* ausstößt (P e t z o l d 1964).

Junge Höckerschwäne piepen und pfeifen ähnlich Gänseküken *„wiwiwiwiwi“*, wobei sie den Kopf langsam aufwärts heben.

6.8. Die Stimme des Singschwans

Im Gegensatz zum Höckerschwan ist der Singschwan ruffreudig, in der Luft wie auf der Erde. Dabei ist für ihn der reine Posaunenton und die Neigung zum Doppelklang charakteristisch.

C h r i s t o l e i t (1926), der öfter Gelegenheit hatte rastende Singschwäne zu beobachten und ihre unablässigen Stimmäußerungen zu vernehmen, war beeindruckt von der Stimmbegabung dieses Vogels. Gepaarte Singschwäne hörte er in der Luft gänseähnlich *„taddadadat“* (*„gangangang“* H e i n r o t h) rufen, was stärkeres Interesse oder Erregung ausdrückt. Die Töne werden mittelhoch vorgetragen, nehmen bei besonderer Erregung einen etwas heiseren Klang an (*„göckgöck, göckgöckgöck“* V o l l b r e c h t 1943, *„ück ück“* B a c h 1940) und werden gewöhnlich einzeln (beim fliegenden Paar) oder in raschen Gruppen von 2 bis 3, seltener gebunden in 3 bis 4 Tönen vorgebracht, wodurch sie dann gänseähnlicher wirken. Beim fliegenden Paar ruft ein Vogel, nur manchmal beide Gatten, wobei die eine Stimme (C h r i s t o l e i t vermutet die des Männchens) mehr oder weniger tiefer liegt, zuweilen um eine Quarte. Bei den zweisilbigen Rufgruppen liegt meist die zweite, bei den dreisilbigen die mittlere Silbe um die übliche Terz höher. Im übrigen bewegen sich die einzelnen Töne, wie auch die Tonreihen, durchweg in gerader Richtung, steigen also weder an noch ab und zeigen auch keine dynamischen Unterschiede.

Einen leisen Ruf, der tiefer liegt und weniger trompetend klingt, notierte C h r i s t o l e i t (1926) mit *„kuck“*. M a u e r s b e r g e r (1958) hörte den Laut gedehnter, etwa wie *„kurr“* und ähnlich dem Ruf des Zwergschwans, doch in weniger tiefer Tonlage und nicht dumpf bellend. Er wertet ihn als intimen Unterhaltungslaut, der auch der Einleitung der gemeinschaftlichen Dämmerungs„gesänge“ dienen könne. In der Erregung gehen die Rufe in eine höhere Tonlage über. P e t z o l d (1964) führt als Selbstunterhaltungslaut ein schwaches *„huck“* oder *„ang“* an. Es wird häufig mit dem typischen Kopfstoßen verbunden, bei dem der Kopf ruckartig und genau in der Vertikalen gesenkt und gehoben wird.

Schwimmend werden diese Laute als Zeichen geringerer Erregung häufiger und in Stärke und Höhe wechselvoller gebracht, weich und auch härter gebunden erscheinend und damit dem gänseartigen Geschrei gleichkommend. Das hauchende *„wiwiwiwi“* der Grau- bzw. Hausgans

Abb. 14. Singschwan. Aufn. H. Engländer

bringt der Singschwan beschleunigter, die einzelnen (bis sechs) Silben in gebundener Reihe, dabei in der Höhe eigentümlich weich zitterndtrillernd, in der Tiefe mehr rollend. In höchster Lage (*„kilkliih“* Naumann, *„gije“* Petzold) verrät es stärkste Erregung. Es ist Kampfansage und -einleitung. In der Gemeinschaft können diese lauten, schrillen und mit vorgestrecktem, auf dem Wasser liegenden Hals ausgestoßenen Rufe in ein Begrüßungsgeschrei übergehen. Es hat starke Beziehung zu den Gänsen, und stehen sich zwei Geschlechtspartner gegenüber, schließt sich zuweilen eine regelrechte Zeremonie an (Petzold 1964).

Im Schreck läßt der Singschwan ein charakteristisches, aus der Terz rasch emporschlagendes starkes *„krou“* (nach Petzold *„wak“*) hören, das rauh und erregt klingt. Beim Sichern wird mit lang nach oben gestrecktem Hals ein *„wuck“* gebracht (Petzold 1964). Ärgerlich zischt der Singschwan wie die Gans. Dunenjunge piepen wie die anderen kleinen Schwäne; wenn sie ziemlich erwachsen sind, werden sie eigentümlich heiser und machen eine Art Stimmwechsel durch. Auch die neun Monate alten Schwäne haben noch nicht die klangvolle Stimme der älteren Schwäne (Heinroth 1928).

Charakteristisch für den Singschwan ist ferner eine Folge von 4 bis 6 mittelstarken Silben, die in wenig reiner, eigentümlicher Klangfarbe auffallend tief erklingen und dem „Jaupen“ der Truthühner ähneln. Sie drücken Ungeduld aus und sind stets vor dem Abflug der Gruppe zu vernehmen, auch wenn sich dieser, wie Christoleit bemerkt, bei der „Langsamkeit des Entschlusses“ des Singschwans noch viertelstundenlang hinzieht. Die kürzeren gereihten Laute bringt der Singschwan in tieferer Lage und kranichartiger Klangform mit einem R-Beiklang, sowohl gerade wie auch aus der tieferen Terz emporschlagend, danach im Hauptlaut manchmal wieder in den reinen Klang übergehend. Es kommen auch Reihen aus der Terz emporschlagender kürzerer Laute von ganz reinem Klang vor.

Am eindrucksvollsten sind beim Singschwan die langgezogenen, posaunenartigen Töne, die sich auf *„ang“* aufbauen und im Fluge zum *„ang-hö“* erweitert werden (nach anderer Übersetzung *„ko“*, *„koo“*), wobei die letzte Silbe höher liegt. Diese aus der Ferne sehr wohlklingenden, in der Nähe aber rauher erscheinenden Rufe sind Zeichen mehr oder weniger lebhafter Erregung. Pallas spricht von „Silberglocken“, und Christoleit bezeichnet sie als lyrisch sanft, der ernsten Stimmung nordischer Gewässer angepaßt. Seebohm wiederum vergleicht sie mit den Baßtönen einer Trombe und empfand sie (wohl in der Nähe) entsetzlich scharf. Er zählte bei einer Flügelbewegung 3 bis 4 der kurzen Rufe. Genaugenommen kann man die Rufe des Singschwans nicht als Gesang bezeichnen. Der Zusammenklang der bald höher, bald tiefer liegenden, harmonisch zusammenklingenden Töne der einzelnen Vögel läßt sie nur gesanglich anmuten.

In größter Mannigfaltigkeit werden sie im Schwimmen vorgetragen. „Hier tritt die Doppeltönigkeit am meisten hervor. Schon das einfache ‚*ang*‘ schlägt meist aus der tieferen Terz in die Höhe, zuweilen hell und scharf, wie von gespannter Violinsaite, meist in vollem, mehr oder weniger edlem Blechton, zuweilen auch rasch mehrmals wiederholt; läßt die Erregung nach, so gewinnt die tiefere Vorsilbe dieselbe Länge und Stärke wie der höhere Hauptlaut, und diese Formen sind die landläufigsten der Singschwanstimme, werden aber auch in weitgehendster und mannigfaltigster Weise weiterentwickelt. Oft schlägt der Ton bei unterschiedlicher Ausdehnung der hohen Mittelsilbe oder hohem reinem Einsatze in die tiefere Lage zurück, wobei dann die tiefe Schlußsilbe zumeist kurz ist. Wird sie länger ausgezogen, nimmt sie die rollende Klangfarbe an. Ein hoher langer Laut wiederum kann in gleich hohe Triller auslaufen, nicht unähnlich den Rufen des Höckerschwans, aber immer viel reiner und klangvoller. Auf hohen langen Einsatz kann auch eine kurze Reihe der um eine Terz tieferen und kürzeren Laute folgen, oder aus der tiefen Lage emporschlagende Töne werden wiederholt erhöht und lang ausgestoßen. So können sich drei- und selbst vierstimmige Motive bilden, deren kürzere und einfache mehrmals wiederholt werden. Sie bewegen sich stets nur in zwei Tonstufen, die zuweilen über die Terz hinaus bis zur Quinte gehen, im übrigen verschieden hoch liegen“ (Christoleit 1926). Manduit (Lenz 1856) vernahm von einem gefangen gehaltenen Singschwanpaar beim Männchen die Rufe in den

Tönen e und f, beim Weibchen in den Tönen d und e. Die sehr langen reinen Silben, in denen sich der Wohl- und Vollklang der Singschwanstimme ausströmt, bleiben stets ohne Vorschlag. A i r e y (1955) vernahm ein- und zweisilbige Trompetenrufe als Begrüßungsgeschrei bei Singschwangruppen, die auf ihrem Zuge auf einem nordenglischen See zusammentrafen. Fiel eine neue Gruppe auf dem See ein, schwammen die Familien aufeinander zu, hoben und senkten langsam Kopf und Nacken und trompeteten, als ob sie sich unterhielten. Einmal schlugen sie dabei auch mit den Flügeln und gingen nach der Begrüßung in Bade- und Putzbewegungen über.

Eggert O l a f s e n (gest. 1768, zitiert bei L e n z 1856), ein geborener Isländer, sagt in einer Reisebeschreibung vom „Gesang" der Singschwäne, er sei in den langen dunklen Winternächten seiner Heimat „das Allerangenehmste zu hören und fast wie Töne einer Violine, nur etwas höher". Die Alten beschrieben ihn unterschiedlich. T u r n e r u s meinte, sie hätten eine Stimme wie der Esel, womit er wohl auf den Doppelklang hinweist, und behauptet dazu, sie sängen am lieblichsten unter allen Vögeln, was C a r d a n u s aber bestreitet, denn er habe sie immer nur wie eine Gans rufen gehört (G e s n e r 1557).

Nach altem Glauben läßt der Singschwan noch im Sterben seine klangvollen Rufe, den „Schwanengesang", ertönen. Wir lesen bei M a r t i a l : „Mit ersterbender Zunge läßt tönen melodische Lieder Leichensänger selbst, er, der singende Schwan." L e n z (1856) behauptet, es sei keine Fabel, denn der tödlich verwundete Singschwan würde beim letzten Atemzuge mit dem Ausstoßen der Luft gesangartige Töne hervorbringen.

Im Zusammenhang mit der stimmlichen Begabung des Singschwans steht der Bau seiner Luftröhre. Diese Entdeckung machte U l y s s e s A l d r o v a n d i bereits 1634 und beschreibt den merkwürdigen Bau der Luftröhre des Singschwans (man unterschied damals noch nicht die einzelnen Schwanarten) wie folgt: „Die Luftröhre hat einen ganz wunderbaren Bau. Sie geht nicht, wie bei anderen Vögeln, gerade in die Lungen, sondern steigt erst in den Kiel des Brustbeins hinab, welcher zu diesem Zweck eine große Höhlung hat. Erst am Ende dieser Höhlung biegt sich die Luftröhre wieder zurück, steigt aus dem Eingang der Höhlung heraus, tritt dann ins Innere der Brust, bildet daselbst den unteren Kehlkopf, teilt sich unter diesem Kehlkopf in zwei Äste, und diese gehen in die Lungen über. Ohne Zweifel ist die Luftröhre des Schwans in dem langen Hals so lang und durch die Biegung noch mehr in die Länge gezogen, damit er viel Luft in ihr aufbewahren und somit den Kopf desto länger unter dem Wasser halten kann, wenn er in diesem seine Nahrung sucht, ferner dient die Länge der Luftröhre und der doppelte Kehlkopf zur Bildung der Stimme."

6.9. Die Stimme des Zwergschwans

Wie die Singschwäne sind auch die Zwergschwäne sehr ruffreudig und lassen fortwährend ihre Stimme hören. Es sind einsilbige Rufe, die gegenüber dem Singschwan weniger scharf klingen. Seebohm (Naumann) bezeichnet sie als „musikalisches Bellen“. Naumann notierte sie mit *„klung“*, andere hörten sie wie *„tong“*, *„kuhk“* bzw. *„kruh“*. Tucker (zitiert bei Mauersberger 1958) berichtet neben dem *„hu“* und *„huuh“* von eigenartig grunzenden Tönen vor dem Auffliegen und von einem warnenden, oft wiederholten scharf bellenden *„hau-hau-hau“*, und Robinson vernahm in den Winterquartieren einen nur in der Nähe hörbaren, meist nächtlichen klagenden Gesang, eine volle Oktave auf- und absteigend, wobei die Töne beim Einziehen der Luft wie tiefe Seufzer klangen. Mauersberger notierte außer dem häufigsten Laut *„kru“* das bellende *„hau-hau“*, das bei einzelnen zu einem heiser und dumpf ansteigenden *„chrauuu“* übergehen kann.

Nach Schmidt (Thielcke 1956) rufen junge Schwäne *„kyhk“* und *„kuihk“*. Bei gesellig fliegenden alten Zwergschwänen klingen die Rufe wie *„go-uh-e-lu-ok“*, bei jungen *„go-uy-e-iekh“* (Schmidt). Sie werden leiser und tiefer vorgetragen als vom Singschwan, auch fehlt der Doppelklang. Große Zwergschwantrupps machen sich mit ihren Rufen schon kilometerweit hörbar. Einzelne Vögel rufen weniger.

Ein schwimmender Zwergschwan rief mehr gänseartig krächzend, jedoch mit dumpfem u-Beiklang, der beim Fliegen in eine langsame

Abb. 15. Zwergschwan. Aufn. K. Curry-Lindahl

Abb. 16. Zwergschwan. Aufn. K. Curry-Lindahl

Rufreihe *„uk uk uk“* überging (Berndt 1940). Groebbels (1941) hörte sowohl von schwimmenden wie auch fliegenden Vögeln *„gug gug gug“*- oder *„gu gu gu“*-Rufe in langsamer Folge mit gedehntem und in der Tonhöhe absinkendem *„u“*. Verthein (1935) vernahm in den Rufen auf weite Entfernung ein *„u“* oder *„ü“*, näher kommend ein *„au“*, während sie sich in der Nähe deutlich heiser anhörten. Die Töne wurden einzeln, in längeren Abständen und verschieden hoch vorgebracht. Sie waren nicht auffällig laut, klangen nicht eigentlich nasal und ließen ein Absinken erkennen.

Naumann beschreibt den Stimmfühlungslaut mit *„kuk-kuk“*, Petzold (1964) vernahm beim Kopfstoßen ein fast taubenähnliches Gurren *„uuuu“*. In der Erregung, jedoch selten, zischt auch der Zwergschwan gänseartig. Petzold hörte es anhaltend an einem gereizten Vogel im Prager Zoologischen Garten. Die Familienmitglieder untereinander begrüßen sich mit leisem gänseartigem Geplauder (Beckmann 1939a).

Thielcke (1956) berichtet über ein eigentümliches Verhalten von Zwergschwänen auf dem Zuge bzw. im Winterquartier. Er schreibt: „Zwei Vögel oder zwei Gruppen von mehreren Vögeln schwammen plötzlich mit ausgestrecktem Hals aufeinander los, richteten sich halb auf, kurz bevor sie einander erreichten, und verharrten flügelschlagend eine Weile in dieser Stellung. Das Ganze wurde von schnell gereihten Rufen begleitet, was bei den allgemein dauernd zu hörenden Stimmäußerungen ein eigentümliches An- und Abschwellen bewirkte. Jungvögel beteiligten sich ebenfalls am Aufeinanderlosschwimmen, einmal mit vorgestrecktem Hals. Mit den Flügeln schlugen sie nicht.“

Die Rufe des Zwergschwans liegen gegenüber dem Singschwan tiefer, auch sind sie weniger laut und haben nichts von den trompetenden Tönen des Singschwans. Gegen alle sonstigen Erfahrungen hat hier die kleinere Art die tiefere Stimme. Berndt (1951) erklärt sie aus der verschiedenen Form der bei den beiden Schwanarten der Singschwangruppe im Brustbein eingelagerten Luftröhrenschlingen. Das im Brustbein liegende Stück der Luftröhre ist beim kleineren Zwergschwan länger und komplizierter gewunden, was die tiefere Stimme hervorrufen dürfte.

7. Die Federkleider

Das Dunenkleid des dem Ei entschlüpften Höckerschwankükens ist graubraun, Kehle, Brust und Bauchseite sind trüb weiß. Die Dunenjungen des Singschwans sind grau mit etwas dunklerem Kopf, auch die obere Halsseite und der Unterrücken sind dunkler, der untere Halsteil und die Unterseite dagegen weiß. Zwischen den Schulterblättern zeichnen sich zwei weiße Flecke ab, die nach kurzer Zeit wieder verschwinden. Bei den Dunenkindern des Zwergschwans ist der Rücken weißlich schwefelfarben, Kopf, oberer Halsteil und Schnabelwurzel sind dunkel, die Halsseiten und der Bauch weiß.

Die Jugendkleider sind sehr veränderlich. Beim Höckerschwan ist das Gefieder zunächst graubraun, Hals und Kehle sind fast weiß, die weißen Schwungfedern an der Spitze grau, die Steuerfedern schwefligrauchfarben mit weißen Spitzen. Der Höcker hat sich noch nicht gebildet oder ist nur schwach angedeutet. Der Zügel ist schon befiedert.

Nach der ersten Mauser im Herbst erscheint der Vogel oben graubraun, unten heller, wird aber im Laufe des Jahres viel weißer, gefleckter. Das kommt daher, daß der Körper des jungen Vogels weiter wächst, nicht aber sein Federkleid. Es wird ihm zu eng und dadurch das Weiß der Federwurzeln sichtbar. Auch bleicht das Braungrau der Federenden etwas aus. „Der dreivierteljährige junge Schwan erscheint daher in einem schmutzigweißen, an den Enden aller größeren Federn mit bräunlichen Mondflecken bestreuten, auf dem Kopf und dem Hinterhals nur schmutzigbräunlich überflogenen oder schwach gefleckten, auf dem Mantel ziemlich bunten Gewande“ (Naumann).

Nach der zweiten Herbstmauser ist der Vogel weiß, nur wenige Spuren der graubraunen Federn bleiben am Kopf, an der Oberseite des Halses und auf den Flügeldecken zurück. Der Höcker hat sich stärker entwickelt.

Das Jugendkleid des S i n g s c h w a n s hat nicht den braunen Anflug der jungen Höckerschwäne, es ist mehr schiefergrau, der Kopf ist dunkler, die Flanken sind heller, die Unterseite ist weiß. Nach der Umfärbung gleichen sie in ihrem fast weißen Kleingefieder jungen Höckerschwänen.

Der Z w e r g s c h w a n wirkt im halbjährigen Jugendkleid sehr singschwanähnlich, ist aber etwas dunkler gefärbt. Der stärker gewölbte und daher gänseähnlicher wirkende Rücken ist ziemlich dunkel bläulichgrau (N a u m a n n), nach D e m e n t i e w u. G l a d k o w (1952) rauchschwefelfarben. V e r t h e i n (1935) fand junge Zwergschwäne dagegen blasser als junge Singschwäne, ohne Weiß auf der Oberseite. Unterrücken und Bürzel sind grauweiß, Kehle, Kropf und Brustmitte weißlich. Die Tragfedern sowie die Federn des Mantels haben eine weiße Wurzel, gehen sanft in Grau und an den Enden in ein dunkles Bläulichgrau über. Unterschenkel, Bauch und Unterschwanzdecken sind weiß. Das vorherrschende Grau lichtet sich zum Frühjahr, die Federspitzen werden weißlich, auch das Weiß der Wurzeln tritt mehr und mehr hervor. Die Ursache ist die gleiche, wie sie schon beim Höckerschwan beschrieben wurde.

Schon in den letzten Tagen des Januar beginnen sich die Jungvögel nach S c h m i d t (1965) zum Teil auffällig umzufärben. Im Februar macht das Auflichten des Gefieders große Fortschritte, und 1959 waren am 27. Februar nur bei wenigen Vorjährigen noch Reste des Jugendkleides zu bemerken. Diese Feststellungen können aber nicht als allgemein gültig angesehen werden, denn noch zu späteren Zeiten werden die Veränderungen bemerkt. Zum Beispiel waren junge Zwergschwäne Ende Februar (1959) noch erheblich im Umfärben, andere waren am 16. März (1958) noch im Jugendgrau. Ja, es kommen spät Umfärbende bis weit in den April hinein vor. Ein Jungvogel, der am 17. und 19. Juli beobachtet wurde, trug noch leicht graue Flügeldecken (L o o f , zitiert bei S c h m i d t 1965).

Im ausgefärbten Kleid ist der Zwergschwan reinweiß, doch zeigen sich an den größeren Schulterfedern und wohl auch auf dem Mittelflügel einige dunkelfarbige Federschäfte (N a u m a n n). In geringer Entfernung fällt ein Schimmer von rosa auf. Der Schwanz erscheint etwas länger, und die Unterschwanzdecken bilden zur Waagerechten einen größeren Steigungswinkel. Die Hinterpartie liegt höher im Wasser (S c h u b e r t 1963). Bei ausgefärbten H ö c k e r - und S i n g s c h w ä n e n ist das ganze Gefieder mit den Dunen und Federschäften blendend weiß.

Verschiedentlich wird bei wildlebenden Schwänen aller drei Arten am Kopf, am Anfang des Halses und oft auch an der Brust ein schwach rostbrauner oder ocker-gelblicher Anflug auf weißem Grund bemerkt: ein Schmutzbelag, der den Federn anhaftet und der so fest sitzt, daß er sich nicht abwaschen läßt. N a u m a n n möchte sein Entstehen Eisenverbindungen zuschreiben, mit denen die Tiere beim Gründeln in Berührung kommen. Da das Gefieder nach der Mauser wieder völlig weiß ist, muß es sich um körperfremde Farbe handeln. Mauersberger (1958), der darauf hinweist, stellte bei einem Zwergschwantrupp auf dem flachen Pleißenstausee mit seinem schlammigen Grund nach etwa 8- bis 10tägigem Aufenthalt einen schwärzlichen Anflug fest, den er auf das Anhaften feinster Schlammteile beim Gründeln zurückführt.

8. Die Mauser

Wenn die Schwanenjungen den Eiern entschlüpfen, sind sie in dichten, weichen Flaum gehüllt. In der dritten Woche zeigen sich beim Höckerschwanküken auf Brust und Schultern die ersten richtigen Federn. Nach einem weiteren Monat sind die Dunen abgelegt, und wiederum zwei Wochen danach bilden sich die ersten Schwungfedern, die zu ihrer Entwicklung mehr als 7 Wochen benötigen. Dann ist es Mitte bis Ende September. Der junge Vogel braucht also vom Tage des Schlüpfens bis zur Flugfähigkeit 4,5 Monate (Heinroth). Ein von Heinroth beobachteter 17 Wochen alter, bei den Eltern herangewachsener Vogel konnte noch immer nicht fliegen.

Sind die Schwingen gewachsen, beginnt der junge Vogel sehr bald mit dem Wechsel des Kleingefieders. Dabei werden die graubraunen Federn des Jugendkleides durch weiße ersetzt (die Schwingen und die Kleinfedern der Flügel werden jedoch erst im kommenden Sommer erneuert). Die Sommermauser der erwachsenen Jungen beginnt mit dem Wechsel

Abb. 17. Junge Höckerschwäne im ersten Winter. Aufn. A. Hilprecht

Abb. 18. Der Höcker ist erst wenig entwickelt. Aufn. A. Hilprecht

der Schwungfedern, die bereits nach einem Monat völlig ausgewachsen sind. Sie wachsen nach Heinroth täglich 9 mm, nach Dementiew u. Gladkow 7 mm. Die Sommermauser der Höckerschwäne währt ungefähr von Juni bis August und erstreckt sich auf das gesamte Gefieder. Der Vogel verliert gleichzeitig die Schwung- und Deckfedern der Flügel, wobei die Schwungfedern gewöhnlich alle innerhalb von zwei Tagen ausfallen, danach beginnen sich die Steuerfedern sowie die Ober- und Unterschwanzdecken zu lösen. Dann erfaßt der Federwechsel die Deckfedern der oberen und unteren Körperflächen, zuletzt die des Kopfes und Halses. Die Teilmauser des Kleingefieders und der Steuerfedern beginnt im Herbst im Heimatgebiet und endet an den Überwinterungsplätzen.

Erwachsene Höckerschwäne, die zur Fortpflanzung schreiten, mausern zu verschiedenen Zeiten und abhängig vom Entwicklungsgrad der Jungen. Zuerst mausert das Weibchen, und zwar wenn die Jungen wenige Wochen alt sind. Sind dann nach sieben oder acht Wochen (Heinroth 1928) – Dementiew u. Gladkow (1952) sowie E. u. V. Stresemann (1966) sprechen von sechs Wochen – die Schwingen wieder gewachsen, so mausert der Schwanenvater und zieht sich in das Schilfdickicht zurück. Hat auch er die kritische Zeit überstanden, sind mittlerweile die Jungen flugfähig geworden. Einer der beiden Elternteile ist somit immer in der Lage, die Jungen zu schützen.

Nicht brütende Schwäne suchen zur Mauserzeit nahrungsreiche Küstenstreifen auf und bilden hier oft große Gemeinschaften, die nach Tausenden zählen. Die Höckerschwanzählung 1966 für die DDR erfaßte

Fig. 7. Mauserplätze der Höckerschwäne in der westlichen Ostsee, im Öresund und an den dänischen Inseln. Zeichnung: A n d e r s e n - H a r i l d

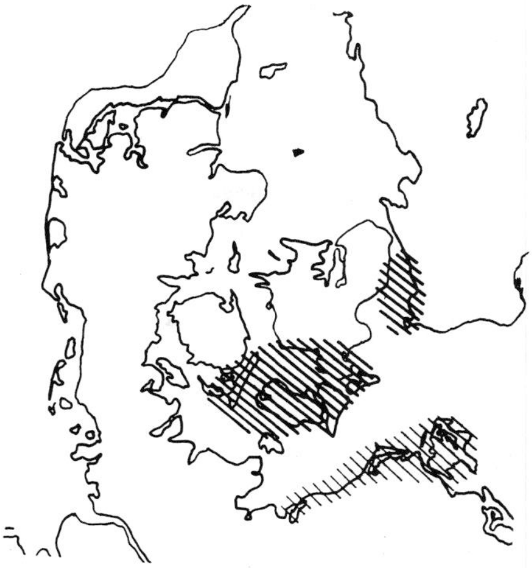

Fig. 8. Zahlenmäßige Übersicht über die an den dänischen und südschwedischen Küsten im Sommer 1968 angetroffenen mausernden Höckerschwäne. Zeichnung: A n d e r s e n - H a r i l d

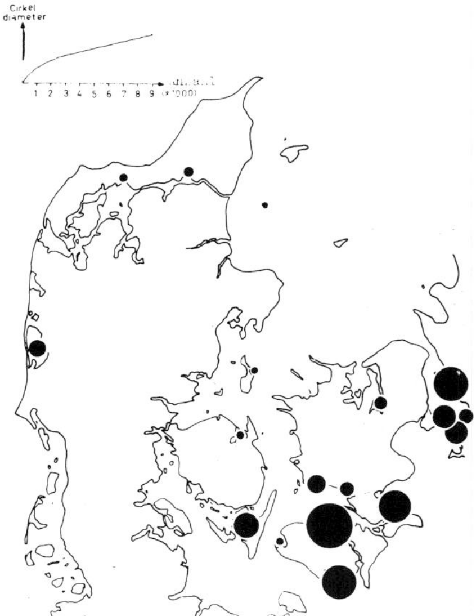

an der Ostseeküste insgesamt 6431–6481 mausernde Nichtbrüter. Sie verteilen sich auf die Küstenstriche: Rügen etwa 3000, Naturschutzgebiet Struck 2500, Wohlenberger Wiek 334, Breitling 200–250, Koppelstrom im Kreis Ribnitz-Damgarten 100 und verteilt in kleineren Gruppen 297.

Abb. 19. Ausgefärbte Höckerschwäne. Aufn. A. Hilprecht

Eine Zählung der mausernden Höckerschwäne in den dänischen und südschwedischen Küstengewässern, die 1968 mit dem Flugzeug durchgeführt wurde, ergab ca. 36 000 Vögel (Fig. 7 und 8). Da diese Zahl bedeutend höher ist als auf Grund des gesamten dänischen und schwedischen Brutbestandes erwartet werden konnte (3500—4000 Paare), müssen mindestens 10—15 000 der angetroffenen Schwäne von anderen Populationen stammen, vielleicht aus den nördlichen Bezirken der DDR und der Bundesrepublik Deutschland, ferner aus Polen sowie der Littauischen und Lettischen SSR.

Um die Frage der Herkunft der in den dänischen und südschwedischen Gewässern versammelten Mauserschwäne zu klären, wurde 1969 von dänischer Seite mit der Beringung dieser Vögel begonnen. An zwei Tagen fing man mit einer Stange von einem kleinen Boot aus 150 Höckerschwäne und legte ihnen einen Ring um. 1970 soll die Fangaktion in größerem Umfange durchgeführt und in Übereinkunft mit der Vogelwarte Hiddensee nach Möglichkeit auch auf das Gebiet der DDR ausgedehnt werden (brieflich Andersen-Harild).

Beim Singschwan beginnt der Wechsel des Dunenkleides zum Federkleid, wenn die Jungen „die Hälfte des Ausmaßes der Erwachsenen" erreicht haben (Dementiew u. Gladkow 1952). Die anderen Mauservorgänge stimmen ungefähr mit denen des Höckerschwans überein, doch geht das Wachsen der Schwungfedern weit schneller vor sich. Nach Dementiew u. Gladkow sind sie bereits nach einem Monat, nach Heinroth in etwa 6 Wochen, völlig ausgewachsen. Sie wachsen täglich 9 mm (Dementiew u. Gladkow). Annähernd zwei

Wochen nach Beendigung der Sommermauser beginnt die Teilmauser (Herbstmauser), die sich über eine längere Zeit erstreckt und von der Hauptmasse der Schwäne erst im Dezember beendet wird.

Bei jungen Zwergschwänen werden die ersten Konturfedern etwa nach 8 Wochen sichtbar, mit 16 Wochen sind sie voll befiedert.

Die Jugendmauser erfaßt große Teile des Kleingefieders, u. U. auch innerste Armschwingen und einige Steuerfedern. Sie scheint im März abgeschlossen zu sein, doch werden auch noch in der zweiten Julihälfte einzelne Junge mit leicht grauen Flügeldecken beobachtet. Die Jahresmauser ist eine Vollmauser (Niethammer 1968). Die Schwingen wachsen dem Zwergschwan schneller als dem Singschwan, bereits Ende Juli/Anfang August, nach Heinroth in 33 Tagen. Begibt sich der Vogel Anfang oder Mitte September auf die Wanderung in seine Winterquartiere, müssen ihn die Schwingen schon tragen können. Der Mauserbeginn der einjährigen Jungen fällt in das letzte Drittel des Juli. Die alten Zwergschwäne, Männchen und Weibchen, mausern gleichzeitig. Die teilweise herbstliche Mauserung findet erst am Überwinterungsort ihren Abschluß (Dementiew u. Gladkow 1952).

Der Höckerschwan hat 10 Hand-, 18 Arm- und 3 Schulterschwingen, zusammen 31, der Singschwan 10 Hand-, 21 Arm- und 2 Schulterschwingen, zusammen 33. Die Zahl der Schwanzfedern beträgt beim Höckerschwan 22 bis 24, beim Singschwan 20 bis 22, beim Zwergschwan 18 bis 20.

9. Maße und Gewichte

Wie aus der Tabelle 1 hervorgeht, sind die Größenverhältnisse innerhalb der Arten recht unterschiedlich. Allgemein sind die Männchen größer als die Weibchen, doch kann das Geschlecht auf Grund der Maße mit einiger Wahrscheinlichkeit nur in den extremen Fällen bestimmt werden.

Die gegenüber dem Höckerschwan längeren Schwingen des Singschwans befähigen ihn zu größeren Flugleistungen. Sie sind in dem weiteren Reiseweg begründet, den der Vogel auf seinem Herbst- und Frühjahrszug zurückzulegen hat. Die mittleren Steuerfedern überragen die äußeren beim Höckerschwan um 12 cm. Zur Gewinnung der Schnabelmaße setzten Schiöler und offensichtlich auch Dementiew u. Gladkow beim Höckerschwan den Zirkel unter dem Höcker an, während Heinroth, wie er besonders vermerkt, vom Mundwinkel ausging. Da der Höcker einen Teil des Schnabels einnimmt und auch verschieden groß ist, ist Heinroths Meßweise genauer. Um vergleichen zu können, muß sie jedoch in gleicher Weise auch bei den anderen Schwänen angewendet werden, was Heinroth tat.

Sing- und Zwergschwan sind bei Feldbeobachtungen in Zweifelsfällen an der Trittspur im Schlick durch die verschiedene Länge der Mittelzehe leicht auseinanderzuhalten. Die Spur der Mittelzehe des Zwergschwans mißt nach N a u m a n n von der Mitte des Hackenballens 13,3 cm, die des Singschwans 15,8 cm und darüber.

Tabelle 1. Körpermaße

Bearbeiter	Höckerschwan mm	Singschwan mm	Zwergschwan *bewickii* mm	 *jankowskii* mm
Gesamtlänge				
Buxbaum (1891)	—	1200, 1250, 1300, 1520	—	—
Peterson, Mountford u. Hollom (1954)	1520	1520	1220	—
Dementiew u. Gladkow (1952)	—	1550—1700	1070—1220	1170—1240
Naumann	♂ 1530—1555 [1] ♀ 1460	♂ 1320—1370 ♀ 1220—1270	♂ 1070 [1] ♀ 1010	
Flugspanne				
Buxbaum (1891)	1950, 2000 2200	—	—	—
Dementiew u. Gladkow (1952)	—	2250—2500	1730—2000	1787—2045
Naumann	♂ 2360 ♀ 2165	♂ 2260—2330 ♀ 2110—2170	♂ 1930 ♀ 1860	— —
Flügellänge				
Heinroth (1928)	570—615	580—635	480—540	—
Schiöler [2]	♂ 548—622 [3] ♀ 540—570 [3]	♂ 590—640 [3] ♀ 569—610 [3]	♂ 522—542 ♀ 465—520	—
Witherby [2]	—	♂ 577—628 ♀ 562—595	♂ 515—537 [3] ♀ 475—525 [3]	—
Buturlin [2]	—	570—610		
Peters (1935)	—	—	♂ 485 u. 525 ♀ 480	
Dementiew u. Gladkow (1952)	♂ 584—630 ♀ 535—600	♂ 595—660 ♀ 580—635	490—540	490—550
Naumann	♂ 636 ♀ 565	♂ 565 ♀ 542	♂ 495 ♀ 486—488	—
Schmidt (1965)	—	—	♀ 485	—
Lauflänge				
Heinroth (1928)	100—117	98—120	—	—
Naumann	♂ 114—116 ♀ 105	♂ 129,6 ♀ 126,6	♂ 106 ♀ 103	—
Witherby [2]	98—120	112—120	100—115	—
Länge der Mittelzehe				
Naumann	162	♂ 176,7 ♀ 173,7	♂ 123,7 ♀ 120,7	

Bearbeiter	Höckerschwan mm	Singschwan mm	Zwergschwan *bewickii* mm	*jankowskii* mm
Schnabellänge				
Heinroth (1928)	98—108 [4]	90—105 [4]	—	—
Naumann	125—127	♂ 106 ♀ 100,1	♂ 90,2 ♀ 91,8	—
Witherby [2]	—	♂ 101—112 ♀ 94—103	—	—
Schiöler [2]	♂ 76—85 [5] ♀ 73—81 [5]	♂ 102—116 ♀ 95—112	♂ 87—100 ♀ 75—96	—
Buturlin [2]	—	97—121	—	—
Dementiew u.	♀ 73—80	♀ 93,8—111,5	84—98	90—99
Gladkow (1952)	—	108,5		
ten Kate	♂ 76—85	♂ 90,5—108,3	88—103	—
Schnabelbreite				
Dementiew u. Gladkow (1952)	—	—	28—32	24,2—24,5
Schwanzlänge				
Heinroth (1928)	190—240	170—205	140—175	—
Naumann	♂ 236—260 ♀ 230	♂ 165	170	
Witherby [2]	189—198	160—180	150—168	

[1] ohne Schnabel, [2] nach Niethammer, [3] Bandmaße, [4] gemessen vom Mundwinkel bis zur Spitze, [5] gemessen vom Höcker (wohl auch bei Dementiew)

Das Gewicht des Höckerschwans gibt Heinroth (1928) für Männchen mit 11 bis 12 kg, für Weibchen mit 9 bis 10 kg an, bemerkt aber, daß auch Stücke im Gewicht von 13,5 kg vorkommen, während abgezehrte bis auf 5 kg zurückgehen. Von Sanden (1935) stellte an den Wildschwänen des Nordenburger Sees dagegen teilweise weit höhere Gewichte fest. Vier alte Schwäne wogen 22,5 kg (13. 11. 33), 21 kg (Sept. 1911), 11,5 kg (22. 11. 17) und 10 kg (15. 11. 33); drei junge Schwäne wogen 20 kg (18. 10. 33), 10 kg (2. 12. 17) und 9,5 kg (2. 12. 17). Wie v. Sanden betont, war kein Schwan darunter, der lange krank bzw. zahm oder halbzahm war. Dementiew u. Gladkow führen Gewichte von 8 bis 13 kg an, und Naumann spricht von 9 kg und mehr, Weibchen wögen nicht viel über 10 kg, älteste und stärkste Männchen selten über 13,5 kg.

Für den Singschwan wird von Friderich (1891) das Gewicht mit 7 bis 8 kg vermerkt, von Schiöler (nach Niethammer) mit 8,75 kg, während von Tschusi zu Schmidhoffen (1906) einen Istrienfund mit 12 kg (17. 11.) anführt und Buxbaum (1891 und 1893) auf drei im Süden der Bundesrepublik geschossene Singschwäne mit 10 kg (10. 1. bei Mannheim), 9 kg (9. 1. in Raunheim/Hessen) und 7 kg (30. 11. Seligenstadt a. Main) verweist. Auf der Ems erlegte Singschwäne wogen 10 und 10,5 kg (Kohlmann, mitgeteilt durch Dietrich 1928). In den Niederlanden geschossene alte Singschwäne wogen zumeist 11 bis 11,5 kg (sehr magere 8 kg und weniger, sehr feiste 12,5 kg), junge dagegen nur 7,5 bis 8,5 kg (geringste 7 kg, stärkste 10 kg — ten Kate 1930). Dementiew u. Gladkow (1952) nennen Gewichte von 7 bis 10 kg und bemerken, daß zuweilen auch solche von 12,7 kg vorkommen. Naumann gibt die Gewichte für das Männchen mit 12 bis 13,5 kg, für das Weibchen mit 9,25 kg an, und nach Meinung Heinroths (1928) entspricht das Gewicht des Singschwans etwa dem des Höckerschwans, es mag manchmal etwas geringer sein. Wenn die vorstehend genannten Gewichtszahlen für den Singschwan weit niedriger erscheinen, so müssen hier die Entbehrungen und Anstrengungen bedacht werden, denen die Vögel auf ihrer Reise von ihrer nördlichen Heimat nach Istrien und dem Süden der Bundesrepublik ausgesetzt waren. Sie verloren dadurch an Gewicht. Heinroth sagt ja, daß völlig abgezehrte Höckerschwäne bis auf 5 kg zurückgehen können. Die Gewichte beider Arten können bei Berücksichtigung dieses Umstandes daher nur bedingt miteinander verglichen werden.

Für den Zwergschwan gibt Schiöler das Gewicht mit reichlich 5 kg an, Heinroth (1928) gleichfalls mit 5 kg, Naumann bei Männchen mit 5,5 bis 6 kg, bei Weibchen mit 5 kg, Dementiew u. Gladkow (1952) mit 4,9 bis 6,2 kg, Verthein (1935) notierte bei einem Ausgang Herbst erlegten Vogel 7,6 kg, und ten Kate (1930) nennt für in den Niederlanden erlegte alte Zwergschwäne 4,5 bis 8,25 kg (meistens 6 und 6,5 kg), für junge 3 bis 7 kg (meistens 4 kg).

Es scheint, daß Zwergschwäne ihre eigentliche Größe erst erlangen, nachdem sie flugfähig sind. Mauersberger (1958) vermutet es und führt Veselovský an, der ihm schrieb: „Was die Größe betrifft, sind die jungen flugfähigen Gänse und Schwäne in erster Zeit sicher ein bißchen kleiner als die alten.“ Bei Graugänsen ist es der Fall, was ich auf Grund jahrelanger intensiver Beobachtungen bestätigen kann. Mit Recht weist aber Mauersberger die Angaben Audubons in das Reich der Fabel, Schwäne brauchten bis zu ihrer endgültigen Größe 5 bis 6 Jahre und einjährige erreichten nur ein Drittel.

10. Die Brutbiologie

10.1. Paarbildung und „Balz“

Schon im Herbst beginnen Höckerschwäne zu „balzen“. Die Versuche sind zunächst schwach und laufen nicht aus, sie werden aber nach und nach stärker. Die Paare finden sich somit wohl zumeist schon im Winterquartier bzw. auf dem Rückflug in die Brutheimat zusammen. Christoleit (1926) beobachtete Ende Oktober ziemlich anhaltende, wenn auch recht gemäßigte Paarungseinleitungen eines alten Männchens gegenüber einem neu mitgebrachten jungen Weibchen. Das Männchen hatte dabei die Flügel gestellt, das Weibchen erwiderte mit schwachem Flügellüften. Christoleit sieht in dem Flügelstellen des Höckerschwans beim „Balzspiel“ einen Ersatz für den fehlenden Paarungsruf.

An halbwilden Höckerschwänen vermochte ich schwache Paarungserregung mit Flügelstellen am 3. Dezember 1939 wahrzunehmen. Die Vögel standen sich am Uferrand in waagerechter Haltung gegenüber und gaben ihre gegenseitige Zuneigung zu erkennen, indem sie die Flügel deutlich hoben und die Hälse tief und geschwungen zueinander kehrten. Der Kopf wurde dabei wenig auf- und abwärts bewegt, am Schluß nach oben gereckt. Beim Herabnehmen des Halses in die Ruhelage ließen beide einen Schnarchton vernehmen, der durch einen kurzen Anlaut eingeleitet wurde. Es gelang mir, den Vorgang im Bilde festzuhalten (s. Abb. 20, 21). Dietrich (1928) beobachtete schon am 26. Januar 1906 die Begattung.

Über den Paarungsvorgang schreibt Heinroth (1928): Die Vögel nähern sich einander zärtlich mit glatt angelegtem Gefieder, womit sie zur Paarung auffordern. Der Halsansatz ruht dabei ziemlich weit vorn im Wasser. Die beiden Gatten rücken dann näher aneinander, stecken die Köpfe unter leisem Locken zusammen (s. Abb. 22) und tauchen den Hals wie zum Gründeln in das Wasser, ziehen ihn aber gleich wieder heraus. Diese Eintauchbewegungen des Kopfes wiederholen sich schneller und schneller und gehen allmählich in eine Art Badebewegung über, wobei sich die Vögel so nahe kommen, daß der Kopf oft über den Halsansatz des andern hinweg eingetaucht wird. Manchmal reiben sich die Tiere zwischen den Badebewegungen die eigenen Seiten- oder Tragfedern mit den Kopfseiten. Das Spiel währt so lange, bis sich das Weibchen flach macht, mit vorgestrecktem Hals den Körper tief in das Wasser senkt, um vom Männchen bestiegen zu werden. Die Paarung selbst dauert etwa 3 bis 5 Sekunden, wobei sich das Männchen mit dem Schnabel im Gefieder des Weibchens festhält. Das Weibchen (?) läßt dabei regelmäßig einen gezogenen Schnarchton vernehmen. Das während des Tretvorganges glatt angelegte Gefieder deutet auf starke Erregung hin.

Hat sich das Männchen nach der Seite herunterfallen lassen, richten sich beide Vögel unmittelbar darauf unter eigenartigem Schnarchen und kräftigen Ruderschlägen Brust an Brust hoch gegeneinander auf (s.

Abb. 20 und 21. Höckerschwan — Frühe Paarungsregung.
Aufn. A. Hilprecht

Abb. 23); anschließend baden sie und ordnen das Gefieder. Die Begattung geschieht nur auf dem Wasser. Rangordnungskämpfe um das Weibchen gibt es nicht, die Vögel verhalten sich sogleich „richtig" mit geschlechtsgebundenen Instinkthandlungen (Schüz 1942).

Abb. 22. Höckerschwan — Paarungseinleitung. Aufn. N. Peters

Abb. 23. Aufrichten nach der Paarung. Aufn. F. Kaulfuß

Christoleit (1926) bemerkt, daß ältere schon jahrzehntelang vereinigte Höckerschwanpaare weniger zu Zärtlichkeiten neigen. Der sonst so gemächliche Vogel führt die Paarungseinleitung rasch aus, die Eintauchbewegungen des Kopfes und Halses fallen bei einem alten Paar aber nahezu ganz fort, ebenso das Aufrichten nach der Paarung, das durch ein kurzes Kopfnicken ersetzt wird. Die Flügel des Männchens bleiben aber noch lange geöffnet. Christoleit vernahm bei der Paarung einen ziemlich starken und harten Gänse- bzw. Trompetenschrei (ohne abschließendes Gurgeln) und nach der Paarung bisweilen den gewöhnlichen, etwas stärkeren Gurgellaut.

Auch der Singschwan läßt schon auf dem Zuge eine ziemlich starke Paarungserregung erkennen, besonders zu Beginn des Frühlings (Ende März bis Mitte April). Die Paarungseinleitungen sind bei ihm die gleichen wie beim Höckerschwan, es unterbleibt jedoch das Aufrichten und Gegenüberstellen nach der Kopulation, die Vögel gehen vielmehr gleich zu Badeübungen und zum Gefiederputzen über. Der Vorgang läuft aber beim Singschwan weit leidenschaftlicher und geräuschvoller ab als beim Höckerschwan. Christoleit (1926) schreibt über die Paarungseinleitung des Singschwans: „Dem erkorenen Weibchen nähert er sich unter lebhaften Rufen und eigentümlichen Kopf- und Halsbewegungen, die anfangs in regelmäßigem Auf- und Abbewegen der Schnabelspitze bestehend, bald den Kopf und schließlich auch den Hals ergreifen, bis ein lebhaftes schlängelndes Wedeln des Halses daraus geworden ist, bei dem der Kopf fast bis zur Brusthöhe gesenkt und wieder erhoben wird, während die geöffneten Flügel mit zurückgelegten Handschwingen anfangs mehr zuckende, später anmutig wehende Bewegungen ausführen. Bleibt das Weibchen ablehnend oder antwortet es nur kühl, so findet das Spiel in diesem Stadium bereits sein Ende, erwidert es aber, dem werbenden Männchen zugewandt, die Bewegungen mit der gleichen Lebhaftigkeit und denselben Rufen, so erreicht dasselbe seine Höhepunkte: Beide Vögel richten sich gegeneinander hoch auf, strecken Kopf und Hals senkrecht in die Höhe und schlagen lebhaft mit den weit ausgebreiteten Flügeln, indem sie in ununterbrochener regelmäßiger Folge sehr starke und hohe Jubellaute (stets von gleicher mittlerer Länge und nur ganz ausnahmsweise mit Vorschlag) ausstoßen." Christoleit bemerkt, daß kein Vogelpaar seine Liebe sich und aller Welt ausdrucksvoller kundtun könne.

Das Paarungsspiel beobachtete Christoleit bei den rastenden Singschwänen meist auf dem Wasser, es fand aber zuweilen auch auf dem Eise statt. Die Paarbildung geht nach Dementiew u. Gladkow (1952) auf den Überwinterungsplätzen vor sich.

Eigentümlich sind die Paarungsspiele der Zwergschwäne, die auf dem Lande stattfinden. Das Männchen bewegt sich dabei vor dem Weibchen hin und her, streckt den Hals aus, hebt von Zeit zu Zeit die Flügel und schlägt sie mit ungewöhnlich klatschendem Geräusch zusammen. Dabei schreit es „klingend". Nach einiger Zeit fliegt das Paar an einen anderen Platz, wo sich das Spiel wiederholt. Manchmal sind es auch zwei Männchen, die dieses Spiel gemeinsam vor einem Weibchen aufführen (Dementiew u. Gladkow 1952).

Möller (zitiert bei Schmidt 1965) beobachtete bei Glückstadt in Holstein verschiedentlich Paarungsspiele von Zwergschwänen. Er schreibt darüber: „Während der gemeinsamen Nahrungaufnahme oder des Schwimmens sieht man immer wieder zwei adulte Exemplare sich mit Front zueinander aufrichten, die Flügel halb geöffnet, den Hals leicht S-förmig eingekrümmt, erregt aufeinander einschreiend. Die dabei vorgebrachten Lautäußerungen lassen sich aus der Vielfalt des Rufkonzerts nicht genau heraushören. Daß geschrien wird, sieht man an den weit geöffneten Schnäbeln beider Partner. Wahrscheinlich im Rhythmus des Ausstoßens der Rufe bewegen sich die beiden dann, sich leicht verbeugend, gegeneinander. Allmählich stellen sie sich im weiteren Verlauf dieser Zeremonie dann immer wieder schräg zueinander, so daß sie dann aneinander vorbei agieren und schließlich damit aufhören, um weiter der Nahrungssuche nachzugehen." Schmidt setzt hinzu, man sähe es auch sonst im Lande, und er vermutet, es würde sich wohl um jüngere Vögel handeln. Ein deutlicher Paarzusammenhalt bei vier und mehr alten Vögeln sei am 10. März 1953 und am 11. März 1962 bemerkt worden. Am 16. April 1954 waren am Nördlichen Binnensee auf Fehmarn unter 12 offenbar jüngeren Zwergschwänen zehn in Paaren, die zwei einzelnen zeigten eifriges und lautstarkes „Balz"verhalten.

10.2. Ankunft im Brutrevier

Mit dem beginnenden Frühling, oft schon vor dem Aufgehen des Eises und bei dichtem Schnee, treffen die Höckerschwäne auf ihren Brutseen ein. Sie müssen dann warten, bis der See aufgeht. Zuerst kommen die Brutpaare an, später die großen Scharen der Jungschwäne.

Da der Frühling zu verschiedenen Zeiten einzieht und die Schwäne ihm zu folgen oder vorauszueilen pflegen, ist ihre Ankunft somit den klimatischen Schwankungen unterworfen. Nach v. Sanden (1939) stellten sich die Höckerschwäne auf dem Nordenburger See in Masury im Verlauf von 13 aufeinander folgenden Jahren dreimal im Januar, fünfmal im Februar und fünfmal im März ein. Als Mittel von 13 Jahren ergab sich der 23. Februar (30. 1. bis 2. 4.). Quednau (Tischler 1941) notierte auf dem Mauersee in Masuren als ersten Ankunftstag im Durchschnitt von 16 Jahren den 2. März (5. 2. bis 26. 3.).

An den nordöstlichen Grenzen ihrer Verbreitung in der UdSSR treffen die Höckerschwäne gegen Ausgang April ein (Dementiew u. Gladkow 1952). Suschkin (zitiert bei Johansen 1959) gibt für den Irgis den 22. April an (1898). Am 26. April (1927) wurde ein Vogel am nördlichsten Fundort beim Ubinskoje-See in der Barabasteppe erbeutet.

Singschwäne fliegen nach Dementiew u. Gladkow Mitte April die Murmansker Küste, die mittlere Petschora und das Molotowsker Gebiet an. In den Gebirgsgegenden, wie im Altai, werden sie im Laufe des Mai beobachtet, Anfang Mai im Bezirk Werchne-Kolymsk. In das Anadyr-Gebiet im äußersten Nordosten Sibiriens, wenig südlich des Polarkreises, kehren sie nach Portenko schon etwa Mitte April zurück. Zu dieser Zeit herrscht hier noch tiefster Winter. (Die ersten Ankömmlinge, die wenige Tage früher kommen, sind die Schneeammern.)

In Island sucht der Singschwan seine Brutplätze in den einsamen Gegenden des Hochlands gegen Ende April auf, nach Hantzsch oft auch erst Mitte Mai.

Vom Zwergschwan sagen Dementiew u. Gladkow (1952), daß sie in die Tundra gepaart zurückkehren, wenn die Schneeschmelze einsetzt und die Flüsse aufbrechen. In der Timanskischen Tundra kommen die ersten Anfang Mai an, der Haupttrupp folgt am Anfang der zweiten Maihälfte. Auf Nowaja Semlja sah man sie am 28. Mai 1903, am 17. Mai 1948 und am 26. April 1949 eintreffen. Die Halbinsel Jamal erreichten sie am 23. bis 26. Mai, die Mündung des Jenissei am 22. Mai, die Brechowskischen Inseln am 22. Mai, den See Essei am 3. Mai, die Mündung der Chatanga am 10. Juni, den Ort Chatanga am 24. Mai. Im Delta der Indigirka kamen sie am 27. Mai, später am 2. bis 4. Juni an, und das Delta der Kolyma erreichten die ersten Mitte Mai. Seebohm

(N a u m a n n) sah in Ust-Zilma, etwas südlich des Polarkreises, die ersten Zwergschwanpaare am 11. Mai eintreffen, die letzten am 20. Mai. M i c h e l (Besprechung S c h u s t e r Beitr. Fortpfl. Vögel, 1936, S. 174) bemerkte sie im Frühjahr im Indigirkagebiet Mitte oder Ende Mai.

10.3. D i e R e v i e r a b g r e n z u n g — U m f a n g d e s R e v i e r s

Bei der Rückkehr im Frühjahr nehmen die alten Paare der Höckerschwäne sogleich wieder ihre vorjährigen Brutreviere ein. Ist der See noch geschlossen, verteilen sie sich entsprechend auf dem Eis und liegen hier viele Stunden. An den offenen Stellen erscheinen sie nur, um zu äsen. Solange der See geschlossen ist, sind sie friedlich miteinander und dulden den Nachbarn in der Nähe. Ist der See aber wieder frei, dulden sie nicht, daß ein Artgenosse die unsichtbare Grenze ihres Brutreviers überschreitet. Der aufkommende Bruttrieb läßt den Verteidigungstrieb stark werden, doch äußert er sich nur innerhalb der Reviergrenzen; auf neutralem Grund sind sie friedlich miteinander.

Unruhig durchfurcht das über Revier und Weibchen wachende Männchen das Wasser. Wagt es ein anderer Schwan, in das Revier einzudringen, wird er vertrieben. Die Höckerschwanmännchen stellen bei einer solchen Begegnung die Flügel auf, legen Hals und Kopf weit zurück, ziehen enge Kreise umeinander und messen ihre Kräfte mit den Augen. Ihre Bewegungen haben etwas drohend Prahlerisches, und sie versuchen, auch durch Wassertreten Eindruck zu machen. Es bleibt zumeist bei diesem Starkmachen, wobei der Vogel, der sich in einem fremden Revier befindet, das geringere Selbstvertrauen hat und es nicht zum Kampf kommen läßt. Wird er aber ausgefochten, so fassen sich die Vögel mit den Schnäbeln gegenseitig an den Schultern und schlagen mit den Flügeln aufeinander los. Einer sucht den andern zu erschlagen oder unter das Wasser zu drücken und zu ertränken, was auch vorkommt. Fühlt sich ein Vogel unterlegen, so macht er das Gefieder glatt und sucht das Weite, gefolgt von seinem Rivalen, der in ruckweisen Stößen, beide Ruder zugleich benutzend, hinter ihm dreinrauscht. Das ist eine beim Höckerschwan in der Verfolgung typische Schwimmweise, die beim Singschwan noch nicht beobachtet wurde; der Singschwan hält auch das Gefieder ganz glatt und den Hals gerade. Selbst wenn er die Schwingen etwas vom Körper lüftet, geschieht das niemals auf die gleiche auffällige Art wie beim Höckerschwan. N a u m a n n hält den S i n g s c h w a n für weniger streitsüchtig und „boshaft“ als den Höckerschwan, doch haben sich in der Gefangenschaft Singschwäne recht unverträglich und dem Höckerschwan überlegen gezeigt. Mit dem aufkommenden Bruttrieb wächst auch beim Singschwan der Verteidigungstrieb.

Die Weibchen nehmen an den Revierkämpfen nicht teil. Die noch nicht brutfähigen jüngeren oder aus irgendeinem Grunde nicht brütenden alten Höckerschwäne werden von den zanksüchtigen Männchen zumeist in eine etwas abgelegene Ecke des Sees gedrückt. Es kommt ihnen nicht in den Sinn, sich gegen ihre Bedränger zur Wehr zu setzen. Untereinander vertragen sie sich ganz leidlich.

Wie geistig unbeholfen solche nicht brütenden Höckerschwäne im Herrschaftsbereich eines Teichtyrannen sind, schildert Heinroth an zahmen Parkschwänen. Diese unglücklichen Teichgenossen trauen sich vor dem Wüterich nicht in das Wasser zu gehen, liegen dann dauernd auf dem Lande herum und wagen kaum zu trinken und zu fressen. Entfernt man die unnachgiebigen Tyrannen, indem man sie unter dem Arm vor den Bedrängten wegträgt, so begeben sie sich nicht etwa, gewissermaßen erlöst aufatmend, in das Wasser, um sich nun ungezwungen zu tummeln. Es dauert dann erst noch Stunden, bis sich der eine und andere, vom Durst geplagt, an das Wasser wagt und schließlich hineingleitet, da der Gewaltherrscher nicht mehr heranbraust, doch bleiben die Vögel immer noch in der Nähe des schützenden Ufers. Erst nach geraumer Zeit, es kann ein halber Tag oder mehr darüber vergehen, machen es die andern schließlich ebenso.

Nach Heinroth (1939) benötigt ein Höckerschwanpaar als Brutgebiet ungefähr 1 qkm Wasserfläche. Frase (1936) berichtet, daß sich in den 157 ha umfassenden Großen Lepzinsee im Forstamt Schulzenwalde zwei Schwanpaare teilten. Als sich ein drittes Paar ansiedeln wollte, vertrieben es die beiden anderen Paare. Halbwilde und zahme Höckerschwäne begnügen sich meist mit wesentlich kleineren Flächen.

Von 15 Revieren auf der Hamburger Alster hatten 11 eine Länge von ungefähr 240 bis 300 m, 4 waren etwa 300 bis 500 m lang; die Breite der Brutgebiete betrug etwa 100 bis 200 m (Peters 1931). Nach dem freien Wasser zu wurden die Grenzen der Brutflächen jedoch nicht immer genau gewahrt, sie lagen bald mehr nach außen, bald mehr zum Ufer hin. Den Durchschnitt der Reviere errechnete Peters mit 300 m Länge und 150 m Breite, so daß sich auf der Hamburger Alster für jedes Schwanpaar ein durchschnittlicher Brutraum von 45 000 qm oder 4,5 ha ergab.

Der Umfang des Raumes, den ein Höckerschwanpaar als seinen Brutbezirk betrachtet, ist also sehr unterschiedlich. Das hängt aber zu einem großen Teil mit dem Bewuchs des Seerandes und seinen Nahrungspflanzen zusammen. Wiederum gibt es aber wahre Tyrannen unter den Schwanenmännchen, die selbst in weiter Entfernung keinen Nachbarn dulden. Solche Wüteriche erkämpfen sich mitunter den doppelten oder dreifachen Brutraum. Das Streben nach einem größeren Brutbezirk führt Peters (1931) in erster Linie auf den ursprünglichen Trieb zurück, sich und seinen Jungen genügend Nahrung zu sichern. Er meint, dieser Trieb sei mit der Zeit wohl erblich geworden und käme als angeborener Instinkt unter veränderten Umständen auch bei den zahmen Schwänen zur Auswirkung.

Bei aller Unverträglichkeit des brütenden Höckerschwans ist auffallend, daß an besonders geeigneten Orten, wie kleinen Inseln, aller sonstigen Gewohnheit entgegenstehend, sich zuweilen mehrere Nester nahe beieinander befinden, oft mit nur wenigen Metern Abstand. Henrici (1901) bemerkte auf dem Karraschsee an einer Stelle drei Nester nebeneinander in etwa 10 m Abstand. Wie sich die einzelnen Paare dabei miteinander abfinden, ist unbekannt.

Beim Anwachsen des Höckerschwanbestandes auf dem Nordenburger See gab es 1937 auch hier Anzeichen von kolonieweisem Brüten. Es waren junge, brutfähig werdende Schwäne, die noch etwas zu den „Junggesellen" hielten und in der von diesen bevorzugten Ecke des Sees mit dem Bau ihrer Nester begannen (v. Sanden 1938). Kolonieweises Brüten wurde auch auf dem Lucknainer See sowie auf dem Riesenburger Schloßsee beobachtet, ferner an einigen Stellen in Schweden. Auf dem 6 qkm großen Lukuiani-See in der polnischen Provinz Olsztyn konzentrierten sich 1956 rund 100 und 1960 sogar etwa 250 Brutpaare (Curry-Lindahl in Berglund u. a. 1963).

Dost (brieflich) konnte neuerdings auch auf der kleinen Insel Ruschbrink in der Schoritzer Wiek auf Rügen kolonieweises Brüten des Hökkerschwans feststellen. 1960 waren es 15 Paare, 1962 30 und nach dem strengen Winter 1963 18 Brutpaare. „Der Nestabstand betrug im Jahre 1962 (geringste Entfernung) in einigen Fällen 2,5 m. Daß Kämpfe der brütenden Vögel stattfanden, bewiesen die vielen Eier, die hier und da außerhalb der Nester lagen." Noch heute wird die Insel als Brutplatz von den Schwänen benutzt, in welcher Stärke konnte aber noch nicht wieder festgestellt werden.

Bei stärkerer Zunahme des Schwanenbestandes auf einem See wird der Druck der brutlustigen Vögel mit der Zeit so stark, daß die alten Männchen mit den vermehrt auftretenden Rivalen nicht mehr fertig werden. Sie sind dann gezwungen, ihre viel zu großen Brutreviere mehr und mehr zu verkleinern.

Sowohl beim Singschwan wie auch beim Zwergschwan wurde kolonieweises Brüten bisher nicht bemerkt. Beim Singschwan stehen die Nester meist weit voneinander (Berg 1929, Delacour 1954), und beim Zwergschwan ist das Revier im Vergleich zu dem des Singschwans sowieso nur klein (Delacour 1954).

10.4. Das Nest

Wenige Tage nach dem Aufgehen des Eises beginnen die Schwäne mit dem Bau ihres Nestes. Dazu werden Rohr- und Schilfdickichte oder kleine umwachsene Inseln aufgesucht. Es geschieht nicht in der bei Vögeln zumeist üblichen Weise, daß das Baumaterial mit dem Schnabel aufgenommen und an einen bestimmten Fleck getragen und verarbeitet wird, die Vögel brechen lediglich das in Reichweite stehende Rohr, Stengel und anderes Pflanzenmaterial mit dem Schnabel ab, führen mit dem Kopf eine Rückwärtsbewegung aus und werfen das Nistzeug nach links und rechts hinter sich. Es ist, wie P o u l s e n (1948) bei Höckerschwänen genauer beobachten konnte, eine rein triebhafte Bewegung, die auch bei fehlendem Nistmaterial als Leerlaufhandlung ausgeführt wird. Die Handlung des Nestbaues geschieht also nicht bewußt. So kann das Nest auch nur dort entstehen, wo das Nistmaterial vorhanden ist. Die Bewegung des Heranziehens der Niststoffe führen beide Vögel aus, aber nur das Weibchen schichtet sie zu einem unordentlichen Haufen, setzt sich darauf und zieht nun, im Nest sitzend oder stehend, weiter Halm auf Halm heran und legt alles um sich herum. Ein genau abgepaßtes Zusammenarbeiten zwischen beiden Vögeln besteht nicht, der Zweck ihrer Handlung wird ihnen auch nicht bewußt.

Ist der Bau groß genug, erhebt sich das Weibchen und kratzt langsam und beschwerlich mit den Füßen nach hinten, wobei es sich gleichzeitig herumdreht. So entsteht eine kleine Vertiefung, die Nestmulde. Sie wird mit feineren Pflanzenteilen, Halmen und Schilfblüten und bei Beginn der Eiablage mit Dunen ausgelegt.

An dem Nest wird zu allen Tagesstunden bis in die Dämmerung gebaut, vermutlich auch in der Nacht. Längere Nahrungs-, Begattungs- und Ruhepausen werden eingeschaltet. Ist das Nest nach etwa zehn Tagen fertig, so stellt es einen massigen, ziemlich festen Bau dar, zumal wenn das alte Nest wieder benutzt und ausgebaut wird. Es kann ohne weiteres

Abb. 24. Singschwan-Brutplatz in Schweden. Aufn. A. B l o m g r e n

Abb. 25. Singschwan begibt sich zum Nest. Aufn. A. Blomgren

einen erwachsenen Menschen tragen. Der äußere Durchmesser eines Höckerschwannestes beträgt etwa 1,50 bis 2 m, die Höhe zumeist 0,20 bis 0,35 m. Es hat aber auch größere Ausmaße. Krohn (1899) fand auf dem Wesseker See in Holstein ein Nest, das einen Durchmesser von 2,30 m hatte, und Wüstnei (1899) sah ein Nest 0,50 m aus dem Wasser herausragen, während Dementiew u. Gladkow (1952) für die UdSSR die Höhe bis zu 0,75 m vermerken. Wird das Nest auf Schwingwiesen angelegt, kann es gar einen Durchmesser von 4 m und eine Höhe von 1 m erreichen (Dementiew u. Gladkow). Die verhältnismäßig flache Mulde ist nur 10 bis 12 cm tief, ihr Durchmesser etwa 40 bis 45 cm.

Zahme oder halbwilde Höckerschwäne, die sich an den Menschen gewöhnt haben, legen ihr Nest auch auf dem Lande nahe dem Ufer an. Zum Bauen verwenden sie dann das Material, das die Umgebung bietet, u. a. bestand ein Nest am Rand der Hamburger Alster aus kleinen Zweigen. Auch künstliche Nistgelegenheiten auf Pfählen oder Schwimmflößen werden angenommen, obwohl die Flöße von vorüberfahrenden Dampfern auf der Alster in anhaltende, schaukelnde Bewegungen versetzt werden (Peters 1931).

Gelegeverluste durch Hochwasser treten beim Höckerschwan durch den hohen Bau des Nestes seltener ein als bei Enten, auch schwimmt es meistens. Vor der Ablage der Eier sitzt das Höckerschwanweibchen schon längere Zeit auf dem Nest.

Auch die S i n g s c h w ä n e beginnen bald nach der Ankunft in ihrem Heimatbezirk mit der Anhäufung von Pflanzenstoffen zu einem Nest, in jedem Falle nicht später als nach ein oder zwei Wochen. Sie erwählen dazu einen Platz im seichten Wasser auf umgebrochenem alten Schilf oder am trockenen Uferrand. Gelegentlich brüten sie auch an den Ufern der Flüsse und ganz ausnahmsweise in den Marschen in einiger Entfernung vom Wasser (G u d m u n d s s o n brieflich). Für den Nestbau werden die dürren Ruten der nordischen Weidenarten, Binsen und mancherlei Pflanzenstengel und -blätter verwendet (N a u m a n n). Das eigentliche Nest schichtet und formt auch beim Singschwan allein das Weibchen (D e m e n t i e w u. G l a d k o w 1952). Der Bauvorgang ist im übrigen der gleiche wie beim Höckerschwan. Für die Nestmulde nennt G u d m u n d s s o n (brieflich) folgende Durchschnittsmaße: Durchmesser 40 bis 50 cm, Muldentiefe 14 cm. Ausgelegt wird die Nestmulde mit feineren Pflanzenstoffen, trockenem Riedgras, Moos und Federn (G u d m u n d s s o n), die Federn zieht sich der Vogel aus Brust und Bauch. Nach D e m e n t i e w u. G l a d k o w (1952) geschieht das in dem Augenblick, da der Vogel das erste Ei legt; es wird bis zum Legen des letzten Eies fortgesetzt.

Der Z w e r g s c h w a n erwählt zum Bau seines Nestes eine trockene Erhebung auf sumpfigem Boden, manchmal steht das Nest auch auf einem Erdhügel am Ufer oder zwischen Flußläufen. Es wird sofort nach der Ankunft errichtet, ebenfalls nur vom Weibchen. Die Unterlage bil-

Abb. 26. Singschwan-Brutplatz in Island. Aufn. H. E n g l ä n d e r

Abb. 27. Singschwannest mit Gelege in Südisland. Aufn. H. Engländer

den Halme vorjährigen Riedgrases und andere Pflanzen, hauptsächlich wird Moos verwendet. Die Nestmulde ist nur mit Federn und Daunen ausgelegt. Die Nester sind 50 bis 60 cm hoch, ihr Durchmesser ist etwa 1 m. Alte Nester werden wieder benutzt und ausgebessert (Dementiew u. Gladkow 1952).

10.5. Das Ei

Die Eier werden in der Regel in das vollendete Nest gelegt, manchmal auch schon vorher. Das Nest wird dann nachträglich fertig gebaut. Die nahezu gleichhälftigen und dadurch gestreckt erscheinenden Eier des Höckerschwans sind graugrün oder grünlich-olivfarben, innen gelblich durchscheinend, tiefporig und mit einem feinen weißen, schleierartigen Kalküberzug. Gegen Ende der Brutzeit werden sie schmutzig gelb bis weiß.

Die Eier des Singschwans sind schmutzig gelblich-weiß bis rahmfarben, ohne grünliche Beimischung, glattschalig, ziemlich glänzend und innen bräunlich gelb durchscheinend. Sind sie bebrütet, geht die Farbe mehr ins Graugelbliche über, sie sind dann auch oft beschmutzt. Die kürzere und bauchige, also weniger gestreckte Form, der Mangel an grünlicher Färbung und die glänzendere Schale gestatten, Singschwaneier sicher von Höckerschwaneiern zu unterscheiden.

Die Eier des Zwergschwans gleichen denen des Singschwans, haben nur etwas weniger Glanz, sind auch etwas kleiner, doch unterscheidet man sie sicher nur durch Wiegen.

Das Höckerschwanei ist das größte Ei der europäischen Vogelwelt. Nach Niethammer maßen 25 deutsche Höckerschwaneier im Durchschnitt 114,4 × 73,7 mm (größte Maße 122 × 77,1 mm und 119 × 80 mm, kleinste Maße 105 × 73 und 112 × 70 mm), 41 Eier von (halbwilden) Schwänen in der Norddeutschen Tiefebene maßen im Durchschnitt 108,6 × 73,4 mm (größte Maße 115,8 × 74 und 111 × 76,9 mm, kleinste Maße 97,1 × 69,8 und 98,2 × 68,6 mm); Dementiew u. Gladkow (1952) geben für Eier, die in der Sowjetunion gefunden wurden, Maße von 105 bis 122 mm × 70 bis 80 mm, im Durchschnitt 114,5 × 73,1 mm an.

Peters (1931) konnte bei den zahmen Höckerschwänen der Hamburger Alster von 21 Eiern dagegen ein Durchschnittslängenmaß von 109 mm errechnen, später (1936), bei weiteren 100 Eiern, kam er auf einen Durchschnitt von 110,13 mm (83,9 bis 121,7 mm × 63,8 bis 80,3 mm; größtes Ei 119,8 × 78 mm, kleinstes Ei 83,9 × 63,8 mm, ein sehr schlankes Ei maß 115,6 × 71,7 mm, ein auffallend dickes 113,6 × 80,3 mm). Die Eier der Alsterschwäne waren gegenüber anderen Höckerschwänen somit kürzer und dicker.

In einem Erstgelege einer Schwänin von drei Eiern fand Nieß (1960) an der Hamburger Alster ein Zwergei. Das größte und zuerst gelegte Ei

Abb. 28. Singschwan läßt sich auf die Eier nieder. Aufn. A. Blomgren

wog frisch 379,5 g und maß 118,4 × 77 mm. Das Schalengewicht betrug 39,854 g. Das zweite Ei wog frisch 371 g, die Schale 40,966 g und maß 112,5 × 77 mm. Das Sparei wog frisch 157 g, die Schale 17,454 g und maß 80,5 × 60 mm. Es enthielt nur Eiweiß.

Singschwaneier hatten folgende Maße: 25 aus Nordeuropa 112,8 × 73,7 mm im Mittel (größte Maße 117 × 74 und 115 × 76,2 mm, kleinste Maße 109,5 × 72,7 und 112,1 × 69,5 mm), 48 Eier aus Island maßen im Mittel 113,4 × 72,7 (größte Maße 126,3 × 71,3 und 110,7 × 76 mm, kleinste Maße 105,2 × 72 und 111 × 68,1 mm) (Niethammer 1968); 105,2 bis 126,3 × 68,1 bis 77,4 mm; (4) 114 bis 119 mm × 74 bis 75,8 mm, im Durchschnitt 117,25 × 74,5 mm; (75) 117 bis 126,3 mm × 68,2 bis 76,3 mm, im Durchschnitt 112,8 × 72,6 mm (Dementiew u. Gladkow 1952); (5) 110 bis 112,5 mm × 72,8 bis 74,4 mm (Naumann); 106,7 bis 119,4 mm × 67,3 bis 73,7 mm (Seebohm).

Bei den westlich der Lena wohnenden Zwergschwänen sind die Eier im Anfang weiß mit leichter strohgelber Schattierung und kleingesprenkelt, sie bedecken sich schnell mit gelbgraubraunen Flecken. Die Eimaße sind: (12) 104 bis 114 mm × 65,1 bis 70,1 mm, im Durchschnitt 104,1 bis 66,4 mm; 99,1 bis 108,5 × 64,6 bis 68,0 mm (Dementiew u. Gladkow 1952), nach Seebohm 96,5 bis 109,2 mm × 64,8 bis 67,3 mm, nach Naumann 104,1 × 70 mm. Die Eier der östlich der Lena wohnenden Zwergschwäne sind weiß mit blaßgelber Schattierung, die Maße (4) 108,6 bis 112 mm × 69 bis 73 mm, im Durchschnitt 110,25 × 70,87 mm (Dementiew u. Gladkow 1952). Aus 25 Zwergschwaneiern gibt Niethammer (1968) ein Mittel von nur 102,4 × 67,6 mm an (größte Maße 108 × 66,4 und 106,6 × 71 mm, kleinste Maße 94,5 × 68,1 und 101,8 × 64,6 mm).

An Gewichten wurden notiert: Frischvollgewicht beim Höckerschwan: nach Heinroth (1928) durchschnittlich 350 bis 375 g (der Dotteranteil betrug bei einem 375 g schweren Ei 150 g = 40 v. H.); 3 Eier vom Wesseker See in Holstein wogen 350, 355 und 355 g, 2 Eier von der Hamburger Alster 311 und 343 g (Krohn 1899). Niethammer (1968) gibt 265,8–373,9 g an. Peters (1931) notierte bei Eiern der Hamburger Alsterschwäne 335, 348, 349 und 353 g. Das Schalengewicht des Höckerschwaneies beträgt nach Niethammer 31,2 bis 41,1 g, nach Dementiew u. Gladkow 39 g.

Das Frischvollgewicht bei 2 im Berliner Zoo gelegten Singschwaneiern stellte Heinroth mit 275 und 290 g fest, ihr Dotter war 105 g schwer. Dementiew u. Gladkow geben die Schalengewichte mit 33,5 bis 36,5 g an, Naumann mit 33,5, 35,5 und 36,7 g, und bei einem aus Island stammenden Ei 41,5 g, Niethammer (1968) nennt bei 10 isländischen Eiern 33–47 g.

Das Frischvollgewicht des Zwergschwaneies mutmaßt Heinroth mit 300 g, Niethammer gibt von 14 Eiern aus 4 Bruten ein Mittel von 285,7 g an. Naumann sagt, das Zwergschwanei wiege gegenüber dem Singschwanei 32 g weniger, das Schalengewicht gibt er mit 31,5 g an, die Maxima und Minima einer unbestimmten Zahl Eier für das Schalengewicht sind nach Niethammer 36,24 und 29,8 g.

10.6. Legebeginn

In der zweiten Aprilhälfte, gelegentlich früher, nicht selten aber auch später – zuweilen noch im Juni –, beginnt das Höckerschwanweibchen mit der Eiablage. Sie nimmt mehr als zwei Wochen in Anspruch. Manche Paare sind ausgesprochene Frühbrüter, vielleicht dadurch, daß sie an günstigeren, eher eisfrei werdenden Brutplätzen nisten. Allgemeine Schwankungen im Brutbeginn der einzelnen Jahre sind auf Witterungseinflüsse zurückzuführen. Im sehr warmen Frühjahr 1927 begann auf der Hamburger Alster ein Höckerschwanweibchen bereits am 3. April 5 Eier zu bebrüten. Sie mußten also schon im März gelegt sein. Ein anderes Weibchen wiederum begann das Brutgeschäft nach dem strengen Winter 1928/1929, dem sich ein sehr kalter März und ein gleichfalls noch kalter April anschlossen, erst am 30. Mai. Es handelte sich hier nicht um ein Nachgelege. Die Spanne zwischen diesen beiden, zwei Jahre auseinanderliegenden Bruten beträgt 57 Tage, also fast zwei Monate (Peters 1931).

Tabelle 2. Temperatur und Brutbeginn bei Höckerschwänen auf der Hamburger Alster. (nach Peters) (Die drei kältesten Jahre sind durch fetten Druck hervorgehoben)

Jahr	Durchschnittstemperatur in °C Januar	Februar	März	April	Mai	Beginn der ersten Brut	Beginn der letzten Brut	Durchschnitts-brut-beginn	Maximu individu lenVaria in Tager
1921	+ 5,0	+ 2,5	+ 6,8	+ 9,0	+ 14,2	6. 4.	12. 5.	17. 4.	36
1922	**— 2,5**	**— 0,7**	**+ 3,7**	**+ 6,2**	**+ 13,4**	8. 4.	20. 5.	**3. 5.**	42
1923	+ 3,3	+ 0,3	+ 5,5	+ 7,0	+ 11,0	10. 4.	16. 5.	24. 4.	36
1924	**— 1,7**	**— 1,6**	**+ 2,4**	**+ 6,1**	**+ 14,4**	5. 5.	30. 5.	**14. 5.**	25
1925	+ 3,8	+ 4,2	+ 2,2	+ 8,8	+ 14,9	14. 4.	28. 4.	29. 4.	14
1926	+ 0,3	+ 3,9	+ 4,4	+ 9,8	+ 11,0	14. 4.	15. 5.	28. 4.	31
1927	+ 2,2	+ 1,6	+ 7,0	+ 6,8	+ 10,1	3. 4.	16. 5.	22. 4.	43
1928	+ 1,6	+ 3,2	+ 3,2	+ 7,5	+ 11,2	16. 4.	25. 5.	29. 4.	40
1929	**— 3,0**	**— 8,8**	**+ 2,3**	**+ 4,5**	**+ 13,4**	29. 4.	30. 5.	**9. 5.**	31
1930	+ 3,5	+ 0,5	+ 3,6	+ 8,5	+ 11,5	13. 4.	4. 5.	23. 4.	21

Die Tabelle 2 von Peters läßt den Einfluß der Temperaturen auf den Brutbeginn des Höckerschwans im Ablauf von 10 Jahren erkennen. Der Durchschnittsbeginn der darin erfaßten 184 Höckerschwangelege liegt auf dem 29. April. Den frühesten mittleren Brutbeginn (17. April) weist das wärmste Jahr 1921 auf, den spätesten (14. Mai) das kalte Jahr 1924.

Maximal setzte das Brutgeschäft bei sehr warmem Wetter 12 Tage vor dem Durchschnittsbeginn ein, wurde dagegen in kalten Jahren um etwa 15 Tage gehemmt, so daß also die jährlichen Schwankungen im Brutbeginn, die auf das Wetter zurückgeführt werden müssen, im Maximum 27 Tage betragen. Wie sehr aber auch der Brutbeginn bei den einzelnen Paaren schwanken und in den Jahren im Verhältnis zum Durchschnitt verschieden ausfallen kann, läßt die Tabelle 3 erkennen.

Tabelle 3. Relativer Brutbeginn einzelner Höckerschwanpaare auf der Hamburger Alster in verschiedenen Jahren (nach Peters)

Jahr	1. Paar (Tage)	2. Paar (Tage)	3. Paar (Tage)	4. Paar (Tage)	5. Paar (Tage)	6. Paar (Tage)	7. Paar (Tage)
1923	—	—	+ 1	—	—	—	—
1924	—	+ 1	—	—	—	—	—
1925	+ 6	— 8	—	—15	—	—	—
1926	—2	— 2	—8	— 8	—	—	+ 3
1927	±0	— 4	+ 3	—18	+ 24	—13	+ 5
1928	—1	—14	—3	—13	— 3	—11	—2
1929	—3	— 4	+ 9	+ 1	— 2	— 9	—7
1930	—	—	+ 4	—	+ 1	— 7	—

+ bedeutet nach, — bedeutet vor dem Durchschnittsbrutbeginn des betreffenden Jahres

In Westsibirien wurden Gelege des Höckerschwans in der westlichen Kulundasteppe und am Kurgaldshinsee Ende Mai gefunden, sollen nach Johansen (1959) aber auch viel später vorkommen, z. B. fand Suschkin 4 frische Eier am 22. Juni an der Turgaimündung.

Vom Singschwan werden die Eier auf Island nach Gudmundsson (brieflich) im Mai gefunden, die Legezeit ist aber auch hier den Witterungsbedingungen unterworfen. In außergewöhnlich günstigen Jahren kommen volle Gelege schon Ende April vor. J. und C. E. Pearson wollen auf Island Singschwaneier am 20. bis 28. Juli gefunden haben, als die Paare eben zu brüten begannen (Naumann).

In der UdSSR fällt die Legezeit des Singschwans nach Dementiew u. Gladkow (1952) in den Mai und Juni. Auf dem Tschanysee in der sibirischen Baraba wurde ein Gelege mit einem Ei am 15. Mai 1931, im Nausumskier Naturschutzgebiet ein Gelege mit 6 Eiern am 26. Mai 1935 an verlassenem, ausgetrocknetem Ort gefunden. Johansen (1959) berichtet, daß ein Vollgelege von 6 Eiern in der Barabasteppe schon am 1. Mai (1913) festgestellt wurde. Die Brutperiode soll beträchtlich schwanken, wohl weil die erste Brut häufig zerstört wird.

Vom Zwergschwan fand man auf Nowaja Semlja die ersten 2 Eier am 29. Mai sowie am 5. Juni 1948, 2 nicht angebrütete Eier am 19. Juni 1901 bei Tschornajaguba, doch mag es sich bei den letzteren um ein spätes Gelege handeln (Dementiew u. Gladkow 1952). Seebohm (Naumann) traf zwischen dem 19. und 30. Juni im Delta der Petschora mehrere Nester mit 2 bis 4 Eiern, in der Regel aber mit 5 Eiern an, und Michel (Schuster Beitr. Fortpfl. Vögel, 1936, S. 174) fand im Indigirkagebiet Eier Anfang Juli.

Ein angeborener Trieb veranlaßt den Schwan, möglichst frühzeitig zur Brut zu schreiten, um die Betreuung seiner Jungen während ihrer mehrere Monate währenden Entwicklung vor dem Herbstzug rechtzeitig beenden zu können. Das trifft auch noch für andere Vögel zu. Stresemann (1928) schreibt darüber: „Die Jahreszeit, zu welcher die Eiablage erfolgt, ist durchaus nicht immer diejenige, in der das Brutpaar die angenehmsten Witterungsbedingungen vorfindet. Nicht auf das Wohlbefinden der alten Vögel wird Rücksicht genommen, sondern auf die Bedürfnisse des Nachwuchses, und daher wird die Abhängigkeit der Brutzeit vom Klima nur dann deutlich, wenn man allen Betrachtungen den Zeitpunkt zugrunde legt, an welchem die Jungen ihre Selbständigkeit erlangen. Das ist nämlich der Termin, an dem die günstigsten Ernährungs- und Wetterverhältnisse bestehen müssen. Nimmt die Entwicklung der Eier und Jungen lange Zeit in Anspruch, so liegt im allgemeinen der Beginn der Brutzeit entsprechend früher als bei kurzbrütenden und rasch heranwachsenden Arten."

10.7. Gelegestärken

Der Schwan brütet nur einmal im Jahr. Die Gelege umfassen beim Höckerschwan im Durchschnitt 5 bis 7 Eier, nach v. Sanden (1939) 6 bis 7, Naumann nennt 7 bis 8, doch sollen jüngere Weibchen gewöhnlich nur 5 bis 6 Eier legen, und Heinroth (1922) berichtet vom Lucknainer See, daß die vollen Gelege zumeist über 6 Eier enthalten und daß auch Gelege mit 8 oder 9 Eiern nicht selten sind. Man will hier auch schon Gelege mit 11 Eiern gefunden haben, aus denen die Jungen alle auskamen. Von Gelegen mit 11 Eiern berichten auch van Schauburg und Salomonsen für Dänemark. Dementiew u. Gladkow (1952) nennen für die UdSSR 7 bis 9 Eier, bei jungen Weibchen soll die Anzahl geringer sein, in der Regel sollen sie sogar nur ein einziges Ei legen. Demgegenüber stellte Weichelt (1940) bei einem durch Beringung nachgewiesenen, nur dreijährigen halbwilden Höckerschwanweibchen ein Gelege von 8 Eiern fest, das sechs Junge erbrachte.

Eine nachgewiesen zweijährige Schwänin auf einem Teich des Fischzuchtmeisters Büttner in Suhl legte 6 Eier, von denen eins entwendet wurde, ein anderes war faul, 4 Junge kamen aus, zwei wurden groß.

Bei den zahmen Höckerschwänen der Hamburger Alster errechnete Peters (1931) für die Jahre 1921 bis 1930 bei 145 vollständigen Gelegen den Durchschnitt mit 6 Eiern je Gelege (im Maximum 9, im Minimum

4 Eier). Die Zahl deckt sich somit ungefähr mit denen wilder Höckerschwäne. Wie sich das Stärkeverhältnis in 149 Gelegen gliedert, ergibt Fig. 9. Allein 113 der 149 Gelege enthielten danach 5, 6 oder 7 Eier. Gelege mit 4 und 8 Eiern hielten sich mit je 13 die Waage. Bei weiteren Vergleichen für die Jahre 1931 bis 1935 kam P e t e r s bei 153 Gelegen zu einer durchschnittlichen Eierzahl von 6,2 je Gelege, worüber die Tabelle 4 Auskunft gibt. Die Anzahl der Gelege mit 4 und 8 Eiern (21 und 20) war auch dieses Mal nahezu gleich, ein Zehnergelege trat neu hinzu. Nach S t r e s e m a n n (1928) gilt es als Regel, daß hohe sexuelle Erregung des Weibchens, die von gutem Wetter begünstigt wird, sowie Nahrungsüberfluß eine Steigerung, die entgegengesetzten Faktoren eine Verringerung der durchschnittlichen Eierzahl im Gefolge haben. Dieser Einfluß dürfte auch für die Schwankungen im Umfang der Gelege der einzelnen Jahre vorherrschend sein.

Vom S i n g s c h w a n fand P a l m é n in Finnisch-Lappland Gelege mit 4 und 5 Eiern, B e n z o n in Island zumeist 5, zuweilen 4, selten 6 und sehr selten 7 Eier. Auch J. und C. E. P e a r s o n konnten in Island Siebenergelege feststellen (N a u m a n n). G u d m u n d s s o n (brieflich) jedoch spricht von 3 bis 5 Eiern; selten sollen es 6 oder nur 2 Eier, die übliche Zahl in Island aber 4 Eier sein. Das „British Handbook" enthält gleichfalls höhere Eierangaben, hieran mögen nach G u d m u n d s s o n aber die Eiersammler Schuld tragen, die nach seiner Meinung falsche Angaben machen, um „fabrizierte" große Gelege absetzen zu können. Für die UdSSR geben D e m e n t i e w u. G l a d k o w (1952) den Umfang der Singschwangelege mit 4 bis 6, selten 7 Eiern an, J o h a n s e n (1959) mit 6.

Das Gelege des Z w e r g s c h w a n s enthält 2 bis 3 Eier, selten 4 bis 5, manchmal aber auch nur 1 Ei (D e m e n t i e w u. G l a d k o w 1952). S e e b o h m (N a u m a n n) spricht dagegen von 2 bis 4 Eiern, „in der Regel fünf".

Das Weibchen des Höckerschwans legt wöchentlich 2 bis 3 Eier in zweitägigem oder dreitägigem Abstand (P e t e r s 1931, U l r i c h 1939).

Tabelle 4. Eierzahl von 153 Höckerschwangelegen in den Jahren 1931 bis 1935 auf der Hamburger Alster (nach P e t e r s)

Jahr	Zahl der Gelege	Eierzahl									je Gelege
		2	3	4	5	6	7	8	9	10	
1931	36	—	—	4	1	12	14	5	—	—	6,4
1932	29	2	1	5	6	5	7	2	1	—	5,6
1933	32	—	1	2	3	12	6	6	1	1	6,5
1934	28	—	—	3	3	8	6	4	4	—	6,5
1935	28	—	—	7	6	8	2	3	2	—	5,8
Summe	153	2	2	21	19	45	35	20	8	1	6,2

Fig. 9. Anzahl der Eier bei 149 Gelegen von *Cygnus olor* der Hamburger Alster

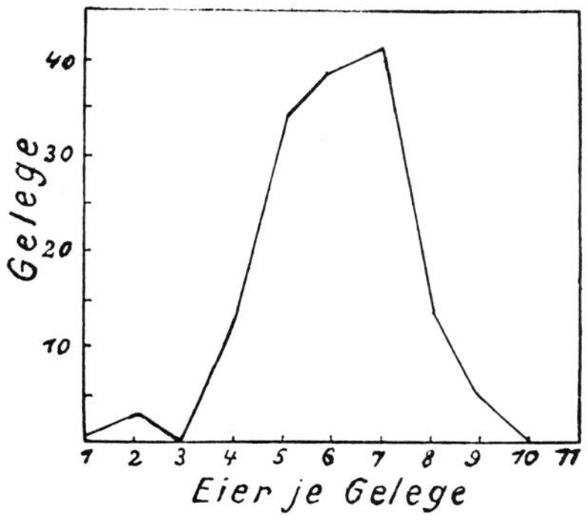

Die Ablage geschah bei einem Höckerschwan, den Poulsen (1948) unter Beobachtung hielt, nachts oder vor 7 Uhr morgens.

Das Paar hält sich in der Legeperiode nicht unmittelbar am Nest auf, sondern bewegt sich mehr außerhalb des Schilfs, oder die Vögel stellen sich für längere Zeit auf eine Erhebung, auf eine Bülte oder ein Schilfbündel und putzen sich ausgiebig und wie gelangweilt das Gefieder. Morgens und abends erheben sie sich zu gemeinsamen Rundflügen.

10.8. Die Brutpflege

Im allgemeinen beginnt das Höckerschwanweibchen nach Vollendung des Geleges zu brüten, nur in einigen Fällen geschieht es schon vorher. Die Brütezeit währt 35,5 Tage (Heinroth 1928), nach Dementiew u. Gladkow (1952) etwa 35 Tage, und nach Peters (1931) 35 bis 36 Tage. Das Weibchen brütet allein, auch nach Meinung von Dementiew u. Gladkow, v. Sanden, Ulbrich und Drechsler. Niethammer, Peters, Poulsen und Darmer vertreten jedoch die Meinung, das Weibchen werde beim Brüten zeitweilig vom Männchen abgelöst, zum Beweis veröffentlicht Darmer (1955) eine Fotoreihe, aus der man den Vorgang der Ablösung und auch das Männchen auf dem Nest sitzend erkennen kann. Und doch ist auch mit diesen Bildern das reguläre Brüten des Männchens noch nicht eindeutig bewiesen. Das Weibchen bedeckt vor dem Verlassen des Nestes zur Brütezeit (nicht während der Eiablage) die Eier mit Dunen und Nestmaterial. Sie werden so fremden Blicken entzogen und vor der Abkühlung bewahrt. Das „ablösende“ Männchen nimmt nun, wie ich wiederholt bemerken konnte, dieses Deckmaterial nicht von den Eiern, bevor es sich auf sie niederhockt, sondern setzt sich oben auf die Materialien, also auf die wärmeisolierende Zwischenlage. Auch Dementiew u. Gladkow (1952) notierten gleiche Beobachtungen.

Es kann sich in einem solchen Falle also nicht um ein Weiterbrüten handeln, vielmehr muß angenommen werden, daß sich das Männchen lediglich auf die Eier setzt, um sie sicherer schützen zu können. Es ist ganz auf Wachen und Verteidigen eingestellt und sitzt oft unmittelbar neben dem brütenden Weibchen. Gegen wirkliche Brutabsichten spricht auch die Unruhe, die das auf dem Nest sitzende Schwanmännchen befällt. Es erhebt sich schon nach ganz kurzer Zeit, ehe das Weibchen zurück ist. Darüber sagt Peters (1931): „Es gibt auch Schwanenmännchen, die das Weibchen während des Fressens ablösen und sich auf die Eier setzen, allerdings sind sie dabei sehr ungeduldig und verlassen die Brutstätte, wenn das Weibchen zu lange fortbleibt."

Von Sanden (1933) war Zeuge einer Brutunterbrechung durch das Weibchen, die über eine Stunde währte, ohne daß das Männchen zur Ablösung schritt. Es machte auch keine Anstalten dazu, forderte vielmehr das Weibchen zum weiteren Brüten auf, indem es den Kopf mit dem langen Hals wie zeigend auf die Brücke zum Nest legte, ihn dort ein Weilchen ruhen ließ, ihn dann blitzschnell zurückzog und zur Seite schwamm. Sofort und wie auf Befehl stieg das Weibchen darauf auf das Nest. Drechsler (1954) sah das Männchen nie brüten, sondern nur wachen, auch über die Nacht. Wie er schreibt, kontrollierte er jede irgendwie verdächtige Bewegung mit dem Elektroblitz.

Nieß (1960) prüfte, inwieweit bei Männchen der Trieb zum Brüten vorhanden ist, indem er einem Männchenpaar Eier unterschob. Der „Weibchen" spielende Vogel wendete sie nie, bedeckte sie nur unvollständig und brütete sie nicht einmal an.

Und doch soll im Sommer 1964 ein Höckerschwanmännchen entgegen aller sonstigen Artgewohnheit mit gebrütet haben, wofür sich Scherner (brieflich) verbürgt. Er schreibt mir: „Zu Pfingsten sah ich gegen 15 Uhr, daß das Männchen auf den Eiern saß. Ich behielt das Nest etwa drei Stunden unter Kontrolle. Um 18,45 Uhr plötzlich kam das Weibchen auf das Nest, beide Partner erhoben sich, standen sich Hals an Hals gegenüber, richteten sich auf mit schnarchenden Lauten, senkten sich und wiederholten den Vorgang. Das Ganze dauerte nur zehn Sekunden, dann setzte sich das Weibchen aufs Nest. Der Vorgang spielte sich täglich Punkt 18,45 Uhr ab und hörte erst gegen Ende der Brutzeit auf, wonach nur noch das Weibchen brütete und das Männchen sich lediglich bei seiner Abwesenheit auf das Gelege setzte. Nie habe ich beobachtet, daß die Eier beim Verlassen durch das Weibchen mit Dunen bedeckt wurden."

Ist der Nestrand steiler und schwerer zu besteigen, vermag sich der Schwan auch mit einem einzigen Flügelschlag und beide Beine zugleich aufsetzend vom Wasser auf den Nestrand zu schwingen. Zurückgekommen zum Nest, läßt sich das Weibchen nicht sogleich auf die Eier nieder. Es reckt erst einmal den Hals in die Höhe, streckt und schüttelt sich mit halb gelüfteten Schwingen, drückt mit dem Schnabel sorgfältig das Wasser von den Federn und putzt sich mit Eifer, wobei der Hals schlangenhaft über die Körperseiten gleitet. Es ist sehr gründlich bei allen diesen Verrichtungen und braucht eine geraume Zeit dazu. Erst wenn das alles geschehen ist, senkt sich der große Vogel behutsam über die Eier, schiebt sie in das dichte Bauchgefieder und an den Körper und gibt sich dem Brutgeschäft hin, wendet auch von Zeit zu Zeit die Eier. Auch dieses „Einschieben“ der Eier ist bei einem Männchen, das sich einmal auf das Nest setzt, nicht zu beobachten.

Schwäne brüten mit großer Ausdauer und Hingabe, oft über die normale Brutzeit hinaus. Als einem Alsterschwan, der bereits 36 Tage auf sieben eigenen faulen Eiern gesessen hatte, acht angebrütete Eier eines verunglückten Weibchens untergeschoben wurden, nahm er die fremden Eier an und brütete sie aus. Er hatte insgesamt 50 Tage gebrütet (Peters 1931).

Die ganz auf Verteidigung eingestellten Männchen sind besonders während der Brütezeit angriffslustig. Wilde Schwäne nehmen aber keinen Kampf mit dem Menschen auf. Je weiter die Bebrütung fortgeschritten ist, desto länger hält der Vogel auf dem Nest aus, so daß er schließlich das Boot bis auf 50 oder gar nur 30 m herankommen läßt. Darauf verschwindet er in aller Stille und Heimlichkeit im Schutz des Schilfes. Nur bei einer plötzlich auftauchenden, den Vogel überraschenden Gefahr und begünstigt durch eine etwas freiere Nestlage und Gegenwind, vermag er wohl auch einmal sein Heil im Abflug zu suchen. Niemals aber fliegt er auch zum Nest zurück, nähert sich vielmehr auf den vielen Schleichpfaden, die durch das Schilf zum Nest führen.

Zahme oder halbzahme Schwäne, die sich an den Menschen gewöhnt haben und ihn nicht mehr fürchten, greifen ihn mitunter an, so er sich dem Nest nähert. Das Schwanenmännchen verfolgt ihn so lange, wie er sich im Brutbezirk befindet. Als Leverkühn (1886) auf dem Neumühlener See dem Nest eines halbwilden Höckerschwans zuruderte, brauste ihm das Schwanenmännchen mit gehobenen Flügeln entgegen. „Er umschwamm den Kahn und scheute sich nicht vor den Riemenschlägen“, schreibt Leverkühn, „als ich auf etwa 9 Schritt seiner brütenden Gattin nahe war, kam er bis an den Rand der Jolle und schlug mit einem Flügel in das Boot ... Noch 30 Riemenschläge wurde ich von dem erregten Schwan begleitet.“ Ähnlich erging es Drechsler (1954) nahe dem Nest. Während die Schwänin ein leises „Bellen“ hören ließ, schrie das Männchen erbost und ging dann plötzlich zum Angriff über. Es „hob sich mit dem ganzen Körper aus dem Wasser heraus und trampelte zornig mit den Rudern, daß es nur so spritzte“. Hals und Kopf waren dabei gestreckt. Die Aufmerksamkeit des Schwans richtete sich aber nicht auf die Leute im Boot, sondern auf das ihm zugewandte Ruderblatt, dessen Bewegungen er verfolgte. „Schließlich holte er zum Schlage aus. Er hob den linken Flügel, und dann sauste dessen Bug mit solcher Wucht herunter, daß das Wasser fast senkrecht aufspritzte.“

Abb. 29. Singschwäne im isländischen Brutgebiet. Aufn. G. K. Yeates

Vietinghoff-Riesch (1942) erlebte, daß ihm ein erregtes Schwanenmännchen nachflog, wenn er am Nistplatz vorüberging. Auch Weichelt erging es so. Er berichtet: „Sobald uns das Tier schon von weitem sah, lüftete es die Flügel und kam auf uns zugeflogen. Es war sehr böse und verfolgte uns so lange, bis wir wieder vom Wasser abgingen." In Calbe a. d. Saale mußte ein Schwanenmännchen von einem See beseitigt werden, weil es die Badenden angriff.

Aus dem Nest gerollte Eier befördert das Höckerschwanweibchen nach Versuchen von Poulsen (1948) wieder in das Nest hinein, sie dürfen aber nicht weiter als 1 m entfernt liegen, somit vom Nest aus zu erreichen sein. Das Weibchen erhebt sich dazu, streckt den Hals nach dem Ei aus, legt den Schnabel daran und schiebt es so wieder in die Mulde hinein. Auf eine Entfernung von über 1 m reagiert es nicht mehr, im Tierpark Berlin war die Höchstgrenze nur 80 cm (Petzold 1960). – Das Ei wird nicht als solches erkannt, denn es werden auch Attrappen, Holzklötze bestimmter Formen und Steine bebrütet, wie Versuche ergaben. Ein Hamburger Alsterschwan brütete auf Pflastersteinen, die Diebe statt der Eier in das Nest legten (Peters 1931), ein anderer Schwan soll auf Flaschen gebrütet haben.

Nach Dementiew u. Gladkow (1952) brütet auch beim Singschwan nur das Weibchen; das Männchen hält sich stets nahe dem Nest auf und bewacht es eifersüchtig. Bei Gefahr erhebt es warnend die Stimme, worauf das Weibchen die Eier mit Dunen und dann mit Pflanzenmaterial vom Nestrand bedeckt, heimlich davonschleicht und sich erst ein Stück entfernt in die Luft erhebt. Es fliegt dem Männchen nach und führt im Fluge. Zurückgekommen, wendet es vor dem Weiterbrüten die Eier. Die Brutzeit währt 35 bis 40 Tage (Dementiew u. Gladkow 1952), nach Eckhardt (1918) 31 Tage.

Beim Zwergschwan dauert die Brütezeit nur 29 bis 30 Tage. Auch hier brütet nur das Weibchen. Beim Verlassen des Nestes wird das Gelege mit Federn und Dunen bedeckt (Dementiew u. Gladkow 1952).

Während der Inhalt eines unbebrüteten Schwaneneies nur etwa 0,1 g Kalk enthält, beträgt er nach Schwarz im Körper des schlüpfenden Kükens das Dreißigfache. Der Embryo entnimmt also – wie allgemein – während der Bebrütung der Eischale Kalk.

10.9. Die Jungen

In den Kopenhagener Anlagen schlüpften junge Höckerschwäne immer im Laufe von höchstens zwei Tagen (Poulsen 1948). Das deckt sich mit eigenen Feststellungen und kann auch aus Aufzeichnungen geschlossen werden, die wir v. Sanden (1939) verdanken. Ulbrich (1939) mußte jedoch bei sechs Jungen eine Schlüpfzeit von drei Tagen feststellen. Peters (1931) bemerkt sogar, daß das Weibchen nach dem Schlüpfen der ersten Jungen die verbliebenen Eier, „unter denen sich

Abb. 30. Junge Höckerschwäne im Kunstnest.

fast immer einige faule befinden, noch drei bis vier Tage“ bebrütet. Erst dann soll es mit den Jungen das Nest verlassen. Neugeborene, die Heinroth (1928) wog, hatten ein Gewicht von 215 bis 250 g (Singschwan rund 200 g).

Nach dem Schlüpfen der letzten Jungen hudert das Weibchen die Brut noch etwa 24 Stunden, bis alle Jungen genügend abgetrocknet sind, und führt sie auf das Wasser. Das Männchen ist hierbei — entgegen früherer Ansicht — nicht behilflich, auch sonst führt vor allem das Weibchen die Jungen. Als aber einmal eine Schwanenmutter auf der Hamburger Alster durch einen Dampfer verunglückte, übernahm das Männchen die erst wenige Tage alten Jungen und zog sie auf (Peters 1931). Sonst bewacht das Männchen lediglich die Familie, seine Angriffslust läßt gewöhnlich nach dem Schlüpfen der Jungen etwas nach, wenn es not tut, eilt es aber auch fliegend zum Schutz der Familie herbei. In seinem Eifer vermag es sich dabei mit einem einzigen wuchtigen Flügelschlag über das Wasser zu erheben.

Die Jungen nehmen das Futter vom ersten Tage an, da sie sich auf dem Wasser befinden, allein auf, die Alten legen es nur anfangs vor. Es besteht aus zarten Pflänzchen, besonders Wasserlinsen, auch wird Gras gerupft. Der in der Bauchhöhle vorhandene reichliche Kükendottervorrat gestattet zunächst noch eine geringe Nahrungsaufnahme. Bei einem von Heinroth (1928) untersuchten Höckerschwanküken betrug der noch vorhandene Dotter 60 g, was etwa ein Viertel des Gewichts des kleinen Schwans ausmacht.

Die ersten jungen Höckerschwäne bemerkte v. Sanden (Tischler 1941) auf dem Nordenburger See am 2. 6. 1922, 1. 6. 1933, 1. 6. 1935, 25. 5. 1936 und 24. 5. 1938. Dietrich (1928) notierte als erste Erscheinungstage der Jungen für Hamburg den 7. 5., 16. 5., 17. 5., 20. 5. und später.

Dementiew u. Gladkow (1952) veröffentlichen folgende Singschwan-Notizen: Im Vorural am 15. Mai stark angebrütete Eier mit bereits entwickelten Jungen angetroffen. Schlüpftage in den südlichen Bezirken gegen den 10. Mai, im Bezirk Wologodski und in der Tatarischen ASSR, in der Barabinskischen Steppe um die Wende Mai—Juni, im Altai Anfang der zweiten Hälfte bis zum Beginn des letzten Drittels des Juni sowie an der nördlichen Grenze seiner Verbreitung in Sibirien Anfang Juni.

Man sieht die Jungen gewöhnlich in Reih und Glied zwischen den Alten schwimmen, oder die Alten schwimmen vorweg und die Jungen hinterher, wie es sich gerade ergibt. Sie sind in einen dichten Daunenpelz gehüllt, der sie größer erscheinen läßt, als sie wirklich sind.

Die Sorge um die Jungen läßt die Elternvögel oftmals die eigene Vorsicht vergessen. So sollen nach Dementiew u. Gladkow (1952) Singschwäne, die Junge führen, das Boot in wenig bevölkerten Gegenden bis auf 100 Schritte, zuweilen sogar auf 40 Schritte heran-

Abb. 31. Junge, etwa 40 Tage alte Höckerschwäne. Aufn. A. Hilprecht

kommen lassen und erst dann auffliegen. Inzwischen haben sie die Jungen in dichtes Schilfgewirr geführt. Wie Dementiew u. Gladkow noch erwähnen, kehren die Alten nach dem Abflug nicht so bald wieder zurück. Die Fluchtdistanz des Singschwans beträgt sonst etwa 1,5 km (Rosenberg 1946), beim Höckerschwan nach Berg (1928) etwa 1 km, während Heinroth sich den Höckerschwänen zur Brutzeit bis auf 200 m, manchmal nur auf 300 m nähern konnte, bevor sie aufflogen. Die Winternot läßt zuweilen ihre Scheu überwinden, und wenn sie sich an den eisfrei gebliebenen Stellen füttern lassen, ist die Fluchtdistanz weit geringer. Dann kommt es sogar vor, daß der fütternde Mensch durch die Scharen hindurchgehen kann. Singschwäne halten sich auch dann noch zurück, aber sind erst einmal einige vertrauter geworden, so scheuen sie auch nicht mehr so vor dem Menschen.

Zwergschwäne flüchten rechtzeitig vor einer hereinbrechenden Kälteperiode, so daß sie kaum in diese Not kommen und seltener futterzahm werden. Immerhin hielten an der unteren Elbe rastende Zwergschwäne eine Beobachtung aus 100 m aus und ließen sich gegen Abend sogar noch aus wesentlich kürzerer Entfernung betrachten (Verthein 1935). Schmidt (1965) spricht von einer Fluchtdistanz von 120 bis 200 m im allgemeinen, die jedoch auch 75—100 und auch 500 m (nach Beschuß?) betragen kann. Königstedt u. Nicolai (1968) führen 80 bis 120 m an. Im Oldenburgischen sah Thielcke (1956) 900 Zwergschwänen zu, die in 40 bis 150 m Abstand eine belebte Landstraße

Abb. 32. Singschwan am Nest mit Jungen. Aufn. G. K. Yeates

säumten, und Schubert (1963) konnte den Vogel am Ostufer des Schweriner Sees sowie an der Fernverkehrsstraße F 104 mehrfach aus einer Entfernung von weniger als 30 m betrachten.

Als Christoleit (1926) einmal unbeabsichtigt eine Höckerschwanbrut, die von einem Altvogel geführt wurde, überraschte, floh der Altvogel mit einem Jungen, sechs weitere Junge drückten sich in das Schilf. Obwohl Stunden vergingen, kehrte der Altvogel zu den sechs Jungen nicht zurück. Christoleit folgerte daraus, daß Heinroths Angabe, ein Entenweibchen würde von der Anzahl seiner Jungen so wenig begreifen, daß es unter Umständen auch mit der Anwesenheit eines einzigen zufrieden sei, auch für den Höckerschwan zutreffe. Vielleicht ist es mehr die eigene Vorsicht, die es dem Altvogel ratsam erscheinen läßt, die Gefahr ganz vorübergehen zu lassen. Vielleicht glaubt er die Jungen im dichten Schilfgewirr vor den Menschen in Sicherheit, sie sind hier auch schwer zu erkennen und zu erreichen.

Die Jungen folgen den Alten schwimmend, weshalb sich bei ihnen zuerst die Ruder entwickeln. Zum Wärmen werden die Jungen, besonders vom Weibchen, in das Gefieder genommen, wo sie unter den angehobenen Flügeln nicht immer zu sehen sind. Diese Gewohnheit ist unter den Entenvögeln nur den Schwänen eigen, doch konnte sie Heinroth (1928) beim Singschwan nicht beobachten. Sie erspart das wiederholte Betreten des Landes mit seinen mannigfachen Gefahren für die Jungen. Bei guten Nahrungsplätzen inmitten des Sees halten sie sich darum auch hier auf. Bei dem ausgesprochen aggressiven Verhalten, das beide alten Vögel gegen Feinde einnehmen, brauchen die jungen Schwäne keine Deckung. Die Nächte aber verbringt die Familie im Nest, das noch lange Zeit Mittelpunkt bleibt. Erst wenn die Jungen so weit herangewachsen sind, daß es nicht mehr Raum gibt für alle Familienmitglieder, übernachten sie auch auf Schwimmwiesen oder umgebrochenem Rohr.

In Westsibirien wurden wenige Tage alte Singschwanküken am Tschumych am 3. Juli gesehen, am Saissansee am 8. Juli. In der NW-Mongolei dagegen sollen die Jungen schon in der zweiten Junihälfte schlüpfen (Johansen 1959).

Der Wuchs der Jungen geht schnell voran. Ende Juli sind junge Singschwäne im Altai schon kräftig entwickelt (Dementiew u. Gladkow 1952). Zum Spätherbst treten die Schwäne aus dem Schilf heraus und bewegen sich mehr auf der freien Wasserfläche. Sie suchen auch bei Störungen nicht mehr das Schilf auf, sondern versuchen schwimmend oder fliegend auszuweichen.

Vom Zwergschwan wurden auf Gribowaja nach Dementiew u. Gladkow (1952) am 3. Juli 1951 Eier gefunden, die bereits mit Flaum bedeckte Embryonen enthielten. Schlüpfende Junge wurden hier vom 12. bis 15. Juli festgestellt. Drei am 13. Juli gefundene Eischalen mußten die Jungen am Tage zuvor verlassen haben, da die Blutmaserung noch frisch war. Bei einem am gleichen Tage angetroffenen Gelege mit drei Eiern bohrte sich bei einem Ei der Schnabel des Kükens gerade durch die Schale, ein zweites war mit strahlenförmigen Rissen überzogen, das dritte Ei war noch ganz. Ein am 15. Juli gefundenes Nest enthielt zwei Dunenjunge und ein Ei, am gleichen Tage sichtete man noch ein Zwergschwanenpaar mit einem kleinen Dunenjungen. Für Westsibirien erwähnt Naumow (zitiert bei Johansen 1959) von der Gydanhalbinsel flügge Junge Anfang August, Shitkow fand auf der Jamalhalbinsel Mitte Juli Dunenjunge mit ihren Eltern.

1903 wurden auf Nowaja Semlja Dunenjunge in den Tagen vom 16. bis 20. Juli gefunden. Ein am 26. Juli entdecktes Nest enthielt drei Eier, von denen zwei faul waren, im dritten war ein völlig entwickeltes, mit Flaum bedecktes Junges. Am 2. August 1928 bemerkte man verlassene Nester. Das mausernde Männchen verblieb in der Nähe, das Weibchen schwamm mit den Jungen ins Meer. So zeigen sich die Erwachsenen mit den Dunenjungen auf Nowaja Semlja zwischen dem 12. und 26. Juli, auf Jamal und in der Nähe von Jurjubjeja am 16. Juli, in der Mündung der Indigirka jedoch erst am 8. August. Im Delta des Jenissei wurden Junge am 31. Juli gefunden, die bereits die Größe einer Krickente erreicht hatten, auf den Brechowskischen Inseln waren sie am 19. August halb so groß wie die Erwachsenen, und am 15. August 1951 wurden auf Nowaja Semlja Junge in der Größe der weißköpfigen Kasarkagans angetroffen.

Nach dem Schlüpfen der Jungen suchen die Zwergschwäne die offenen Wasser der tundrischen Seen und der Küsten auf, betreten aber auch das Land.

Die Entwicklung der jungen Singschwäne geht viel schneller als der anderen Schwäne vor sich. Sie benötigen vom Tage ihres Schlüpfens bis zum Flüggewerden nur 40 bis 45 Tage. Diese schnelle Entwicklung ist nötig, wenn die Jungen zu Beginn des September mit den Alten schon die arktische Heimat verlassen sollen.

Der Zwergschwan verteidigt seine Jungen mutig. Werden sie von anderen Tieren bedroht, fliegt er den Räubern mit gehobenen Flügeln entgegen und verscheucht sie auf diese Weise. Auch den Menschen soll er so angreifen. Während das Männchen sich auf die Gefahr stürzt, führt das Weibchen indessen die Jungvögel aus dem Gefahrengebiet in den Schutz des Pflanzendickichts oder in die felsigen Klippen (Dementiew u. Gladkow 1952).

Einen eigenartigen Fall, wo ein zahmes Höckerschwanweibchen zwei unter ihren sieben Jungen befindliche hellfarbige, etwa 8 Tage alte Küken im Uferschlamm zu ersticken versuchte, schildert die „Deutsche Jagd“ (18. 11. 1938). Die Jungen konnten sich mühsam an das Ufer retten, wurden hier von einer Krähe angegriffen, die wiederum der heranbrausende Schwanenvater vertrieb.

10.10. Stärke des Nachwuchses

Die durchschnittliche Jungenzahl eines Höckerschwanpaares betrug nach v. Sanden (1939) auf dem Nordenburger See etwa 5. Kuhk (1939) errechnete sie bei 13 Brutpaaren des Conventer Sees und seiner benachbarten Torfstiche in Mecklenburg mit 6,2, während Peters (1931, 1936) bei 163 auf der Hamburger Alster in den Jahren 1921 bis 1930 zu verzeichnenden Bruten im Durchschnitt nur auf 2,5 kam,

Tabelle 5. Anzahl der auf der Hamburger Alster geschlüpften Höckerschwäne von 1931 bis 1935 (nach Peters)

Jahr	Zahl der Gelege	Geschlüpfte Schwäne									je Gelege
		0	1	2	3	4	5	6	7	8	
1931	36	7	1	7	4	5	7	4	1	—	3,2
1932	29	6	4	4	4	4	6	—	—	1	2,7
1933	26	9	1	1	5	3	2	5	—	—	2,7
1934	28	4	—	3	4	6	7	2	1	1	3,7
1935	27	4	—	3	4	8	5	2	1	—	3,1
Summe	146	30	6	18	21	26	27	13	3	2	3,1

bei 146 Bruten der Jahre 1931 bis 1935 (s. Tabelle 5) dann auf 3,1. Von den 1931 bis 1935 in Hamburg geschlüpften Schwanenküken wurden jedoch nur 2,2 im Durchschnitt groß, so daß sich die Erfolgszahl noch ungünstiger gestaltete. In beiden Versuchszeiten wurde in Hamburg nicht die Hälfte der beim wilden Höckerschwan beobachteten Vermehrungszahlen erreicht. Peters sieht den Grund der hohen Sterblichkeit der Schwanenküken auf der Hamburger Alster im Mangel an ausreichender natürlicher Nahrung, derer die Küken zu ihrer Entwicklung vor allem in den ersten Wochen bedürfen.

Beim halbwilden Höckerschwan auf dem Bodensee betrug die Jungenzahl aller brütenden Paare 1962 2,35, der mit Erfolg brütenden 3,71 (Szijj 1963). In Südschweden wurde bei ganzjährigen Zählungen ein Jungenanteil von 6 bis 8% errechnet. In Polen (Zajac 1963) erlebten 3,9 Junge den Herbst.

Die wohl höchste bisher festgestellte Jungenzahl beim Höckerschwan dürfte v. Sanden (1959) auf dem Nordenburger See festgestellt haben. Er fand ein Nest mit 12 soeben geschlüpften Jungen. Ihm fiel auch auf (1939), daß es immer die gleichen Paare waren, die viele Junge führten. Auf dem Riesenburger Schloßsee beobachtete Hoffmann 1935 ein Paar mit 11 Jungen (Tischler 1941).

10.11. Gestörte Bruten und Nachgelege

Werden einem Schwan in der Legezeit die bis dahin gelegten Eier ganz oder bis auf ein Ei genommen, so kann das Weibchen darauf auf dreierlei Weise reagieren: 1. Es setzt das Legen ohne Unterbrechung fort und erzeugt vermutlich so viele Eier, wie das ungestörte Gelege enthalten hätte; 2. es tritt eine Ruhepause ein, nach der das Weibchen die restlichen Eier ablegt; 3. das Brutgeschäft wird für das betreffende Jahr vollkommen aufgegeben. Das Legegeschäft läuft also regelrecht ab, ohne daß das im Nest verbliebene Ei einen Legereiz ausübt. Wird jedoch der Vogel inmitten der Legetätigkeit in der Weise gestört, daß er ein neues Nest baut, die Legetätigkeit also eine längere Unterbrechung erfährt, so bringt er ein neues, volles Gelege zustande. War das Gelege jedoch schon angebrütet, werden weder entfernte Eier noch verlorene Gelege ergänzt oder ersetzt. Der Bruttrieb erlischt vielmehr darauf für das jeweilige Jahr.

Diese Erkenntnis gewann Peters (1931, 1936) in einer Reihe sehr eingehender Versuche. Dagegen schreibt Naumann: „wenn ihnen das erste Gelege genommen wird, legen sie wohl noch einmal, aber eine kleinere Anzahl Eier“. Auch Dementiew u. Gladkow (1952) sprechen von Nachgelegen. Beim Höckerschwan sollen sie nicht mehr als zwei Eier enthalten, beim Singschwan in der Eizahl geringer sein und manchmal aus nur einem Ei bestehen. Nach den Untersuchungen von Peters dürfte es sich hier nicht um Nachgelege, sondern um ein Auslegen restlicher Eier handeln, woraus sich wohl die geringen Eizahlen und das häufige Ablegen nur eines einzigen Eies erklären.

Heinroth (1928) weist auf die auffallend starke Vermehrung des Höcker- und Singschwans hin, die es bei keinem anderen Vogel ähnlich hohen Gewichts gibt. Kraniche, die größeren Trappen, die Pelikane und die größten Greifvögel legen nur zwei Eier, oftmals auch nur ein einziges, und erhalten doch ihre Art. Vielleicht aber ist die ungewöhnlich hohe Eierzahl als Ausgleich für das Unvermögen anzusehen, Nachgelege hervorzubringen. Dementiew u. Gladkow (1952) jedoch möchten sie als ein Gegengewicht zu den ungünstigen klimatischen Bedingungen werden, denen viele Schwäne erliegen.

10.12. Erfolglos bebrütete Eier

Es fällt beim Höckerschwan auf, daß in seinen Nestern immer so viele erfolglos bebrütete Eier zurückbleiben. Sie finden sich unter den Gelegen der zahmen wie auch der wilden Vögel. Fast immer sind es ein oder zwei Eier, die nicht auskommen. Bei den Hamburger Alsterschwänen waren es bei insgesamt 309 Gelegen über eine Spanne von 15 Jahren im Durchschnitt sogar 3 Eier je Gelege. Diese Zahl ist besonders hoch und läßt den Grund der hier beobachteten niedrigen Jungenzahlen erkennen. Die meisten Eier waren nicht befruchtet, und verschiedentlich war der Embryo im Ei abgestorben.

Man suchte nach den Ursachen und dachte an eine Keimesvergiftung, die sich durch einseitige Ernährung der Elterntiere einstellen könnte. So gab man den Schwänen über die Wintertage neben dem üblichen Körnerfutter auch täglich getrocknete Garnelen sowie gestoßenen Weißkohl, Grünkohl oder Karotten. Aber auch diese Zusatzkost änderte nicht das Resultat; die Schlüpfergebnisse erhöhten sich nicht. Nun vermutete man, daß weniger Entartungserscheinungen für das Brutgeschäft von Einwirkung sind als vielmehr äußere Einflüsse, und diese Ansicht fand ihre Bekräftigung, als nach vorausgegangenem kalten Winter nicht nur das Befruchtungsergebnis beim Höckerschwan besonders ungünstig ausfiel, sondern über die gleiche Erscheinung von verschiedenen Seiten auch beim Geflügel Klage geführt wurde (Drost u. Schüz 1941).

Es ist noch unbekannt, inwieweit auch beim Sing- und Zwergschwan Eier unbefruchtet bleiben. Unter den wenigen Zwergschwangelegen, die 1903 auf einer Forschungsfahrt auf der Insel Nowaja Semlja gefunden wurden, befand sich eins mit drei Eiern, von denen zwei faul waren; das dritte enthielt ein fast entwickeltes Junges.

10.13. Zusammenleben mit anderen Vogelarten

In der Gefangenschaft sind Höcker- und Singschwäne anderen Mitbewohnern des Teiches gegenüber äußerst unduldsam. Sie vertreiben sie nicht nur aus ihrer Nähe, sondern versuchen häufig, ihnen den Garaus zu machen. Besonders Singschwäne beißen andere Vögel ab. Ihre wilden Artgenossen sind dagegen weit duldsamer, was ich wiederholt bei Höckerschwänen feststellen konnte. Schon das Verhalten ihrer Mitbewohner deutet darauf hin. Bleßhühner *(Fulica atra)* z. B., die ihren Weg kreuzten oder in unmittelbarer Nachbarschaft auf Nahrungssuche gingen, waren nicht sonderlich vorsichtig. Die Schwäne wiederum beachteten sie gar nicht. Auch Christoleit (1926) beobachtete am Brutplatz der Höckerschwäne Bleßhühner, Stockenten *(Anas plathyrhynchos)*, Pfeifenten *(Anas penelope)* und Schellenten *(Bucephala clangula)*, teilweise mit Jungen, von denen die Schwäne keine Notiz nahmen; nur gar zu dreiste Aufdringlichkeit wurde gelegentlich mit einer Drohbewegung beantwortet.

Es ist auch bekannt, daß die Graugans *(Anser anser)* häufig in enger Nachbarschaft der Höckerschwäne brütet, und Naumann berichtet von einem Entennest, das kaum einen Schritt weit entfernt vom Nest des wilden Höckerschwans auf einer kleinen, nassen, dicht mit Rohr bewachsenen Insel stand. Christoleit (1926) sah Schellenten sich so dicht an mit untergetauchtem Kopf und Hals beschäftigte Höckerschwäne herandrängen und tauchen, daß er ernsthaft eine „Symbiose"

Abb. 33. Sing- und Zwergschwäne im Niederrheingebiet.
Aufn. H. Engländer

annimmt. Er meint, „die findigen und gewandten Schellenten erhaschen so wohl manches durch den wühlenden Schwan aufgescheuchte Fischchen, manches ebenso freigelegte schwerfälligere Tier oder Pflanzenteilchen, das ihnen sonst unzugänglich geblieben wäre. Auch auf schmalen Spalten und offenen Stellen des eisbedeckten Gewässers, wo die Schwäne sich so eng zusammendrängen wie auf keinem Teiche eines zoologischen Gartens, setzten die kecken Schellenten dies Handwerk fort, selbst wenn es sie den Schwänen bis zur Berührung (allerdings nicht am Vorderteil) nahe bringt". Nie sollen die Schellenten von Schwänen bedroht oder auch nur verscheucht worden sein.

Ein dem der Schellente ähnliches Verhalten stellte Poncy (Besprechung im „Vogelzug" 1942, S. 73) auch bei Zwergtauchern *(Podiceps ruficollis)* fest. Sie schlossen sich Höckerschwänen an und zogen aus der Beunruhigung von Larven und Krebsen durch diese Nutzen.

Das gleiche berichtet Gudmundsson (brieflich) von den Überwinterungsplätzen der Singschwäne in Island. Stockenten *(Anas plathyrhynchos)* und Pfeifenten *(Anas penelope)* schwammen hier dicht zwischen den Singschwänen herum und nahmen Pflanzen auf, die von den Schwänen beim Aufwühlen des Grundes an die Oberfläche gebracht wurden.

Ein friedliches Nebeneinanderleben zwischen rastenden bzw. überwinternden Singschwänen und Bleßhühnern sowie Reiherenten *(Aythya fuligula)* konnte auch Airey (1955) in Nordengland beobachten. Wenn in strengeren Wintern die Seen vereisten und die Vogelscharen sich auf dem stets offenen Windermere in Lakeland zusammenzogen, war das friedliche Nebeneinanderleben besonders augenfällig. Die Vögel schwammen auch hier ganz dicht beieinander.

An der Brücke über dem „Strom" in Warnemünde werden über die Wintertage sich einfindende Höckerschwäne von der Bevölkerung gefüttert. Auch große Massen von Bleßhühnern stellen sich ein. Wie ich feststellen konnte, umschwimmen sie die Höckerschwäne ohne Scheu und so dicht, daß diese geradezu in einem „Meer" von Bleßhühnern schwimmen. Sie umringen die Schwäne und kommen ihnen andauernd so nahe, daß sie immer wieder ihren Leib berühren. Auch unmittelbar vor ihrer Brust halten sie sich auf und schnappen den Schwänen die ihnen zugeworfenen Futterbrocken vor bzw. unter dem Schnabel weg, ohne daß diese darauf ärgerlich reagieren. Es wäre ihnen ein Leichtes, sie zu greifen.

Durchziehenden Singschwänen gegenüber sind Höckerschwäne friedlich, mögen sie sich auch wochenlang auf ihrem See aufhalten. Sie werden im Frühjahr nicht einmal aus den engeren Brutbezirken vertrieben, in die sonst kein fremder Höckerschwan eindringen darf (v. Sanden 1935).

Zwergschwäne, die Leege (1940) 100 m vom Ufer entfernt in geschlossenem Verband beobachtete, hielten sich getrennt von anderen

Abb. 34. Singschwan mit Jungen und Zwergschwäne (Singschwan mit spitz ausgezogener „Nase“, Zwergschwankopf kürzer und stumpfer).
Aufn. H. Schröder

Wasservögeln, wie Möwen, Stockenten, Knäkenten und Brandgänsen. Sie duldeten sie auch nicht unter sich. Einzelne Stücke schließen sich auch Höcker- und Singschwangruppen an, doch halten sie nur lose Verbindung. Sobald sie auf ihre Artgenossen stoßen, halten sie sich zu diesen. Auf dem Zuge fliegen zuweilen einige Singschwäne mit einer Zwergschwanreihe oder umgekehrt. Im Grunde aber wandert jede Art für sich.

10.14. Zusammenhalt der Familie

Fast ein ganzes Jahr lang (bis zum nächsten Frühjahr) bleiben junge Schwäne unter der Obhut ihrer Eltern und somit viel länger als andere Jungvögel. Sie bleiben im Familienverband, machen gemeinsame Rundflüge und gehen auch zusammen auf die Reise. Man sieht sie darum auch, die weißen Altvögel und die grauen Jungen, familienweise auf dem Zuge.

Nach Dementiew u. Gladkow (1952) verlassen die alten Höckerschwäne die Brutplätze erst, wenn die Jungen fliegen können, was in einer Reihe von Gebieten der UdSSR mit den Herbstfrösten zusammenfallen soll. Nach anderen Beobachtungen (u. a. Ulbrich 1939) ließen sie jedoch schwache oder sonstwie flugbehinderte Junge zurück.

Zum Ausgang des Winters beginnen sich die Alten von den Jungen zu lösen und beißen sie ab. Wenn sie im Frühjahr auf ihren See zurückkommen, sind sie bereits allein. Die großen Scharen der Jungvögel treffen erst später ein. Die Jungen werden dann im Brutrevier der Alten ebensowenig geduldet wie andere Artgenossen und werden verjagt.

Bei den Zwergschwänen beginnen sich die Familien bereits Ende Dezember im Winterquartier aufzulockern, endgültig im April (Schmidt 1965).

11. Verbleib der noch nicht brutreifen Schwäne, Eintritt der Brutreife

Neben den Brutpaaren halten sich auf den Gewässern fast immer noch andere Höckerschwäne auf, die keinerlei Anstalten zum Brüten machen und über die Sommerzeit gesellig beieinander sind. Krohn (1899) zählte auf dem Wesseker See in Holstein neben 7 Brutpaaren 74 solche nicht brütende Höckerschwäne, Naumann fand unter dem damaligen Bestand von 100 Höckerschwänen des Plöner Sees 90 nicht brütende, und Frase (1936) berichtet, daß auf dem Salmer See alljährlich ein Paar brütete, wogegen die Zahl der „Junggesellen" zwischen 6 und 17 schwankte. Die Bestandserhebung des wilden Höckerschwans 1936 ergab für Nordost-Polen (Mazury) bei 456 Brutpaaren 1109 nicht brütende, zumeist vorjährige, also noch nicht brutreife Stücke. Auf der Hamburger Alster schwankte die Teilnahme am Brutgeschäft innerhalb von 10 Jahren zwischen 27 und 45 Prozent des Gesamtbestandes, 55 bis 73 Prozent der Schwäne waren also Nichtbrüter (Peters 1931).

Möglich, daß sich unter den „Junggesellen" auch einige überzählige Männchen oder aus irgendeinem Grunde nicht zur Brut gekommene oder gelte Stücke befinden, ihre Hauptzahl setzt sich aber aus jungen, noch nicht brutfähigen Vögeln zusammen. Sie sind auf ihren See zurückgekehrt, halten in einer geschlossenen Schar zusammen und vertragen sich auch ganz leidlich. Sie sind weit vorsichtiger als Brutschwäne und fliehen vor einem auf sie zuhaltenden Boot schon zeitig. In den Nistrevieren der brütenden Paare werden sie nicht geduldet, darum halten sie sich zumeist in einer Ecke des Sees auf und liegen viel auf dem freien Wasser. Sie geben dem See in ihrer Geschlossenheit erst den Charakter eines Schwanensees.

In der Zeit, da die Schwäne durch den Abwurf ihrer Schwingen nicht flugfähig sind, fühlen sie sich sehr unsicher. Sie scharen sich daher zusammen und rudern hinaus auf das weite, offene Meer oder auf die großen freien Flächen der Seen. Zwar haben sie auch hier noch den Menschen zu fürchten, doch sind sie vor allerlei vierfüßigem Raubzeug sicher. Mitunter verbergen sie sich in dieser Zeit auch im Schilf der Seen, wenn das Pflanzendickicht verschwiegene freie Wasserflächen aufweist, und wagen sich nur nachts hervor.

Solch ein guter Mauserplatz bekommt über die Zeit des Schwingenabwurfs zuweilen großen Zuzug von anderen Seen. Dementiew u. Gladkow (1952) bemerken, daß sich zu Anfang dieses Jahrhunderts, als die Schwäne in der UdSSR noch zahlreich vorkamen, die nicht fortpflanzungsfähigen und einzelnen Höckerschwäne zum Federwechsel Anfang des Sommers in großen Mengen am Nordostufer des Kaspischen Meeres versammelten. Gegenwärtig ist das nicht mehr der Fall.

Nicht brütende Höckerschwäne zeigen sich über den Sommer auch in den Flachwassern zwischen Hiddensee und Rügen. Schon Lindner (1915) beobachtete sie hier Anfang Juli in Scharen, die nach Hunderten zählten. Sie stellen sich auch heute dort ein. An der Westküste Schonens übersommern Schwäne ebenfalls in wechselnder Zahl von 500 bis 2500 (Oesterlöf brieflich).

Bei den halbwilden Höckerschwänen Großbritanniens ist die gleiche Erscheinung zu beobachten. Während bei der Bestandserhebung im Sommer 1955 im Gesamtbild 100 brütenden Höckerschwänen etwa 130 nichtbrütende gegenüberstanden, das Verhältnis also 1 zu 1,3 war, betrug es in der Grafschaft Essex 1 zu 7 (100 brütende, 700 nichtbrütende) und in Norfolk 1 zu 6,3 (127 brütende, 783 nichtbrütende). Es müssen sich hier also die Scharen nichtbrütender Schwäne aus weiten Teilen des Inselreiches zur Mauser zusammenfinden.

Der Vermehrungstrieb tritt beim Höckerschwan nach Niethammer (1938) bereits nach zwei Jahren, gewöhnlich aber erst zu Ausgang des dritten Lebensjahres in Erscheinung. Die Vögel machen dann Anstalten zum Nisten, bauen ein Nest und halten sich darauf oder nahe dabei auf, zur Eiablage kommt es zumeist nicht, manchmal wird ein Ei gelegt (Dementiew u. Gladkow 1952). Gewöhnlich setzt erst nach vier Jahren die richtige Brutreife ein und kommt ein Gelege zustande (Heinroth 1928, Peters 1931). Die von dreijährigen Vögeln gelegten Eier sind zumeist unbefruchtet, auch wenn sich die Vögel vorher getreten haben. Andererseits wurden erfolgreiche Bruten dreijähriger Höckerschwäne bekannt; nach Weichelt (1940) führte bei Dessau ein durch eigene Beringung einwandfrei als dreijährig festgestelltes Weibchen am 14. Mai 1939 sechs Junge, zwei taube Eier verblieben im Nest. Den Vogel beringte ich am 7. Dezember 1936 in seiner Winterherberge in Frohse bei Magdeburg zusammen mit dem Elternpaar und sechs Geschwistern. Er befand sich also noch im Familienverband und trug das gescheckte Kleid. Eine Schwänin, die in der Teichanlage des Fischzuchtmeisters Büttner in Suhl schlüpfte, baute schon mit zwei Jahren ein liederliches Nest aus etwas Laub und Papier und legte 6 Eier, aus denen vier Junge schlüpften, zwei wurden groß. Auch Johnston (1935) berichtet von zwei Geschwistern einer Schwanenbrut, die im Alter von zwei Jahren eine Ehe eingingen und erfolgreich brüteten.

Die Brutlust junger Schwäne kündigt sich schon zum Ausgang des Winters in beginnender Unverträglichkeit an. Zwergschwäne, die an ihren Aufenthaltsplätzen beim Zuge beobachtet wurden, ließen Anpaarungen zwischen dem 7. März und 16. April erkennen (Schmidt 1965).

12. Ehebeständigkeit, Abweichungen von der monogamen Ehe

Die Ehe der Schwäne ist im Freileben streng monogam und wird für die Dauer des Lebens geschlossen. Stirbt jedoch einer der Ehegatten vor der Zeit, so geht der andere bald wieder eine neue Lebensgemeinschaft ein. Der Schwan paart sich somit leichter um als die Graugans, von der bekannt ist, daß sie nur schwer wieder zu einer neuen Ehe findet. Es gibt jedoch auch Fälle, wo sich ein verwitweter Schwan weigerte, eine neue Ehe einzugehen. So gab Poulsen (1948) einem zahmen Höckerschwanmännchen, das sein Weibchen verloren hatte, ein neues Weibchen. Es wurde abgelehnt. Auch bei einem zweiten Weibchen war das der Fall. Schließlich wurde versucht, das Selbstvertrauen des auf dem Weiher längere Zeit herrschenden Männchens dadurch zu brechen, daß man es einfing und längere Zeit einstallte, dagegen ein Weibchen auf das Wasser brachte. Als später das Männchen hinzugesetzt wurde, hatte sich an seinem Verhalten jedoch nichts geändert. Es wollte trotzdem nicht. Poulsen führt einen weiteren Fall an, wo ein zehn Jahre lang gepaartes Weibchen nach dem Tode seines Männchens eine Neupaarung ablehnte.

Ein Abweichen von der monogamen Ehe konnte nur in wenigen Fällen in der Gefangenschaft beobachtet werden. Nach einem älteren Bericht vertrieb der Gatte eines Brutpaares eine einzelne Schwänin stets in der üblichen Drohstellung aus der Nestnähe, hatte er sie aber über die Reviergrenze hinausgetrieben, nahm er plötzlich die Zärtlichkeitshaltung an, und es kam nach den üblichen Paarungseinleitungen zum Treten (Tiemann 1868). Portielje (1936) berichtet einen ähnlichen Fall aus dem Zoologischen Garten in Amsterdam. Hier wurde das Beiweibchen jedoch vom Männchen und Weibchen im Revier geduldet, konnte auch die Umgebung des ehelichen Nestes betreten und baute schließlich, 9 m entfernt, ebenfalls ein Nest und zog darin Junge groß. Während aber das Männchen das Nest seines eigentlichen Weibchens nach Schwanenart energisch verteidigte, verriet es am Nest des Beiweibchens so gut wie keine Angriffslust. Auch Dewar (Brit. Birds 30, S. 178 ff.) führt einen Fall von Bigamie beim Höckerschwan an. Auch hier hatte ein Männchen zwei Weibchen, deren Nester wenige Meter voneinander entfernt standen, die Gelege lagen zeitlich aber drei Wochen auseinander.

Zwei benachbarte Männchen hatten sich auf der Hamburger Alster so lange und heftig gebissen, daß das schwächere den Tod erlitt. Während sonst der Sieger danach auch das verwitwete Weibchen angreift und mit seinen Jungen zu töten versucht, geschah hier etwas Eigenartiges: Der Sieger übernahm von dieser Zeit an auch den Schutz des anderen Weibchens, hielt sich bald in dem einen, bald in dem anderen Revier auf, gestattete aber nicht, daß die beiden Familien miteinander verkehrten und die Reviere wechselten (P e t e r s 1931). Auf dem Schwanenteich in Mühlhausen (Thüringen) begattete ein Höckerschwanmännchen gleichfalls zwei Weibchen, die in verschiedenen Nestern brüteten. Die ausgekommenen Jungen waren Schwächlinge (R i n g l e b e n 1936).

Einen Fall von Bigamie beim Höckerschwan führt auch P o u l s e n (1948) an. Ein halbwildes Höckerschwanmännchen paarte sich in Kopenhagen mit zwei zahmen Höckerschwanweibchen. Das eine hatte sein Nest auf dem Schwarzdammsee, das andere auf dem Peblingesee. Das Männchen aber flog zwischen den beiden Seen hin und her.

Bei einem Revierkampf auf der Hamburger Alster, der mit dem Tod des einen Männchens endete, konnte das verbliebene Weibchen, hinter Buschwerk und Weidicht versteckt, die Jungen erbrüten. Nach dem Schlüpfen der Jungen blieb es mit ihnen erst noch eine Woche im dichten Schilf, doch als es sie dann auf das freie Wasser führte, brauste sogleich das aufgebrachte andere Männchen heran, schoß dem fliehenden Weibchen nach. Dieses entzog sich der Verfolgung in einem Seitenkanal. Darauf näherte sich das Männchen den Jungen, doch anstatt sie zu töten, wie es sonst zumeist geschieht, tat es ihnen nichts, zeigte sich ihnen vielmehr wohlgesonnen, was die Laute und Halsbewegungen verrieten. Es führte die verwaisten Küken seiner Ehepartnerin zu, die sie mit ihren eigenen fünf großzog. Von den insgesamt neun Jungen blieben später sechs am Leben.

Im folgenden Frühjahr erschien die verwitwete Schwänin mit einem neuen Partner am alten Nistplatz und erbrütete abermals 4 Junge. Als sie diese auf das Wasser führte, wurde sie von dem Männchen lebhaft begrüßt, das die Jungen kaum beachtete. Es hatte nur für seine Schwänin Interesse und überhäufte sie förmlich mit Zärtlichkeiten. Die Schwänin erlag auch bald dem stürmischen Drängen, und es kam im Beisein der 4 Jungen nach der üblichen Paarungseinleitung zur abermaligen Begattung. Von nun an kümmerte sich die Schwänin kaum noch um die Jungen und machte einen sehr nervösen Eindruck: Sie folgte unruhig dem Männchen, hier und da hastig gründelnd. Die Jungen schwammen oft mehr als 20 m hinter ihren Eltern her, oder sie drängten sich irgendwo zusammen und verhielten sich ruhig, ja fast apathisch. Fing plötzlich eines der Jungen wieder laut zu rufen an, antwortete die Mutter mit kurzen ‚bellenden' Lauten, worauf die Jungen wieder versuchten, zu ihr zu gelangen. N i e ß schreibt: „Das Weibchen wurde meiner Meinung nach zwischen der aufdringlichen Liebe des Gatten und dem Drang zu den Jungen hin- und hergerissen. Am Morgen des 25. 5. fehlten 3 Junge, von denen ich nur ein totes fand. Das Weibchen benahm sich genauso nervös wie am Vortage. Das letzte Junge schwamm ziellos auf dem Wasser umher ... In der kommenden Nacht verstarb der junge Vogel."

Mangelt es an Weibchen, dann kommt es vor, daß sich zwei Männchen zusammentun und sich wie ein normales Paar verhalten. Sie führen ein friedliches und inniges Zusammenleben, treten sich, machen Anstalten zum Nisten und beanspruchen ein eigenes Brutrevier.

Auf der Hamburger Alster sind solche „Männchenpaare" wiederholt festgestellt worden, bei denen das stärkere Tier jeweils die Rolle des Männchens übernahm. Ob es sich hierbei nur um einen Instinktirrtum handelte, wie er in der Gefangenschaft oftmals auch bei anderen Vögeln vorkommt, oder ob hier eine ausgesprochen abnorme Veranlagung vorlag, was weniger wahrscheinlich erscheint, konnte nicht untersucht werden.

In den Hildesheimer Anlagen kam von einem Höckerschwanpaar das Männchen um. Es flog ein zweites Weibchen hinzu, und beide paarten sich mit einem Schwarzschwanmännchen und legten Eier. Das Schwarzschwanmännchen — das sich entgegen Höcker-, Sing- und Zwergschwan mit am Brutgeschäft beteiligt — bebrütete die Eier des einen Nestes, während sich die beiden Weibchen auf dem zweiten Nest beim Brutgeschäft abwechselten. Nur in diesem Nest kamen die Jungen aus (Brinkmann 1933).

Poulsen (1948) berichtet von einer mehrjährigen Ehe, die im Zoologischen Garten Dammen ein Singschwanmännchen mit einem Höckerschwanweibchen schloß. Sie kam durch das Fehlen gleicher Artgenossen zustande. Als man in das Gehege des ungleichen Paares später ein Höckerschwanmännchen hineinsetzte, interessierte sich das Weibchen nicht für den Artgenossen und hielt die Ehe zum Singschwanmännchen aufrecht. Die Gelege waren zwei Jahre hintereinander taub. Als das Weibchen drei Wochen lang gebrütet hatte, wurde beobachtet, wie das Singschwanmännchen eine zahme Gans zu treten versuchte.

Verbastardierungen mit Schwarzen Schwänen oder auch mit Gänsen sind in der Gefangenschaft beim Fehlen des eigentlichen Geschlechtspartners wiederholt vorgekommen. In der Freiheit wurden jedoch nicht einmal unnormale Ehen bemerkt.

13. Die Nahrung

Von einigen Fischern wird dem Schwan nachgesagt, daß er auch Fische jage, die Laichentwicklung beeinträchtige und damit der Fischerei schade. Es ist nicht der Fall. Ganz offensichtlich hat er zum Fang von Fischen weder Neigung noch Geschick, flinke Bewegungen liegen ihm gar nicht. Im übrigen besteht seine Nahrung in der Hauptsache aus allerlei Wasser- und Sumpfpflanzen und ihren Wurzeln, Knospen, Sämereien, manchmal

Abb. 35 und 36. Auf der Futtersuche in den überschwemmten Wiesen. Aufn. A. Hilprecht weidet er auch Gras. Mit den Wasserpflanzen werden auch kleine Schnekken, Würmer und Kerbtiere verschluckt.

Als mit dem Anwachsen des Höckerschwanbestandes vor dem zweiten Weltkrieg die Fischer den Abschuß von Schwänen forderten, entschloß man sich, drei Schwäne zu erlegen und auf ihre Nahrungsaufnahme hin näher untersuchen zu lassen. Das Ergebnis der Untersuchungen des Reichsgesundheitsamtes war: „Der Mageninhalt zeigte grobsinnlich keine Veränderungen und bestand aus Pflanzenstoffen und Kies", und das Institut für Vet. Med. Parasitologie und Zoologie der Universität Berlin schrieb: „Beim Aufschneiden des Magen- und Darmkanals eines Wildschwans wurden Fische oder Teile von Fischen nicht gefunden. Auch durch mikroskopische Untersuchung konnten Fischschuppen, Gräten usw. nicht nachgewiesen werden." Die Jägerschaft war darum zu keinem weiteren Abschuß bereit, wandte sich vielmehr gegen das Ansinnen und nahm auch gegen die weiteren Beschuldigungen des Schwans durch die Fischereiberechtigten in einer Erklärung („Naturschutz" 1938) Stellung. Es heißt darin u. a.: „Die Annahme, daß die Schwäne durch Aufnahme von niederen Tieren und Wasserpflanzen mit den Fischen in Nahrungskonkurrenz treten, ist durchaus unbewiesen, es muß vielmehr angenommen werden, daß trotz des Vorhandenseins einiger Schwäne noch genügend Nahrung dem Fischbesatz zur Verfügung steht. Ebenso abwegig ist die Behauptung, daß die Laichgründe der Fische in den Unterwasserpflanzen durch die Nahrungsaufnahme der Schwäne zerstört werden. Bei

Abb. 37. Beim Äsen von Wasserpflanzen. Aufn. A. Hilprecht

Abb. 38. Pflanzen und Wurzeln werden vom Grunde heraufgeholt.
Aufn. A. Hilprecht

der großen Ausdehnung des Pflanzengürtels in den Gewässern spielt die Pflanzenmenge, die der Schwan zu seiner Ernährung braucht, keine Rolle." Die Verlautbarung schließt mit den Worten: „Selbst wenn ein unbedeutender Schaden durch die Schwäne entstehen sollte, so ist dieser nicht in Rechnung zu stellen gegenüber dem ethischen Wert, den das Vorhandensein dieses schönen Vogels darstellt."

Von einer ernsthaften Schädigung der Fischerei durch den Schwan kann somit keine Rede sein. Von Sanden (1939), der die Entwicklung des Höckerschwanbestandes auf dem Nordenburger See lange Jahre eingehend beobachtete, schreibt: „Er mag den Laich oder die Brut einiger Fischarten stören, die ihn an solche Unterwasserpflanzen absetzen, die der Schwan äst ... Niemals aber kann selbst ein starker Bestand an Höckerschwänen den Wasserpflanzenwuchs eines Sees sehr beeinträchtigen oder gar gewisse Pflanzen ganz vernichten. Solchen Ansichten liegen falsch gedeutete Beobachtungen zugrunde. Der Nordenburger See hatte z. B. vor Jahren ein Überhandnehmen der Krebsschere aufzuweisen, das dann wieder nachließ und heute die freien Flächen des Sees nicht mehr bedroht. Mit dem Nachlassen der Krebsschere ging gleichzeitig eine rasche Zunahme des Schwanenbestandes vor sich, und doch stand beides in keinem ursächlichen Zusammenhang. Das Zurückgehen der Krebsschere hing mit ganz anderen Ereignissen im See zusammen."

Von Sanden hatte die großen Wildschwanbestände des Nordenburger Sees fünfzig Jahre in seiner Kontrolle. Über diese ganze Zeit fügten sie weder der Fischerei noch den Unterwasserpflanzenwiesen jemals einen Schaden zu. „Wenn Unterwasserpflanzenbestände verschwinden“, schreibt er (1959), „liegen andere Gründe vor, wie z. B. auf dem Dümmer im Kreise Diepholz in Niedersachsen, in dem weite Unterwasserpflanzenwiesen verschwunden sind, ohne daß dort Höckerschwäne brüten.“

Daß bei solchen Entwicklungen ganz andere Faktoren bestimmend sein müssen, lassen auch die Veränderungen des Pflanzenbestandes des Schollener Sees im Elbe-Havel-Winkel erkennen, der gegenüber früheren Jahren seinen überreichen Bestand an Unterwasserpflanzen verloren hat und ihn auf weite Flächen hin entbehrt, obwohl er von keinem Schwan bewohnt wird.

Bei dem raschen Anwachsen des Höckerschwanbestandes in Schweden trugen die Fischer Bedenken, die Vögel könnten durch die Aufnahme von Wasserpflanzen die Bodenvegetation sowie den Fischertrag schädigen. Um ein umfassendes klares Bild darüber zu erhalten, unternahm man groß angelegte Untersuchungen mit folgenden Fragestellungen: 1. wird durch die Aufnahme der Pflanzen die Bodenvegetation geschädigt und werden damit Laichplätze zerstört?; 2. inwieweit werden Laich, Brut und die Nahrung der Fische mit den Pflanzen aufgenommen?; 3. beunruhigt und verscheucht der Höckerschwan die Fische?; 4. verunreinigen die Schwäne flache Buchten, so daß sie von Fischen gemieden werden?; 5. werden Krabben mit verzehrt und hierdurch die Köderfische verringert?

Die über 5,5 Jahre hinweg durchgeführten gründlichen pflanzen-, ernährungs-, fischereibiologischen und chemisch-bakteriologischen Untersuchungsreihen in den Hauptbrut- und Wintergebieten der Höckerschwäne in Schweden brachten unabhängig voneinander das gleiche Ergebnis: Selbst größere Ansammlungen von Schwänen auf relativ engem Raum und auch über eine längere Zeit hinweg schaden weder der Vegetation noch dem Fischbestand in irgendeiner Weise. Wie gründlich die Untersuchungen waren, mag man auch daran ermessen, daß 51 Schwäne an den Weideplätzen geopfert wurden, um ihren Mageninhalt festzustellen. 95 bis 100% des Inhalts waren Pflanzen, die den beweideten Unterwasserwiesen angehören. Tierische Nahrung wurde in so untergeordneter Menge gefunden, daß sie nur zufällig mit den Pflanzen aufgenommen sein konnte. Laich und Brut von Fischen fand man nicht, auch keine Krabben, und die chemischen und bakteriologischen Prüfungen gaben für eine Verschmutzung keinen Anhalt. Dagegen wurde festgestellt, daß der Verbrauch an Pflanzen nur einen geringen Teil des Gewachsenen ausmacht und daß mehr wächst, als von den Schwänen gefressen werden kann (Berglund u. a. 1963).

Als um die Mitte unseres Jahrhunderts der Fischertrag auf dem Steinhuder Meer zurückging, gaben auch hier die Fischer sogleich dem Schwan die Schuld und forderten seinen gänzlichen Abschuß. Auch hier wurde nicht bedacht, daß für den Rückgang des Fischbestandes ganz andere Faktoren, wie z. B. die zunehmende Wasserverschmutzung, entscheidend

Abb. 39 und 40. Der Höckerschwan verbleibt so lange an seinem See, wie er noch eine offene Stelle findet. Aufn. A. Hilprecht ins Gewicht fallen können. Die Ursachen sollten erst einmal einwandfrei geklärt und belegt werden.

Bereits vor dem letzten Weltkrieg bis 1944, und jetzt wieder ab 1960 hält sich der Fischmeister B ü t t n e r in Suhl in seiner Fischzuchtanlage Höckerschwäne. Als er mir das Brüten einer zweijährigen Schwänin mitteilte, erwähnte er, es würde ihm immer Spaß machen, zu sehen, wie die Schwäne erbost sind, wenn ihnen die Forellen Futter wegnehmen. Sie würden die Schwäne auch in die Beine beißen, worauf diese vor Schreck 50 cm hoch aus dem Wasser sprängen. Das veranlaßte mich zu der Frage an ihn, ob er den Schwan für die Fischerei für schädlich halte. Er antwortete: „Ihre Frage, ob der Schwan für die Fischerei schädlich ist, kann ich verneinen. Unsere Binnenseen sind heute zum größten Teil mit Feinfischen besetzt, und die Karpfen und Aale können von den Schwänen weder gefangen noch gefressen werden. Wenn mit Fischlaich behaftete Wasserpflanzen von Schwänen gefressen werden, so ist der Laich meistens von Hechten, Bleien und Plötzen. Da aber die Fischchen bereits 4 bis 6 Tage nach der Eiablage schlüpfen, kann ich mir nicht vorstellen, daß der Jungfischverlust durch Fressen von Fischlaich durch die Schwäne beklagenswert sein kann. Ist es doch ein reiner Zufall, daß ein Schwan gerade mit Laich behaftete Wasserpflanzen vorfindet und frißt. Jedenfalls vertrete ich den Standpunkt, daß der Schwan für die Fischerei mehr Nutzen als Schaden bringt."

Neuere Untersuchungen an einem erlegten Kormoran lassen es möglich erscheinen, daß Fischlaich (von Bachforelle) unverdaut den Darm eines Vogels passiert (S t e i n p a r z 1963).

Der Schwan sucht die Verlandungszonen flacher Gewässer auf, die zur totalen Verkrautung neigen. Hier kann es dem Fischer nur von Nutzen sein, wenn er etwas von dem Zuviel verzehrt und damit die Verlandung aufhält. Als z. B. der Höckerschwanbestand auf der Hamburger Alster in den Kriegsjahren 1914—1918 auf wenige Vögel zurückgegangen war, wucherten die Laichkräuter so stark und ergaben eine so dichte, filzige Masse, daß sie die Schiffahrt behinderte. Es wurde nötig, das Kraut mit schweren eisernen Harken, die von Dampfern geschleppt wurden, zu beseitigen (P e t e r s 1931).

Die Schwäne haben sich dem Nahrungserwerb in seichten Gewässern angepaßt. Der lange Hals gestattet ihnen, die Nahrung vom Grunde aufzunehmen. Erreichen sie ihn nicht ganz, so lassen sie sich bisweilen auch nach vorn überkippen, wie es unsere Hausenten so gern tun, so daß die weißen, hochaufgerichteten Hinterleiber nach der Darstellung von W a c h s (1929) „wie weiße Zelte auf dem Wasser schwimmen". Die Höckerschwäne des Botanischen Gartens in Berlin-Dahlem weideten Laichkräuter *(Potamogeton)*, Wasserknöterich *(Polygonum amphibium)*, Seerosen, Wasserpest, Schosse vom Kolbenrohr *(Typha angustifolia)* sowie die Schwanenblume (U l b r i c h 1939). V o n S a n d e n (1939) stellte fest, daß sie auch die grünen, verdichteten Fadenalgen aufnehmen. Sie

Abb. 41. Höckerschwäne auf der Treibeis führenden Elbe.
Aufn. A. H i l p r e c h t

sollen dabei Mühe haben, die endlos zusammenhängenden Pflanzen abzureißen. An der See weiden sie das Seegras *(Zostera).*

Auch verschiedene Magenuntersuchungen, die R e y (1903, 1908) anstellte, bewiesen die pflanzliche Kost des Höckerschwans. Die Ergebnisse lauten bei drei Vögeln: 1) 5. 10.; Algen, getrocknet 0,30 g, andere Pflanzenreste 5,45 g, Samen von Gramineen 3,40 g, Samen anderer Pflanzen 0,30 g, Sand 42,10 g, Steinchen 69 g; 2) 20. 11.; fein zerriebene Pflanzenreste, hauptsächlich von Moosen herrührend, ferner Sand 14 g, Steinchen 7 g, Steine 4,67 g (größter Stein 6 × 4,2 × 3,3 mm); 3) 15. 10.; Pflanzenfasern, ferner Sand 16,10 g, Steinchen 9 g, Steine 4,30 g (größter Stein 14,0 × 9,5 × 3,7 mm).

Ihre Lieblingsnahrung ist nach S z i j j (1963) das Laichkraut *(Potamogeton),* dem schon die Jungen nach den ersten Lebenstagen nachgehen. Anfangs werden die schmalblättrigen, später auch die breitblättrigen Bestände aufgesucht.

Die Nahrung des S i n g s c h w a n s ist ähnlich der des Höckerschwans. Er sucht sie aber mehr am Ufer und im Morast. Hier gräbt und wühlt er den Boden mit dem Schnabel sichtbar auf, um Pflanzenteile und Wurzeln herauszuziehen. Er stellt sich darum gern auf überschwemmten Wiesen ein, die über große Strecken hin aufgewühlt werden und zuweilen wie umgepflügt erscheinen. Aber auch diese Art der pflanzlichen Nahrungsaufnahme vernichtet so leicht keine Krautbestände. Davon konnte sich v o n S a n d e n (1963) auf dem Nordenburger See überzeugen, als sich dort fast drei Wochen lang Singschwäne über einer kaum einen viertel Morgen großen Siedlung des stengelumfassenden Laichkrautes aufhielten und nach dessen Wurzeln gruben. Im nächsten Sommer war diese Siedlung genauso dicht bestanden wie vordem.

Bei dem Graben nach den Wurzeln entstehen kreisrunde Löcher. Nach Brouwer und Tinbergen (1939) maßen die Kuhlen 20 bis 30 cm in der Breite und waren fast 10 cm tief, größte Maße waren 100 bis 150 × 40 bis 50 cm bei einer Tiefe von 20 bis 25 cm. Dementiew u. Gladkow (1952) führen einen Durchmesser bis zu 80 cm an. Möglich, daß der Vogel dabei auch kleine Tiere aufnimmt, die sich am Boden oder im Schlamm aufhalten.

Christoleit (1926) bemerkte, wie Singschwäne den Körper eine lange Zeit regelmäßig schaukelnd bewegten und dann den Kopf an der gleichen Stelle auf den Grund des Wassers senkten. „Es unterliegt für mich keinem Zweifel", folgerte er daraus, „daß sie mit den Rudern Schlamm oder weichen Boden fortscharren, um Wurzeln, Grundachsen oder andere Teile der Wasserpflanzen, vielleicht auch schwerfällige Tiere zum Verzehren freizulegen, und zwar regelmäßig mit dem einen und dem anderen Ruder abwechselnd."

Im Kropf eines Singschwans fand Naumann Überbleibsel einiger Kleearten, namentlich *Trifolium repens* und *T. fragiferum*. Nach seiner Meinung frißt er außerdem reifes Getreide, wie Gerste und Hafer, Eicheln und Obst, besonders Pflaumen. Naumann vermutet daraufhin, daß sich der Singschwan in seiner Heimat mitunter auch von Beeren nährt. Rey (1903, 1908) fand – wie bei den Höckerschwänen – auch in den Mägen von drei Singschwänen nur Pflanzenfasern und Mineralien, dagegen keine Fischspuren. Auch Leege (1893) untersuchte den Magen eines erlegten Singschwans und fand darin nichts als Kies, Sand und verkaute Stengelteile des harten Dünengrases *(Psamma arenaria)*.

Wie Christoleit beim Singschwan, so konnte auch Verthein (1935) die aufwühlende Beinbewegung beim Zwergschwan beobachten. Teils schwimmend, teils stehend, „trampelten" sie im Schlick im flachen Wasser und hielten sich bei der Flut auf den überschwemmten Wiesen, am Ufer oder in deren Gräben auf. Lebret und v. d. Heide (1942) sahen Ausgang Dezember 1941 im Nordostpolder der Niederlande 1110 Zwergschwäne bei der Futtersuche auf dem trockengelaufenen Polder. Langsam laufend, wühlten sie etwa 20 cm tief den Grund auf und holten *Scirpus maritimus*-Pflanzen heraus, wovon sie die daran sitzenden kleinen weißen Knollen fraßen. Man hält es für möglich, daß sie auch das Grün von *Ranunculus sceleratus* und *Juncus lamprocarpus* nahmen, wie es die ebenfalls dort anwesenden 1200 Bleßgänse *(Anser albifrons)* taten.

Leege (1940) beobachtete auf dem Hammersee auf Juist elf Zwergschwäne, sah sie aber nie äsen. Sicher hatten sie ihre Nahrung abends

Abb. 42. Höckerschwäne suchen in den Buhnen der Flüsse nach Genießbarem. Aufn. A. Hilprecht

oder nachts in der bewachsenen Uferzone aufgenommen, denn er fand am Morgen am Saume mancherlei Speisereste: ausgerupfte Büschel von *Potamogeton pectinatus, Myriophyllum alterniflorum, Helodea canadense, Mentha aquatica, Epilobium hirsutum, Oenanthe lachenalii, Ranunculus flammula* und *sceleratus,* viele Characeen, Wurzelstücke von *Typha, Carex, Juncus lamprocarpus* und *anceps, Phragmites,* besonders die knolligen Rhizome von *Scirpus maritimus,* dann Gramineen und Algen. Im flachen Wasser waren Gründellöcher von 30 cm erkennbar. Brouwer u. Tinbergen (1939) stellten neben dem Kammförmigen Laichkraut *(Potamogeton)* (wahrscheinlich *pectinatus,* evtl. *natans),* das Glatte Hornblatt *(Ceratophyllum submersum),* den Teichfaden *(Zannichellia pedicellata)* und Wurzelstöcke vom Echten Seegras *(Zostera marina)* als Nahrung des Zwergschwans fest. Witherby u. a. (1958) führen als Nahrung auch Weißklee *(Trifolium repens)* und Saaten an. Aus einem Bericht von Möller (1960, zitiert bei Schmidt 1965) ist zu schließen, daß er auch tierischer Nahrung nachgeht. Er schreibt: „Bei freigefallenem Watt zur Ebbezeit sieht man die Schwäne bei der Nahrungsaufnahme. Sie schnabbeln dann im Wattboden, was bei einer Versammlung von mehr als hundert Vögeln zu einem eindrucksvollen Geräusch führt, das bei günstigem Wind und Wetter über eine beträchtliche Entfernung zu hören ist. Stellen, an denen auf diese Weise eine Zwergschwanschar gewirkt hat, sind nachher von kraterartig vertieften, umrandeten Löchern übersät. Diese haben einen Durchmesser von 40

Abb. 43. Zwergschwan bei der Nahrungsaufnahme.
Aufn. K. Curry-Lindahl

bis 50 und eine Tiefe von in der Mitte etwa 10 bis 20 cm. Sie sind auch nach dem Tidenwechsel noch deutlich erkennbar. Bei überflutetem Watt gehen die Schwäne auf die gleiche Weise der Nahrungssuche nach, je nach Wasserstand watend oder schwimmend. Jedoch läßt die Tätigkeit in der ganzen Gruppe um so mehr nach, je tiefer Schnabel und Hals dabei eintauchen müssen. Schließlich liegt die ganze Gesellschaft nur auf dem Wasser und pflegt soziale Kontakte." In den Niederlanden werden die von den Schwänen bei der Nahrungssuche gegrabenen Löcher „zwanen-kullen" (Schwanenkuhlen) genannt (Timmermann).

Naumann fand in dem kleinen, starkmuskulösen Magen des Zwergschwans öfter nur Sand und Kies, einmal waren Vormagen und Schlund mit großen Pflanzenteilen ziemlich angefüllt, darunter ganze Ranken mit Blättern und Wurzeln von *Trifolium repens* (Kriechendem Weißklee). Als Verthein (1935) zur Untersuchung einen Zwergschwan schoß, entnahm er seinem Magen ebenfalls viel Sand und wenig Pflanzenteile, vorwiegend Wurzelstöcke, jedoch keine tierischen Bestandteile.

In ihrer Brutheimat, der Tundra, nähren sich die Zwergschwäne nicht nur von Wasserpflanzen, sondern auch von Landgewächsen, besonders grasartigen, die sie mit der Wurzel ausgraben. Um ihre Nester herum ist darum das Gras vollständig ausgezogen. Daneben verspeisen sie kleine Fische (Dementiew u. Gladkow 1952). Nach Rohweder (1905) und Voous (1962) (zitiert bei Schmidt 1965) fressen Zwergschwäne auch Mollusken, und nach Witherby u. a. (1958) verschmähen sie kleine Fischchen und Wasserinsekten nicht.

Über die Zeit der Nahrungsaufnahme sagen Dementiew u. Gladkow von den Singschwänen, daß sie an Überwinterungsplätzen, wo sie nicht gestört werden, gewöhnlich morgens und abends dem Nahrungserwerb nachgehen. Schmidt (1965) berichtet von den Zwergschwänen: „Am Tage wird viel geruht."

14. Wie alt werden Schwäne?

Der Schwan erreicht ein sehr hohes Alter. Yarrell spricht von 50 Jahren, Naumann von 50 bis 100. Nach Floericke (1916) war der Bevölkerung Londons ein im St. James Park gehaltener Schwan unter dem Namen „Old Jack" bekannt, der 1840 im nachweislichen Alter von 72 Jahren starb. In den Niederlanden soll ein Schwan gar 120 Lebensjahre erreicht haben, und im Altmar starb nach Bechstein 1672 ein Schwan, der ein Metallband mit der Jahreszahl 1573 trug und somit 100 Jahre erreichte (Ibis 1899, S. 35).

Ob alle diese Altersangaben wirklich zutreffen, ist nicht sicher. Die wissenschaftliche Vogelberingung könnte einwandfreie Zahlen bieten, sie ist aber noch zu jung, um über das von den Schwänen erreichbare Alter schon heute auszusagen. Erst um die zwanziger Jahre unseres Jahrhunderts wurden vermehrt Schwäne beringt, namentlich in der Schweiz. Der älteste bisher nachgewiesene Höckerschwan aus der Schweizer Reihe war 19jährig. Er starb eines gewaltsamen Todes, denn er trieb mit einer Schußverletzung auf dem Rhein. Ihm folgen Höckerschwäne mit 18,11, 18,3, 16, 15,9, 14,8, 14,3, 14,1 und 14 Jahren (Schifferli 1945, 1949, 1953, 1961).

Ohne Zweifel kann beim Höckerschwan ein hohes Alter angenommen werden, ob es allerdings ein Menschenalter übertrifft, ist heute noch nicht sicher zu sagen.

15. Feinde und Todesursachen

Als der Schwan noch nicht den ganzjährigen Schutz genoß, war der Mensch sein schlimmster Feind. Man raubte seine Gelege, schlug mausernde alte und noch flugunfähige junge Schwäne mit Stangen und Stökken tot und fing auch die im Winter vor Hunger geschwächten Tiere, um die Federn und das Federfell zu verwerten. Die Küstenbewohner schlugen freie Flächen in die vereisten Nahrungsgründe, nicht etwa, um den vor Hunger matten Vögeln zu helfen, sondern um sie dadurch anzulocken und leichter erschlagen und erschießen zu können. So wurde ihnen in allen Ländern, in denen Schwäne vorkommen, nachgestellt. Eggert Olafsen (Lenz 1856) schildert die Verfolgung des Singschwans in Island wie folgt: „Es gibt eine große Menge von Schwänen an den Sümpfen und Seen Islands. Sie mausern daselbst im August. Diese Zeit nehmen die Einwohner wahr, reisen dahin, um Federn zu sammeln und alte und junge Schwäne zu fangen, da jene die Schwungfedern verloren, diese aber noch keine ausgewachsenen haben. Die Schwäne können fast so schnell laufen wie ein isländisches Pferd, wobei ich selbst Zeuge gewesen. Sie werden mit Hunden gefangen, die sie am Halse packen. Im Frühjahr nimmt man den Schwänen auch die Eier weg."

In ähnlicher Weise geschah die Verfolgung der mausernden Vögel an ihren Brutplätzen früher auch in Rußland. Man holte sie mit Segelschiffen ein und erschlug sie zu Hunderten (Dementiew u. Gladkow 1952). In Sibirien war es aber anders. Hier wurden die Singschwäne nach Johansen (1959) als heilige Vögel angesehen. „Es galt als Sünde, den Vogel umzubringen oder Nester zu zerstören. Heute wird das Fleisch gegessen, und der Balg gibt warmes ‚Pelzwerk'. Infolgedessen ist der Bestand in den letzten 30 Jahren sehr zurückgegangen." Nunmehr aber sind die Schwäne in der UdSSR unter Schutz gestellt (Dementiew brieflich). Im Iran wird noch der räuberische Massenfang mit Netz betrieben.

In der Wismarschen Bucht wurden nach Wüstnei und Clodius (J. Orn. 1898, S. 82) in manchen Wintern, z. B. 1880/1881, 350 Höcker- und Singschwäne erlegt. Nur der Balg wurde verwendet und für 3 bis 5 Mark das Stück nach Lübeck verkauft.

Man jagt die Schwäne nicht wegen ihres Fleisches, das ist zäh und wenig schmackhaft, abgesehen von jungen Stücken. Begehrt sind aber ihre Federn, die kostbaren Daunen und das Bauchfell. In den nordischen Ländern bildet das Fell der Schwäne, wie auch das der Gänse, Enten und Taucher, eine beliebte Handelsware. Man stellt aus ihnen Mützen, Boas, Muffe usw. her, zusammengenäht ergeben sie auch schöne Teppiche und Decken. Auf Island verarbeitete man die von den Füßen abgezogene Haut mit den Nägeln vor der Unterschutzstellung des Singschwans zu reizvollen Geldbeuteln.

Bei den alten Griechen wurde der Schwan wie auch der Kranich für die Tafel in einem dunklen Raum gemästet, dabei nähte man ihm die Augenlider zu. Aber schon Plutarch sagte: „Will man durchaus Fleisch essen, so mißhandle man wenigstens die Tiere nicht, sondern töte sie mit Bedauern" (Lenz 1856).

Jetzt sind die Schwäne in den meisten Brutländern geschützt, auch in der Deutschen Demokratischen Republik. Wie notwendig es war, den Schutz auszusprechen, mag folgendes Beispiel aufzeigen: Während auf der Höhe von Barhöft bei Stralsund, einer großen Sammelstelle der Schwäne, im Winter 1927/1928 noch 400 bis 600 Tiere gezählt wurden, waren es 1928/1929 nur noch 12 bis 20, und im Winter 1930/1931 wurde hier überhaupt kein Schwan mehr gesichtet („Naturschutz" Dez. 1930).

Man scheute sich auch nicht, die letzten Schwäne zu vernichten. Im Jahre 1928 brütete ein Höckerschwanpaar auf dem See Linnulath an der Südküste von Oesel. Es war das einzige auf der Insel. Trotzdem wurde im Frühjahr des genannten Jahres das Weibchen abgeschossen. Das verwitwete Männchen hielt sich noch bis zum Spätsommer am Brutplatz auf, verschwand dann aber (Härms 1937). Auch Ansiedlungsversuche im Gebiet der Weichselmündung wurden zunichte gemacht.

Leider gibt es auch heute noch Fischer, die den Höckerschwänen heimlich Eier rauben, um die Vermehrung zu verhindern. Der Schwan macht sich bei dem Fischer unbeliebt. Er steigt von Zeit zu Zeit auf irgendwelche Erhebungen, um sich auszuruhen und die Federn zu putzen. Dabei kommt es vor, daß er sich auf eine Fischreuse stellt und bei seinem Gewicht die Bügel zertritt. Die Fischer haben dann Mühe, neue Bügel einzuziehen, was sie ärgert. Solch kleiner Schaden sollte aber kein Grund zur Verfolgung des Höckerschwans sein.

Unter den tierischen Feinden glückt es zuweilen dem Fuchs oder Marder, sich an einen Vogel zu schleichen, zumal in trockenen Jahren, wenn die Nester vom Land aus erreichbar sind. Halbwilden Höckerschwänen, sofern sie am Uferrand brüten, wird der Hund gefährlich. Wo er vorkommt, mag auch der Wolf ihnen nachstellen, fraglich jedoch ist, ob der Seeadler erwachsene Schwäne schlägt, er dürfte nicht so leicht mit ihnen fertig werden, es sei denn, es handelt sich um kranke oder durch winterliche Entbehrungen zur Gegenwehr kraftlos gewordene Vögel. Junge Schwäne aber fallen ihm zur Beute. Die Jungen sind auch sonst mancherlei Gefahren ausgesetzt, besonders in der ersten Zeit. Sind die Eltern nicht nah genug, schlägt sie die Rohrweihe, oder Wasserratten vergreifen sich an ihnen.

In der Jugend erliegen sie in manchen Jahren auch einem seuchenhaften Befall durch Darmschmarotzer, u. a. dem 10 cm langen Bandwurm *Hymenolepsis aequabilis,* dessen ungeheure Massen einen starken Nahrungsentzug sowie eine toxische Wirkung ihrer Stoffwechselprodukte verursachen. Endrigkeit (1939) vermochte neben diesen Schmarotzern auch Bluttrematoden, Gigatobilharzien, in gleich verheerender Besiedlung festzustellen. Die haarfeinen Würmer, die in den Kapillargefäßen des Mesentheriums bestachelte Eier ablegen, werden infolge der Darmbewegung durch die Wandungen der Blutgefäße gepreßt, gelangen in den Darm und verursachen zahllose Darmverwundungen. In den Nasenlöchern der Schwäne siedeln sich parasitische Egel der Gattung *Protoclepsis (granata)* an, die durchschnittlich 0,5 bis 1,5 cm groß sind. Wie sehr sie die Gesundheit der Schwäne beeinflussen können, mag aus der Wirkung der nah verwandten Egelart *Protoclepsis tessalata* hervorgehen, die als Ursache für ein umfangreiches Gänsesterben erkannt wurde.

Die parasitären Erkrankungen sind jährlichen Schwankungen unterworfen, begünstigt durch besonders niedrige Wasserstände trockener Sommer. Die dadurch bedingte starke Einengung des Wasserstandes niedriger Gewässer bringt eine vermehrte Aufnahme der Parasiten mit sich. Durch entsprechenden Ausgleich des Wasserstandes können die Entwicklungs- und Invasionsmöglichkeiten der Parasiten auf ein normales Maß herabgesetzt und damit Massensterben von Vögeln vermieden werden. Größere Sterbeziffern von Schwänen, die auf Massenbefall mit Darmschmarotzern zurückzuführen waren, wurden 1934 in Schweden und 1939 in Masuren festgestellt. Von Sanden meldete vom Nordenburger See 1939 den Verlust von etwa 60 bis 80 Jungschwänen.

Auf dem Galenbecker See im Bezirk Neubrandenburg, einem unter Naturschutz stehenden eutrophen Klarwassersee, der für die DDR das größte Brutvorkommen an wilden Höckerschwänen aufwies, ging nach Ruthenberg (1968) im Jahre 1966 die gesamte Brut zugrunde. Anfang November wurden zunächst mehrere Jungschwäne auf dem See tot aufgefunden, einige Tage später (12. 11.) waren es bereits 20, dann 24, 34, 37 und 39 Tiere (7. 12.), insgesamt verendeten 154 Schwäne, darunter 1 Altvogel. Ein Jahr zuvor hatte die Fischerei auf dem See die Karpfenintensivzucht eingeführt und ihn mit 500 Jungkarpfen je Hektar Wasserfläche, d. s. insgesamt 350 000 Stück, besetzt. In den Monaten Mai bis September 1966 wurden sie mit 240 Tonnen Weizen gefüttert. Die Karpfen wühlten den Schlamm auf und verursachten eine auffällige Trübung des Wassers, auch konnte festgestellt werden, daß etwa 20% (50 t) der Weizenfütterung von den Karpfen nicht aufgenommen und im Schlamm versunken war und als gärende Masse wieder auftrieb. Das getrübte Wasser setzte die Lichtdurchlässigkeit herab, beeinträchtigte den Pflanzenwuchs oder ließ ihn ausbleiben. Die Schwäne verloren dadurch die Nahrungsgrundlage, waren völlig abgemagert, ihre Mägen leer. Auch die Tatsache, daß zu so später Zeit — Anfang Dezember — einige noch nicht flugfähig waren, deutet auf einen ungewöhnlichen Entwicklungsvorgang hin.

Fünf völlig ermattet eingefangene Schwäne zeigten Hungersymptome, wie sie aus strengeren Wintern bekannt sind, 3 erholten sich bei der Aufnahme von Futter in 6 Tagen, 2 verendeten trotz der Pflege. Auch die drei ersten starben nach mehreren Wochen. Ihre Untersuchung ergab eine Schimmelpilzinfektion (Mykose) als Todesursache, die auch schon bei den vorher tot aufgefundenen festgestellt worden war. Außerdem bestand bei diesen ein mittelgradiger Magenwurmbefall.

Es ist bekannt, daß geschwächte Wasservögel besonders anfällig für Aktinomykosen sind. Das Massensterben der entwicklungsgehemmten Jungschwäne wird auf die negativen Biotopveränderungen zurückgeführt. Da das verminderte Nahrungsangebot nicht mehr so viele Wasservögel auf dem See ernähren konnte, wanderten nicht nur viele Altschwäne ab, der See verlor auch seine Aufgabe als Rastplatz für durchziehende und überwinternde Wasservögel. Statt 200 bis 300 Höckerschwäne wurden im Oktober des gleichen Jahres höchstens noch 40 beobachtet, d. s. 16,7%, statt 3000 Bleßhühner nur 100 (3,3%), statt 240 Löffelenten 10 (4,2%), statt 200 Tafelenten 19 (9,5%), statt 27 Knäkenten nur 5 (18,5%). Auf dem einst so nährstoff- und vogelreichen See wurde es still. Da diese bedauerlichen Veränderungen den See als Naturschutzgebiet für Forschung und Lehre entwerteten, wurde die Karpfenintensivzucht auf dem See wieder eingestellt. Wann sich die biologischen Verhältnisse, wie sie vor dem Experiment bestanden, wieder einfinden, ist nicht abzusehen (R u t h e n b e r g 1968).

Einen großen Feind hat der Höckerschwan in seinen eigenen Artgenossen. Während er sonst gesellig zusammenhält und sich leidlich verträgt, ist er in der Brutzeit ungemein streitsüchtig. Begegnen sich zwei Rivalen oder benachbarte Männchen, so fahren sie wütend aufeinander los und versuchen, sich gegenseitig unter das Wasser zu drükken und zu ertränken. Wenn diese Kämpfe auch seltener einen tödlichen Ausgang nehmen, so führen sie doch häufig zu Flügelbrüchen und Kreuzbeschädigungen, die es den Vögeln später unmöglich machen, dem Eise zu entfliehen, wodurch sie verhungern oder dem Fuchs zum Opfer fallen.

Führt ein solcher Streit zum Tode eines Kämpfers, so wendet sich der Sieger gewöhnlich auch gegen das verwitwete Weibchen und seine Jungen. Im Kampf um das Brutrevier wurden auf der Hamburger Alster 1930 bis 1935 nachweisbar 19 alte Höckerschwäne umgebracht, die Zahl der Küken war noch höher (P e t e r s 1936). V o n S a n d e n (1939) stellte die heftige Kampfeslust auch an wilden Schwänen fest. Auch hier versucht der Stärkere den Schwächeren unter sich zu bekommen und zu ertränken, „was hin und wieder gelingt“. Der normale Ausgang des Kampfes endet jedoch damit, daß der schwächere Schwan das Weite sucht. Nach der Adolphis Dithmarschen Chronik, die 1680 geschrieben wurde, sollen sich um Pfingsten des Jahres 1619 zwei über Lund in Holstein hinfliegende Schwäne sogar in der Luft so heftig gebissen haben, daß einer tot herabfiel, „was viele Leute sahen“ (K r o h n 1925).

Verluste unter den Jungschwänen entstehen auch, wenn die Bruten durch irgendwelche Störungen durcheinander geraten, etwa durch Beunruhigung mit Booten. Kehren die alten Schwäne nach der Störung in ihre Brutreviere zurück, fallen sie über die fremden Jungen her, ertränken oder töten sie durch Schnabel- und Flügelhiebe. H e i n r o t h (1922) erfuhr von dem Fischmeister des Lucknainer Sees, daß einmal nach einer solchen, durch Menschen verursachten Störung 60 tote Schwanenkinder aufgefunden wurden.

Eine Anzahl Schwäne, namentlich freifliegend gehaltene zahme, gehen durch Unfälle zugrunde. Sie kennen nicht die Tücken der Lufthindernisse, vermögen ihnen nicht rechtzeitig genug auszuweichen und stürzen sich an ihnen zu Tode. Besonders werden den Schwänen Hochspannungsdrähte zum Verhängnis. Als im Juni 1936 ein Schwan von der Hamburger Alster gegen die Starkstromleitung der Walddörferbahn flog, verursachte der Unfall eine einstündige Verkehrsstörung. Dabei wurde der Schwan glücklicherweise nur betäubt und kam mit dem Leben davon. Auch ein in Bergedorf von der Starkstromleitung brennend herabstürzender Schwan war sonderbarerweise nur unerheblich verletzt und flog sogar nachher davon. Daß solche Unfälle jedoch nicht immer so glimpflich verlaufen, geht aus einem Bericht von Peters (1936) hervor, der für 1931 bis 1935 11 flugfähige Schwäne der Hamburger Alster aufführt, die sich an Hindernissen zu Tode flogen. Ein Schwan stieß mit der Eisenbahn, ein zweiter mit einem Auto zusammen, und ein dritter brauste gar durch das Fenster in ein Schlafzimmer hinein.

Einen sonderbaren Tod nahm ein Jungschwan im Botanischen Garten zu Berlin. Er hatte sich beim Gründeln mit dem Kopf zwischen Schilf- und Rohrstengeln verfangen und ertrank oder erstickte (Ulbrich 1939). Ebenso erging es einem einjährigen Höckerschwan auf dem Sempacher See. Auch ein verschluckter Angelhaken wurde einmal einem Schwan zum Verhängnis. Opfer fordert sodann die Ölpest. Das von den Schiffen gesetzwidrig in das Meer gelassene Öl breitet sich auf dem Wasser aus, setzt sich im Gefieder der darin schwimmenden Vögel fest und verklebt die Federn. Dadurch entbehren die Vögel des Kälteschutzes, verklammen und gehen ein.

Groß sind ferner die Verluste durch Wintertod. Kommt der Frost sehr zeitig, wird er späten Bruten zum Verhängnis, wie Dementiew u. Gladkow (1952) z. B. aus Kasachstan berichten. Da ihre noch nicht voll entwickelten Schwingen sie noch nicht zu tragen vermögen, können sie dem Frost nicht ausweichen. Oftmals zögern auch die alten flugfähigen Höcker- und Singschwäne so lange mit der Abreise, bis sich auch das letzte offene Wasser auf ihrem See geschlossen hat. Sie sind dann durch die ausgestandenen Entbehrungen geschwächt, und sofern sie auf ihrem Hungerzuge nicht rechtzeitig eine neue Nahrungsquelle finden, gehen sie ein. Die Not erreicht ihren Höhepunkt, wenn in strengen Wintern die Nahrungsgründe in den Winterquartieren an den Meeresküsten vereisen. Die einmal erwählten Aufenthaltsplätze wechseln die Schwäne nicht gern, auch wenn sich manchmal in 10 bis 15 km Entfernung noch offenes Wasser befindet. Sie hungern lieber, als daß sie den Ort aufgeben. Dabei nehmen ihre Kräfte mehr und mehr ab, bis sie sich kaum noch erheben können. „Dann sieht man einen großen Schwan, schwankend und schwach mit den Flügeln schlagend, eine kurze Strecke über das Eis wandern, um sich bald wieder niederzulassen“ schreibt Hurtig (1956) und berichtet sodann vom Greifswalder Bodden: „Als ich am 26. Februar 1955 . . . eine Reihe von ganz geschwächten Singschwänen antraf, ließen sie sich ohne Widerstand auf den Schlitten laden (Abb. 48/49). Sie wurden nach Greifswald gebracht und dort dem Zoologischen Institut übergeben. Hier erholten sie sich bald und wurden Anfang April wieder in Freiheit gesetzt."

In Mellneraggen nördlich von Memel waren am 12. März 1926 die einfallenden Singschwäne gleichfalls so matt, daß die Fischer 20 von ihnen mit den Händen zu greifen vermochten (Thienemann 1931). Über die Schwanennot des harten Winters 1939/1940 in Dänemark berichtet H. Lange (Drost u. Schüz 1940): „Sehr viele Schwäne erfroren. Höckerschwan viel zahlreicher als Singschwan, ging aber verhältnismäßig öfter zugrunde, namentlich Jungschwäne. Ich finde Angaben von Vorkommen von insgesamt 1500, von den 100 trotz Fütterung noch eingegangen sein sollen, oft sind aber ein Halb bis ein Viertel eingegangen". Auf Saltholmen im Sund bei Kopenhagen waren nach Lange 1000 Schwäne im Eise eingeschlossen, denen man mit Flugzeugen Hilfe zu bringen suchte. Im Winter 1928/1929 drangen die hungrigen Wildschwäne bis in den Hafen von Landskrona an der schwedischen Südküste, wo die Eisbrecher noch eine offene Rinne ließen. Es waren etwa 1200 Vögel, die anfänglich außerhalb des Hafens auf dem Eise mit Hafer und Mischkorn gefüttert wurden, allmählich aber so zahm wurden, daß die Fütterung ausschließlich im Hafen selbst vorgenommen werden konnte. Wie hier in Landskrona, so stellten sich auch in anderen Häfen Südschwedens die darbenden Schwäne ein und

Abb. 44. Schwäne in Wintersnot bei Hälsingborg (Februar 1940). Ansichtskarte

fanden Hilfe. Die Abb. 44, die aus Hälsingborg stammt, zeigt eine solche Schwanansammlung, die am Eisrand gefüttert wurde.

Ganz schlimm für die Schwäne und andere Wasservögel ließ sich der Winter 1962/1963 an. Er begann schon Ende November und schlug die Überwinterungsplätze an den Küsten der Ostsee in Eis, verschloß den Wasservögeln die Nahrungsgründe. Nur wenige eisfreie Flächen nahe dem Ufer erlaubten ein Ausweichen, und der anhaltende Frost drängte die Vögel mehr und mehr zusammen. Ein großes Sterben begann. Aus Dänemark meldete F o g (brieflich): „Die Verluste sind groß, überall an den Küsten sieht man gestorbene Schwäne.“ P r e u ß (brieflich) schätzte die Zahl der Schwäne, die sich Mitte Februar 1963 in dänischen Gewässern befanden, auf etwa 10 000, meist Höckerschwäne. Sie wurden mehr oder weniger regelmäßig gefüttert, doch soll gegen Ende des Winters doch ein beträchtlicher Teil der Jungen gestorben sein, dazu noch schätzungsweise 10 bis 15% der Alten.

H o l g e r s e n (brieflich) berichtete aus Norwegen, daß über die Verluste eine Gesamtübersicht fehle, führte aber vergleichsweise an, „wo anfangs etwa 20 Vögel waren, sah man später nur noch 7; die toten Vögel waren traurig mager und leicht wie ein Federhaufen“. Besonders junge Schwäne der Jahresbrut erwiesen sich als nicht so widerstandsfähig. Als die freien Wasserstellen mehr und mehr zufroren, gingen einige der Jungen auf dem Eis dem Ufer zu. Auf Rügen konnten von ihnen 87 in Pflege genommen werden.

Abb. 45. Massenansammlung von Schwänen auf Rügen im strengen Winter 1962/63. Aufn. H. D o s t

Abb. 46. Fütterung im Winter 1962/63 auf Rügen in Not geratener Schwäne. Aufn. H. D o s t

Die Nachsuche nach den Schwanenansammlungen an der Meeresküste gestaltete sich schwierig, da die Straßen, Felder und Küstenstriche von Schnee verweht waren. Um Rügen wurden etwa 3500 in höchste Not geratene Schwäne gezählt, in der Wismarbucht ebenfalls 3500, sonst waren es an der Küste der DDR noch etwa 500 (D o s t 1964). Im Küstenraum der Ostsee der BRD hielten sich 3600 bis 4000 auf (K u h l e m a n n 1963), an der Nordseeküste der BRD jedoch „nur Einzeltiere oder kleine Trupps, höchstens bis zu 25 Stück und ziemlich verteilt", große Ansammlungen fehlten (G o e t h e brieflich).

Erfreulicherweise setzte beim Erkennen der Notlage überall gleich die menschliche Hilfe ein und verhinderte eine unabsehbare Katastrophe. Durch die Bezirksnaturschutzverwaltung in Rostock, die Abteilung Landwirtschaft des Rates des Kreises Rügen und verschiedene Landwirtschaftliche Produktionsgenossenschaften wurden Hafer, Gemenge aus Hafer und Gerste sowie Spratts Fasanenfutter zur Verfügung gestellt. Die Bevölkerung verfütterte zusätzlich Küchenabfälle und Brot. Die Hilfsaktion auf der Insel Rügen leitete der Kreisnaturschutzbeauftragte H. D o s t. Er schreibt darüber:

„Am leichtesten gestaltete sich die eingeleitete Fütterung an den Stellen, die nahe am Ufer lagen und wo die Bevölkerung schon begonnen hatte, die Tiere zu füttern und die Futterzahmheit der Schwäne schon eingetreten war. An den anderen Stellen waren die Tiere scheu und vorsichtig, und die Gewöhnung an das dargebotene Futter dauerte einige Zeit. Am findigsten erwiesen sich die Höckerschwäne, während die Singschwäne zwar scheuer waren, aber nach einiger Zeit ebenso gern das gereichte Futter nahmen und fast so zahm wurden wie die aufdringlichen Höckerschwäne, die z. B. an der Wittower Fähre die Zufahrtstraße in Mengen vor der Fütterungszeit blockierten und oft eine bedrohliche Haltung einnahmen, wenn das Futter nicht schnell genug in die 16 dort aufgestellten Tröge geschüttet wurde.

Weitab vom Ufer, draußen auf den weißen Eisflächen, war das Füttern aus Trögen (die wirtschaftlichste und sparsamste Art) leider nicht möglich, weil sich dort die Eisverhältnisse dauernd veränderten. Dort verfuhren wir so, daß wir den mitgebrachten Hafer in einem langen Streifen nahe am Eisrand der Strömungsstelle ausschütteten, um recht vielen Tieren die Möglichkeit zur Nahrungsaufnahme zu bieten. Waren die Schwäne erst einmal an die regelmäßige Fütterung gewöhnt, dann fanden sie auch bei Schneesturm und Verwehungen auf dem Eise jedes Korn. Bei den uns zur Verfügung stehenden Futtermengen waren wir stets darauf bedacht, möglichst ergiebig zu füttern und nichts umkommen zu lassen. ‚Mästen' konnten und wollten wir die Tiere nicht. Es ging uns darum, den ausgehungerten Tieren in regelmäßigen Abständen wenigstens so viel zu bieten, daß sie über die harte Zeit hinweg kamen. Das ist uns trotz der anfangs schwierigen Futterbeschaffung, der Unbill der Witterung und der beschwerlichen Märsche über das Eis bis zu den brüchigen Stellen nahe der Wasserlöcher auch gelungen. In der Regel wurden die Säcke (Hafer oder Gemenge) mit dem Auto bis zur Küste und mit Pferdeschlitten, den jeweils der betreffende Bürgermeister bereitstellen ließ, so weit befördert, wie es die Eisverhältnisse zuließen. Von dort ging es mit einem Eislotsen mit mitgebrachten Handschlitten zum Transport der Säcke bis zur Eiskante, die uns oftmals nicht ganz sicher erschien. Unglücksfälle sind, bis auf einen Einbruch eines meiner Helfer, zum Glück nicht passiert."

In den Hamburger Tageszeitungen wurde zu Hilfsaktionen aufgerufen. „Keine 24 Stunden später, am 11. Februar, rollten zehn Lastwagen, die sonst Zeitungen ausfahren, 32 Tonnen Weizen nach Flensburg, Schleswig, Kappeln, Eckernförde, Großenbrode, Heiligenhafen, Neustadt und Lübeck/Travemünde" (K u h l e m a n n 1963). Kiel führte eine eigene Hilfsaktion über die Schulen durch. Die Bevölkerung Hamburgs brachte zur Rettung der Wasservögel neben Sachspenden 93 000 Mark auf. 4460 Zentner Hafer und Weizen wurden verfüttert. Am Anfang reichte man auch nicht mehr verkäufliche Bananen, die einlaufende Dampfer sonst im Hafen vernichten mußten. Der Zoll gab sie zum Verfüttern frei, doch stellte man sich später völlig auf Getreide um.

Damit auch die schwachen Tiere an das Futter kamen, streute man es etwa 1 m vom Eisrand entfernt ring- oder bandförmig um die Wasserstellen. Durch Sprengungen wurden entfernte Wasserstellen in Orts-

Abb. 47. Höckerschwäne im strengen Winter 1962/63 an der schleswig-holsteinischen Ostseeküste. Aufn. P. Kuhlemann

nähe verlegt. In Einfeld päppelte man 70 Wasservögel, meist Schwäne, wieder auf.

Mit dem Einsetzen der Fütterung ging das Wasservogelsterben schlagartig zurück. Die Sättigung war bei dem reichlichen Futter später so, daß Futterwechsel von Weizen zum Hafer und umgekehrt vorgenommen wurde. Auch hier machte man die Erfahrung, daß Singschwäne sich zwar scheuer benehmen und zögernd näherrücken, dann aber das Futter gern und gierig annehmen. Schwache, in Pflege genommene Singschwäne benahmen sich ebenso. Die großen Schwanenherden an den Küsten der DDR und BRD bestanden durchweg aus Höckerschwänen, nur 10% unter ihnen waren Singschwäne. Zwergschwäne wurden an der holsteinischen Küste während dieser Zeit nur ganz vereinzelt beobachtet.

Kuhlemann (1963), der die Hilfsaktion in der Bundesrepublik leitete, schätzt die Verluste bei den Höckerschwänen auf 10 bis 20%. Auch in Norwegen wurde durch eine „großartige Hilfsaktion" das Schlimmste verhütet (Holgersen brieflich), ebenso in Dänemark wo die Schwäne durch die Bevölkerung und die Jagdvereine besonders in den Hafenstädten gefüttert wurden. Die Verluste waren aber dennoch groß, doch kam es auch hier nicht zu einer Katastrophe (Fog brieflich).

Dost (1963) schätzt die Verluste auf Rügen mit 10 bis 15% ein. Hier traten die besonderen Ausfälle aber überraschend erst Anfang März ein, als das Eis aufging und die Schwäne sich wieder reichlich Nahrung selbst ergründeln konnten. „Überall lagen tote Höckerschwäne herum", berichtet Dost, „und wir bekamen den Eindruck, daß die durch den langen hermetischen Abschluß der Gewässer — das Wasser hatte beim Auftauen einen üblen Geruch — übermäßig verfaulten Wasserpflanzen den Tieren, die sich mit wahrer Gier darüber hermachten, geschadet haben. . . . 176 Schwäne sind von mir im März/April beim Abgehen der Bodden- und Ostseeküste tot gefunden worden (Art nicht mehr festzustellen). Darüber hinaus lagen noch viele an der schlecht zu kontrollierenden Boddenküste von Hiddensee, so daß die Gesamtzahl der eingegangenen Schwäne vielleicht mit 300 nicht zu wenig sein wird." Die Singschwäne begannen auf schneefreie Wiesen zu fliegen und Gras zu rupfen, was Dost an Höckerschwänen nie beobachtete.

Die Vogelwarte Helgoland untersuchte fünf eingegangene Höckerschwäne und stellte fest, daß sie zu ihrem heruntergekommenen körperlichen Zustand noch an Gänsemagenwürmern (*Amidostomum anseris*) schwer erkrankten, die ihnen den Rest gaben (Goethe brieflich).

Während der Zeit der Fütterung waren die Abgänge auf Rügen gering. Nur die Füchse rissen in jeder Nacht eine Reihe von Schwänen. Ihnen wurde stets nur der Hals abgebissen, die Kadaver blieben am nächsten Tage unberührt. Beim Erscheinen der Füchse stimmten die Singschwäne ein helles und ängstliches Gerufe an.

Fälle offensichtlicher Wilderei wurden auf Rügen nicht bekannt, die Bevölkerung tat vielmehr alles, um den Tieren zu helfen und sie zu

Abb. 48 und 49. Im Greifswalder Bodden halb verhungert aufgegriffene Sing- und Höckerschwäne (Februar 1955). Aufn. Th. Hurtig

beschützen. Nur an einer Stelle hetzte ein Mann zwei Hunde auf Schwäne, wobei einige Tiere gerissen wurden. Mit Hilfe der Bevölkerung wurde der Täter von der Volkspolizei ermittelt und mit 150 Mark Geldbuße bestraft (Dost 1963). An der holsteinischen Küste kamen vereinzelt Fälle von Wilderei vor, und gelegentlich wurden erfrorene Schwäne gefunden, denen man die Daunen gerupft hatte. Sonst zeigte sich die Bevölkerung auch hier sehr hilfsbereit (Kuhlemann 1963).

16. Abnorme Bildungen

Bei Parkschwänen treten verschiedentlich abnorme Erscheinungen auf, die auf Entartung zurückgeführt werden. Sie sind die Folgen einer langen Gefangenhaltung und starken Inzucht.

16.1. Abnorme Weißfärbung

Albinotische Schwäne haben im Alter einen blassen statt roten Schnabel, die Beine sind nicht schwarz, sondern farblos bzw. grau bis rötlich. Als Dunenjunge sind diese Schwäne heller als ihre Geschwister, besonders am Schnabel und an den Beinen. Auffallend ist der Unterschied im ersten Federkleid, das gleich reinweiß ist zum Unterschied zu dem normalen dunkelgrauen und bräunlichen.

Abb. 50. Junge Höckerschwäne mit normaler (grauer) und abnormer (weißer) Färbung. Aufn. N. Peters

Peters (1931) erwähnt von der Hamburger Alster vier Fälle von Albinos. „Das eine Paar, von dem das Männchen albinotisch war, hatte 1929 nur 3 Junge, darunter 1 Weißling; 1930 zeugte dasselbe Paar 5 Nachkommen mit 3 Albinos. Ein anderes Paar, von dem ebenfalls das Männchen albinotisch war, hatte 3 Junge mit 2 Weißlingen, und unter den 3 Nachkommen eines dritten Paares, auch mit abnorm gefärbtem Männchen, befand sich ein albinotisch gefärbtes Küken.“ Daraus kann gefolgert werden, daß die abnorme Weißfärbung bei den Höckerschwänen in hohem Maße erblich ist.

Bei den Schwänen des Genfer Sees traten zum ersten Male 1868 albinotische Stücke auf. 1899, also nach 31 Jahren, waren schon 28% des mehrere hundert Vögel zählenden Bestandes Albinos. Hier war der Albinismus auf das weibliche Geschlecht begrenzt, woraus Maillefer (1921) folgerte, daß somit 25% aller Genfer Schwanmännchen die Anlage für Pigmentmangel, auf den ja der Albinismus zurückzuführen ist, latent, also nicht äußerlich hervortretend, besitzen müssen. Peters hält es nicht für ausgeschlossen, daß bei den Schwänen des Genfer Sees und der Hamburger Alster zwei verschiedene Formen des Albinismus auftreten, wie es ja auch nach Duncker (1929) zwei verschiedene Weißfärbungen bei den Kanarienvögeln (deutscher und englischer weißer Kanarienvogel) geben soll, die auf verschiedenen Anlagen beruhen und auch verschieden vererbt werden. Newton (1887) und Heinroth (1928) bemerken übereinstimmend, daß albinotische Individuen kleiner und somit wohl auch schwächlicher zu sein scheinen, was Döhling und Peters an den Hamburger Alsterschwänen bestätigen. Peters (1936) verweist auf ein von der Alster stammendes Schwanenpaar mit 8 Jungen, von denen 4 albinotisch und dabei auffallend kleiner als ihre Geschwister waren.

Früher wurde die albinotische Variante des in der Jugend wie im Alter gleich weißen Schwanes als „Unveränderlicher Schwan" von der Normalform abgetrennt. Das war ein Irrtum, denn es handelt sich bei der abnormen Weißfärbung lediglich um eine erbliche Eigenschaft, eine Mutation, die beim Höckerschwan — genaugenommen — nicht zu einem vollständigen Albinismus und zu roten Augen führt; wir haben hier vielmehr den unvollständigen oder falschen Albinismus, den Haecker (1918) als Albinoidismus bezeichnet. Es bleiben wohl Haut und Federn ohne Farbstoff, die Augen weisen aber noch Pigment auf und sind nur etwas heller als bei normalen Tieren, zumeist schön hellblau gefärbt (Peters 1931). Beachtenswert ist sodann, daß niemals Mischlinge, also gescheckte Individuen beobachtet wurden.

16.2. Die Kippflügelmißbildung

Sie wird auch mit Drehflügel, Schwertflügel, Säbelflügel, Verkehrtflügel oder Spießflügel bezeichnet. Der Schwan ist dabei nicht fähig, die Hand in normaler Lage unter den Armschwingen zu halten, sie hängt herunter, steht von der Körperseite ab, und die Hinterkante ist nach außen gedreht. Das Handgelenk ist stark gelockert, die äußeren Bänder sind gedehnt, die Handknochen auffallend gedreht.

Die Kippflügelbildung, die unter zahmen Schwänen bisher beim Höcker- und Trauerschwan auftrat, aber auch schon bei Enten, Gänsen, Haus-, Trut- und Wasserhühnern, Pfau und Weißstorch bemerkt wurde, tritt zumeist einseitig, und zwar immer links auf, was auffällig ist. Auch doppelseitige Kippflügel kommen vor, ein allein rechtsseitiger ist jedoch noch nicht beobachtet worden. Für diese merkwürdige Erscheinung fand man bisher keine Erklärung. Die Ursache der Kippflügelbildung ist bei den Schwänen noch nicht erkannt. Peters (1936) untersuchte mit dieser Mißbildung behaftete Hausenten und stellte bei diesen fest, daß „der Kippflügel wahrscheinlich die Auswirkung einer verhältnismäßig leichten und im hohen Maße umweltbedingten Entwicklungsstörung in frühester Jugendzeit darstellt, bei der aber gleichzeitig mit einer erblichen Veranlagung und Bereitschaft zu rechnen ist". Bei den Schwänen müssen nach seiner Überzeugung andere Ursachen für die Kippflügelbildung zugrunde liegen, denn während Enten, die an freier Wasserweide aufwachsen, von der Mißbildung verschont bleiben, ist das bei Schwänen nicht immer der Fall. Es sind auch bei Schwänen, die in stark bewachsenen und verkrauteten Brutgebieten ähnlich denen wilder

Schwäne aufwuchsen, Junge mit Kippflügeln aufgetreten. Bei einer Annahme gleicher Ursachenfaktoren könnte nach Peters dann nur gefolgert werden, „daß bei dieser Art die einmal vorhandene, vielleicht mutativ erworbene Veranlagung zum Kippflügel so stark sein kann, daß sie nicht immer durch normale Haltung und Ernährung überdeckt zu werden vermag.“

Dathe (1955) betont, daß die Kippflügeligkeit auffälligerweise nur bei Haustieren oder solchen vorkomme, die sich in menschlicher Obhut befinden. Ein Zufall gab für das Entstehen einen Fingerzeig. Als einmal die Brutmaschine im Leipziger Zoo 12 Stunden aussetzte, hatten die schlüpfenden Leghornküken beiderseitig Kippflügel! Gleiche Beobachtungen machten auch Geflügelzüchter. Dathe folgert daraus, daß die Schädigung durch Störung bei der Bebrütung im Ei verursacht wird, wobei folgende Faktoren eine Rolle spielen könnten: verschiedene Widerstandsfähigkeit der einzelnen Eier gegen äußere Einflüsse; Lage des Eies im Gelege; Alter der Eier; Verschieben eines Eies zum Rand bei hastigem Auffliegen, dadurch ungleichmäßige Bebrütung. Er gibt zu bedenken, ob die Ursache nicht in einem fehlerhaften Kalkstoffwechsel (bei erblicher Disposition?) liegen könnte, zu dem die Unterkühlung den Anstoß gibt. Der Mangel an Sonnenlicht müsse ausscheiden, da halbwilde Schwäne und Enten durchaus nicht unter Sonnenmangel leiden. Außerdem müsse die Störung in der 2. Hälfte der Brutperiode liegen. Würde sie schon in den ersten Lebenstagen einsetzen, müßten viel eher alle Tiere eines Geleges Kippflügel haben, da sie dann gleichmäßig den Einflüssen ausgesetzt sind. Für das linksseitige Auftreten des Schadens könnte vielleicht die Lage des Embryos im Ei maßgebend sein. Haus-, Zoo- und Parkgeflügel würden bei der Brut jedenfalls mehr gestört werden als wildlebende Vögel, die dann meist das ganze Gelege verlassen. Unter Wildschwänen ist die Kippflügelbildung nicht bemerkt worden.

16.3. Die Schnabelmißbildung

In geringerem Maße traten sowohl auf der Hamburger Alster wie auch auf dem Genfer See Schwäne mit verkürztem Oberschnabel auf, wobei sich die Mißbildung nicht nur auf den Schnabel zu beschränken scheint, sondern auch auf die Schädelknochen übergreift. Der Oberschnabel steht etwa 0,5 bis 1 cm zurück. Wollen die Tiere Futter von der Erde aufnehmen, sind sie gezwungen, den Kopf stark zur Seite zu drehen. Nach Maillefer waren unter 6 im Jahre 1921 auf dem Genfer See mit dieser Mißbildung behafteten Schwänen 4 Geschwister; er hegt auch bei den zwei übrigen Kurzschnäblern den Verdacht, daß sie der vorjährigen Brut des gleichen Elternpaares entstammen. Auch hier läßt das Auftreten dieser Erscheinung unter Geschwistern auf eine starke Vererbbarkeit schließen.

Unter den Hamburger Alsterschwänen befanden sich ferner Vögel mit verkrümmten und eckigen sowie versteiften Hälsen, ferner mit Stummelschwänzen. Sie traten aber nur vereinzelt auf.

In den Niederlanden trug nach N a u m a n n eine Brut des Höckerschwans Hauben. Sie wurde nicht groß.

17. Herbstbewegungen und Zug der Schwäne

Ist die Mauserzeit vorüber und sind auch den jungen Schwänen die Flügel gewachsen, kommt Leben in die Schwanenschar. Die großen Vögel erheben sich viel und üben sich im Fliegen. Bei den „Jung-

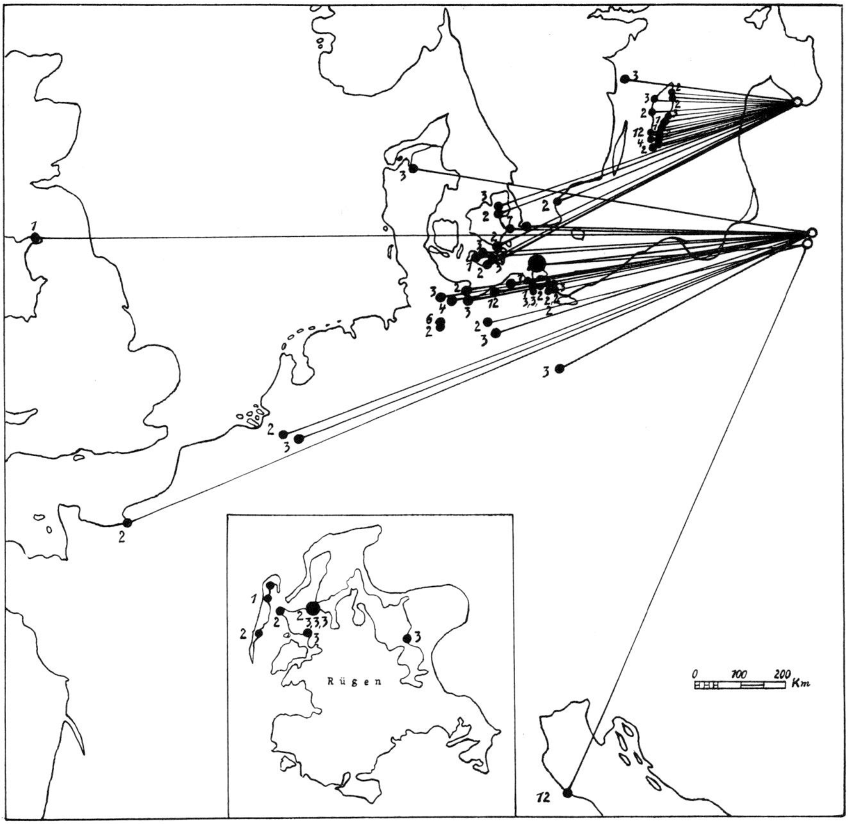

Fig. 10. Wiederfunde in der Estnischen und Litauischen SSR beringter Höckerschwäne

Abb. 51. Ein gefangener Schwan wird beringt. Aufn. A. Hilprecht

gesellen“ regt sich ein wenig der Wandertrieb und führt sie auf die Reise. Auf dem Nordenburger See ist das nach v. Sanden (1939) gewöhnlich im Oktober der Fall. Von einem Frostfluchttrieb im üblichen Sinne als Ergebnis eines Vorausfühlens der Bedrohung durch unwirtliche Lebens- und Temperaturbedingungen kann sowohl beim Höker- wie auch beim Singschwan nicht gesprochen werden, denn die alten Schwäne verbleiben mit ihren Jungen zumeist so lange am See, bis er völlig vereist und damit die Nahrungsquelle verschlossen ist. Sie halten also bis zur letzten Möglichkeit aus, vor allem der Höckerschwan, der in milden Wintern (wie 1929/1930 in Masuren) teilweise gar nicht auf die Reise geht und an seinem See aushält. Wiederum ziehen in manchen Jahren die Schwäne fort, ohne daß sie durch Eisbildung dazu gezwungen sind (v. Sanden 1939). Dieses Verhalten ist unerklärlich.

Die Monatszahlen der Wiederfunde schwedischer Höckerschwäne auf Fig. 12, die an ihren Überwinterungsplätzen in Südschonen markiert wurden, bestätigen den unterschiedlichen Verbleib der Schwäne in der Heimat zur Winterzeit. L 484 (vgl. die Wiederfundsliste) befand sich noch am 18. November 1950 am Wenersee; H 53 bekam am 6. März 1940 im Winterquartier bei Kopenhagen als Altvogel seinen Ring, hielt sich am 1. Dezember 1942 am Ungarensee in Sörmland auf, befand sich 1943 noch am 12. Dezember in der Nähe und wurde 1944 am 24. März südlich von Malmö, also im allgemeinen Winterquartier der skandinavischen

Schwäne, tot aufgefunden. Ein anderer Wintergast Dänemarks, der als alter Vogel am 5. März 1947 in Südseeland mit dem Ring 190 133 versehen wurde, war noch am 10. Januar 1950 am Tookernsee in Ostergötland, und der am 26. August 1950 in Trollhättan in Westergötland markierte Vogel L 639 war gar noch am 14. Februar 1952 am Wetternsee.

Begeben sich die Schwäne auf den Zug, so ordnen sie sich in eine schräge Reihe. Die für Gänse, Enten und auch andere Vögel übliche Keilform nehmen Höcker- und Singschwäne seltener ein, auch wenn sie eine lange Kette von 60, 80 und mehr Vögeln bilden. Anscheinend aber tun sie es niemals, wenn sie in Familien ziehen. Nach Beobachtungen von Christoleit (1926) fliegen im Familienverband gewöhnlich die beiden Alten an der Spitze. Während sie auf kürzeren Strecken nicht hoch fliegen, bewegen sie sich auf der Wanderung in ziemlichen Höhen, nach eigenen Beobachtungen bis zu 200 m. Schmidt (1965) gibt die Zughöhe für Zwergschwäne mit 100—200 m an, doch soll auch Zug in Höhe von 800—1000 m vorkommen. Sing- und Zwergschwäne sind an ihren Rufen eindeutig zu erkennen.

Schüz (1942) sah im Kurischen Haff dagegen Singschwäne sehr niedrig nahe dem Eisrand ziehen. Sie „klebten" geradezu am Wasser, und ihre Flügelspitzen schienen sich mit dem Spiegelbild zu treffen. Wiederholt mußten im Fluge Eisflächen überschnitten werden, bei deren Überquerung die Vögel unmittelbar am Eisrand etwa 10 m in die Höhe stiegen. Sie fielen auf der nächsten Blänke jedoch sofort wieder in

Abb. 52. Höckerschwäne werden bei Magdeburg ausgesetzt.
Aufn. A. Hilprecht

Abb. 53/54. Höckerschwäne auf der herbstlichen Elbe.
Aufn. A. Hilprecht

geringste Höhe. Dieser Vorgang des Hochnehmens wiederholte sich bei jeder Eisfläche, die Vögel wichen dem gefahrbringenden Untergrund triebhaft aus.

Schmidt (1965) berichtet von niedrigem Flug in 12–15 m Höhe über dem Meer auch bei Zwergschwänen. Sobald sie aber das Land anfliegen, sollen sie sich auf 60 m und mehr hochschrauben.

Die Schwäne reisen am Tage und auch des Nachts, meistens gesellig, mindestens paar- und familienweise, noch öfter in kleineren und größeren Scharen. Die Jungen sollen nach Naumann in einigen Gesellschaften gesondert fliegen, womit nur die „Junggesellen“ gemeint sein können. Grosse (Tischler 1940) bemerkte den Singschwan bei Liepaja (Libau) meist abends und nachts in Flügen von 6–30 Vögeln auf dem Zuge, während er den Zwergschwan über den Tag in Flügen von 60 bis 150 Vögeln vorüberziehen sah. Schmidt (1965) vermutet dagegen überwiegenden Nachtzug beim Zwergschwan. Zog er am Tage, so war es zumeist abends oder morgens der Fall, welche Zeiten er mit in den Nachtzug einreihen möchte (abends Aufbruch, morgens Ausklang).

Am Tage sollen sie mehr die Küste als Leitlinie benutzen, in der Nacht in breiter Front wandern. Klares Wetter scheint bevorzugt zu werden. Gegenwind in der Stärke 7 bis 8 läßt sie die Reise nicht unterbrechen. Der Geselligkeitstrieb wird im Herbst wieder lebhaft und hält die Vögel auf der Wanderung zusammen, aber nur im Zusammenleben mit der eigenen Art. Sie wandern immer mit ihresgleichen. Es kommt manchmal vor, daß sich ein einzelner Vogel oder eine kleine Gruppe vorübergehend der Reiseformation einer anderen Schwanenart anschließt, doch ist diese Gemeinschaft nicht lange von Bestand, zumindest nur so lange, bis sie gleichartigen Vögeln begegnen, bei denen sie sich dann einreihen. Hierbei sei auf den Schluß des Abschnittes 6.6. verwiesen, wo erwähnt wird, daß einmal vier Singschwäne die Schrägreihe von 11 Zwergschwänen anführten. An den Überwinterungsplätzen werden Schwäne häufiger gemeinsam angetroffen, die Arten halten aber immer einen gewissen Abstand voneinander.

17.1. Zugwege und Winteraufenthalt des Höckerschwans

Wenn der Frost kommt und die Höckerschwäne ihre Brutplätze verlassen, wenden sich die Vögel aus Schweden, Dänemark, Polen und aus den küstennahen baltischen Sowjetrepubliken sowie den nördlichen Bezirken der DDR und BRD der Ost- und Nordsee zu, um sich günstige, nahrungsreiche Rastplätze für die Winterzeit zu suchen. Sie verdichten sich hier zuweilen zu Scharen, die nach vielen Hunderten, manchmal auch nach Tausenden zählen. Das ist besonders in strengen Wintern der Fall, wenn sich die Tiere an den wenigen offen gebliebenen Stellen zusammendrängen.

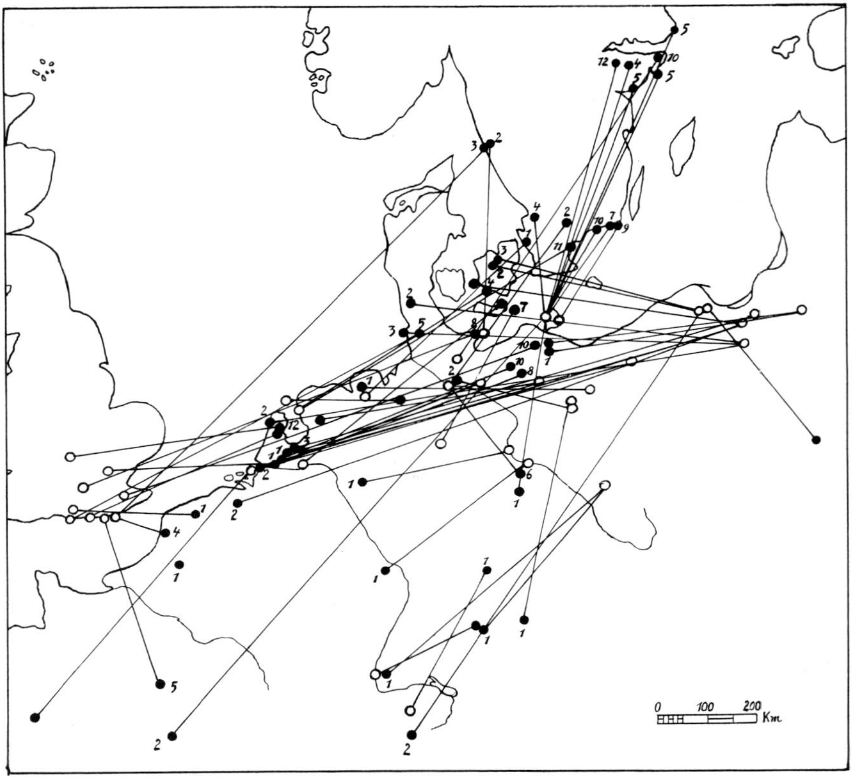

Fig. 11. Wiederfunde in Mitteleuropa beringter Höckerschwäne. ○ Beringungsort, ● Fundort, die Zahlen bedeuten die Fundmonate

Wie die Fig. 11 und 12 erkennen lassen, geht der Zug zumeist südwestlich. Die schwedischen Höckerschwäne nehmen besonders an der Westküste Schonens Quartier, die dänischen verbleiben in vielen Fällen an ihren Ostseeinseln, andere wandern nach den Niederlanden und Nordfrankreich. Mecklenburgische und holsteinische Schwäne besuchen vornehmlich die Ostseeküste, wenige stellen sich an der Nordsee ein. Die Höckerschwäne aus den mittleren Gebieten ziehen westlich in Richtung auf die Niederlande, aber auch südwestlich bis in die Schweiz hinein. Auch ein Vogel aus Nordwest-Polen (Pomorze) wanderte 1050 km südwestlich in die Schweiz, wo er von einem Hund gerissen wurde. Überwinternd werden Höckerschwäne auch in England und Irland angetroffen, und nach der „Check-list of North-American Birds“ (Naumann) soll der Höckerschwan gelegentlich auch Grönland besuchen.

Für die UdSSR betonen D e m e n t i e w u. G l a d k o w (1952) ebenfalls, daß die Höckerschwäne an ihren Brutplätzen bis zu deren Vereisung aushalten. So sollen sie von den Niederungen des Dnestr erst dann zum Schwarzen Meer wechseln, wenn die Haffe in Eis geschlagen sind. J o h a n s e n (1959) nennt für den Abzugsbeginn etwa den 20. September, er soll sich dann bis Mitte Oktober fortsetzen. Am oberen Irgis wurde der Vogel noch am 5. November gesehen.

Als Überwinterungsplätze für die nördlich des Kaspischen Meeres

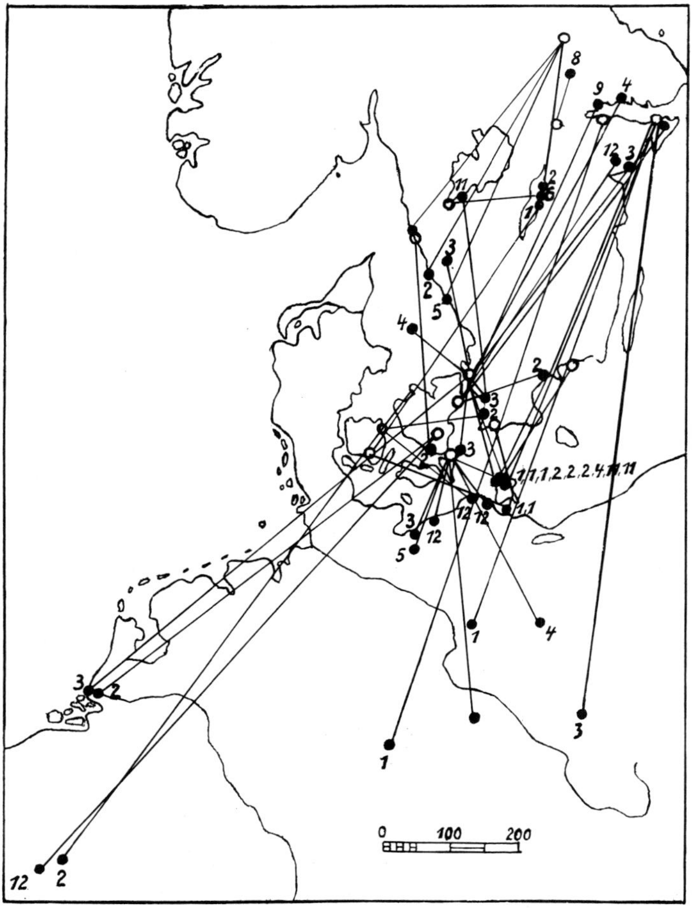

Fig. 12. Wiederfunde in Skandinavien beringter Höckerschwäne. ○ Beringungsort, ● Fundort, die Zahlen bedeuten die Monate

beheimateten Höckerschwäne nennen Dementiew u. Gladkow die südwestlichen und südöstlichen Küsten dieses Binnenmeeres. Anfang Dezember sammeln sie sich hier am Westufer im Gebiet von Agrachan. Um die Mitte des Monats wandern sie zur Mündung der Kura, dem Hauptüberwinterungsplatz in der UdSSR. Aber auch hier sind es heute nicht mehr viel, sie werden bald einzeln, bald paarweise bzw. in Familien angetroffen und nur selten in Ansammlungen bis zu 150 Stück. Südlich des Unterlaufs der Kura erscheinen nur sehr wenig Höckerschwäne, sie lassen sich aber auch bei Leukoran beobachten und gelangen gelegentlich an den Sewansee. Am Unterlauf und an der Mündung des Atrek überwintern sie regelmäßig.

Wie Dementiew u. Gladkow weiter berichten, überfliegen Höckerschwäne das Gebiet des Asowschen Meeres Anfang November. Frieren das Asowsche Meer sowie die Nordufer des Schwarzen Meeres zu, so wandern die Schwäne weiter nach Kleinasien und an den Unterlauf der Donau. Anfang Dezember finden sie sich bisweilen in der Noworossiskaja-Bucht und ihrer Umgebung ein, verschwinden hier dann aber Mitte Dezember und fliegen weiter nach Süden. Am Ufer des Schwarzen Meeres erscheinen sie an den Wintertagen bei Poti, reisen aber auch von hier meist weiter in die Türkei. Auf der Krim beringte Höckerschwäne zogen nach Griechenland und der Türkei (Fig. 13).

Der Höckerschwan findet sich zur Winterzeit ferner noch auf dem Issyk-Kul sowie auf anderen Seen Mittelasiens ein. Darüber hinaus wandert er südlicher und erreicht den Nordosten Afrikas, das Mittelmeergebiet, Kleinasien, den Iran, Afghanistan, Belutschistan und vereinzelt den Nordwesten Indiens. In China wurde er in Peking und in Tschinzjanja bemerkt.

In den Winterquartieren verbleiben die Höckerschwäne bis in den März hinein, kehren aber in milderen Wintern auch früher zurück. Nach Dementiew u. Gladkow beginnt der Rückflug von den Überwinterungsplätzen der UdSSR: vom Kaspischen Meer in der zweiten Hälfte des Februar, von seinem östlichen Ufer in den Niederungen des Atrek jedoch erst Mitte März. In der Mitte der ersten bis zum Ende der zweiten Dekade des März geht die Bewegung vom nordwestlichen Ufer Kaspiens ins Delta des Terek. In der ersten Hälfte des März zeigen sich die Höckerschwäne in den Niederungen des Dnestr und Dnepr sowie auf der Krim und fliegen in kleinerer Zahl durch die Ukraine zur Ostsee, während sich der größte Teil nach Nordosten wendet. Vom 18. März bis zum 15. April geht der Flüg nach dem Syr-Darja, und gegen Ende April treffen sie schon in ihren nordöstlichen Brutgebieten ein, Johansen (1959) gibt für den Irgis den 22. April an (1898). „Nur wenige Tage später, am 26. April (1927), wurde ein Exemplar am nördlichsten Fundort beim Ubinskojesee in der Barabasteppe erbeutet“. Die Bewegungsdaten in den östlichen Teilen ihres asiatischen Vorkommens sind noch unbekannt.

Bei den auf der Wiederfundkarte (Fig. 11) verzeichneten Zuglinien aus der DDR handelt es sich wohl in den meisten Fällen um halbwilde Vögel. An sich wandern diese gewöhnlich nicht weit, sie verbleiben meistens im Binnenland nahe ihren Brutplätzen und weichen bei Frost nur auf offene Wasserstellen der Flüsse und Ströme ihrer Heimat aus. Das ging u. a. auch aus 73 eigenen, von Freunden unterstützten Beringungen halbwilder Höckerschwäne des mittelelbischen Gebietes hervor, von denen 40 insgesamt 78mal aus Entfernungen bis zu 40 km wiedergemeldet wurden, während nur 3 regelrecht auf Wanderschaft

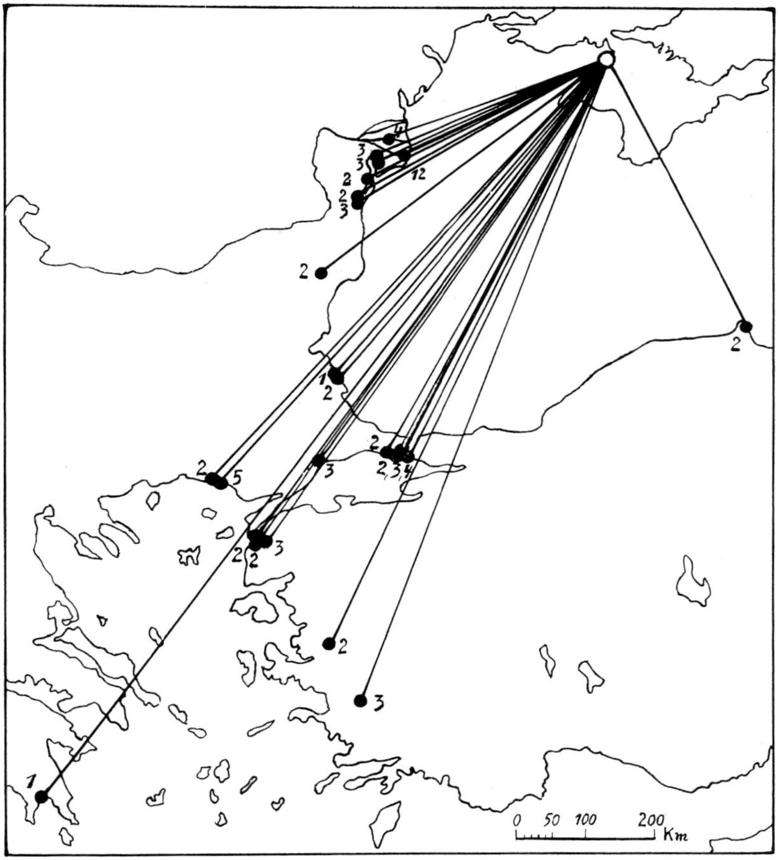

Fig. 13. Wiederfunde auf der Krim beringter Höckerschwäne. ○ Beringungsort, ● Fundort, die Zahlen bedeuten die Fundmonate

gingen, und zwar 170, 312 und 660 km westwärts. Günstige Überwinterungsplätze an der Elbe, wo hilfreiche Menschen Futter spendeten, wurden alljährlich und in vermehrter Zahl angeflogen. So stellte sich ein Schwanenpaar, das bei Calbe an der Saale brütete, mit seinen jeweiligen Jungen Winter für Winter in Frohse bei Magdeburg auf der Elbe ein, benutzte also immer die gleiche Winterherberge.

Wie bereits erwähnt, gingen aber auch einige halbwilde Höckerschwäne regelrecht auf Wanderschaft, die zum Teil über weite Strecken führte. Wie aus Fig. 11 ersichtlich, lassen diese Funde in vielen Fällen einen gerichteten Zug nach Westen und Südwesten erkennen, der den Zugbewegungen der ehemaligen wilden Höckerschwäne ihres Verbreitungsbezirks entsprechen dürfte und sich dem allgemeinen Zugbild einfügt.

Auch die halbwilden Höckerschwäne der Schweizer Seen verbleiben über den Winter im engeren oder weiteren Heimatgebiet und streichen in den Süden der Bundesrepublik hinein. Ein Ringvogel, ein altes Weibchen, wanderte 330 km nordostwärts und wurde im Januar in Stegaurach in Bayern tot aufgefunden. Englische und irische halbwilde Höckerschwäne sind Standvögel.

Von ihrem Geburtsort versetzte halbwilde Höckerschwäne kehrten in zwei von drei Fällen in die Richtung ihrer ursprünglichen Heimat zu-

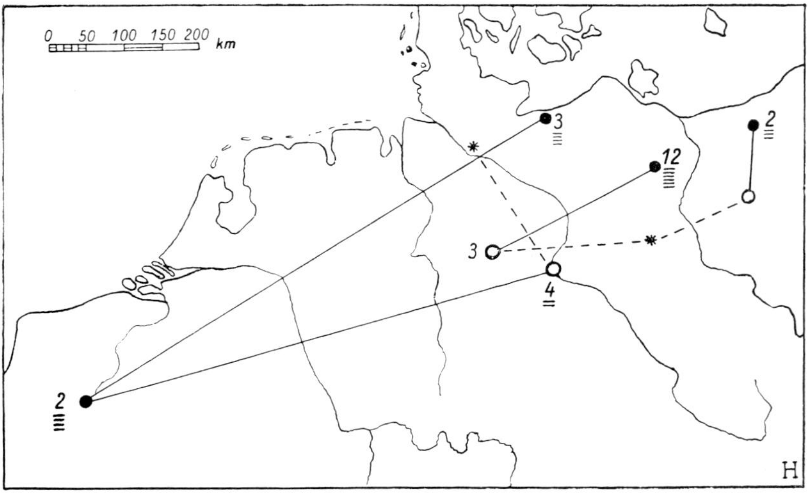

Fig. 14. Wiederfunde versetzter Höckerschwäne *(Cygnus olor)*.
* Geburtsorte, ○ Versetzungs- und Beringungsorte, ● Fundorte, die Zahlen bedeuten die Monate der Versetzung bzw. des Fundes. die Striche unter den Zahlen die Lebens- bzw. Beringungsjahre

rück (Fig. 14 und Liste), der dritte wendete sich zur Ostsee. Bemerkenswert ist der Vogel Helg. 10 418, der, zweijährig, von der Hamburger Alster zur Kreuzhorst bei Magdeburg versetzt wurde, nach weiteren zwei Jahren im Februar in Nordfrankreich überwinterte und Mitte März des gleichen Jahres in der Wismarschen Bucht aus dem Eis befreit werden mußte. Er hat von Frankreich aus Richtung auf die Brutheimat genommen und flog darüber hinaus zum großen Sammelplatz der Schwäne an der Ostsee. Auch er kam bereits in die Heimat zurück, als sie noch unwirtlich war.

Zurückgemeldete beringte Höckerschwäne

Geordnet a) nach den Beringungsländern, b) nach den Wiederfundmonaten, November beginnend.
Abkürzungen: He = Vogelwarte Helgoland, BRD, Ro bzw. Ra = Vogelwarte Radolfzell (früher Rossitten), BRD, Se = Vogelwarte Sempach, Schweiz, Ar = Vogelwarte Arnhem, Niederlande, Lo = Beringungszentrale London, Großbritannien, Mo = Beringungszentrale Moskau, UdSSR, Wa = Beringungszentrale Warschau, Polen, Ko = Zoologisches Museum Kopenhagen, Vib = P. Skovgaard, Viborg, Dänemark, Sto = Reichsmuseum Stockholm, Schweden; o = beringt, + = Wiederfund, ad. = brutreif, juv. = jung, n. fl. = nicht flügge, dj. = diesjährig, einj. = einjährig, vj. = vorjährig, Fängl. = Fängling, kontr. = kontrolliert, gefg. = gefangen, beob. = beobachtet (Ring abgelesen), tot = tot gefunden.

1 He 11 562 o ad. 3. 12. 1939 Magdeburg SE (52.05 N 11.40 E),
+ kontr. 15. 1. 1941 Bergbossendorf b. Haltern (51.43 N 7.12 E), 312 km WzS

2 He 1 10 069 o dj. 27. 6. 1939 Dessau (51.50 N 12.15 E)
+ kontr. 17. 1. 1941 Kanal b. Hilversum (52.14 N 5.12 E), Niederlande, 485 km WzN

3 He 111 170 o 12. 12. 1960 Wittower Fähre (54.34 N 13.16 E), Rügen
+ 18. 1. 1963 Saale-Elster-Kanal b. Merseburg (51.21 N 11.59 E), 370 km SzW

4 He 1 10 139 o ad. 27. 2. 1940 Oldendorp b. Ditzum (53.18 N 7.17 E), Kr. Leer O.
+ kontr. 28. 1. 1941 Hälsingborg (56.04 N 12.42 E), Schweden 410 km NE

5 He 10 037 o Nov. 1937 bei Neschwitz (51.17 N 14.20 E), Kr. Bautzen
+ kontr. 28. 1. 1941 bei Freiburg/Br. (48 N 7.50 E), 600 km SW

6 He 11 301 o dj. 26. 6. 1938 Dessau
+ festgefroren, befreit und freigelassen 28. 1. 1940 am Rhein bei Bingen (49.57 N 7.54 E), 365 km SWzW

7 He 111 401 o ad. ♂ 2. 5. 1958 Stintenburg (53.36 N 10.56 E), Kr. Hagenow, Mecklenburg
+ in Pflege genommen, Meldg. 30. 1. 1963 (wird nach dem Frost freigelassen) Hangest sur Somme (49.58 N 2.04 E), b. Amiens/Frankreich, 765 km SWzW

8 He 112 423 o ad. 26. 2. 1963 Fehmarnsund (54.24 N 11.08 E)
+ kontr. 10. 2. 1966 Instö ränna (57.54 N 11.39 E), E Marstrand, Bohuslän/Schweden, 380 km N

9 He 111 638 o dj. 4. 10. 1961 an der Müritz b. Waren (53.31 N 12.42 E)
+ kontr. 15. 2. 1963 Blesse (52.50 N 6.02 E), Friesland/Niederlande, 450 km WzS

10 He 111 167 o dj. 12. 12. 1960 Wittower Fähre, Rügen
+ kontr. 17. 2. 1963 Mareuil sur Arnon (46.53 N 2.09 E), Cher/Frankreich, 1030 km SWzW

11 He 111 259 o dj. 20. 11. 1956 Hamburg (53.34 N 10 E)
+ Skelett gefunden 18. 2. 1968 Osby (56. 24 N 14. E), Schweden, 400 km NEzN

12 He 111 380 o juv. 8. 8. 1957 Zarrentin (53.33 N 10.56 E), Kr. Hagenow, Mecklenburg
+ gepflegt während des Winters 1962—63 und frei Brielle (51.54 N 4.10 E), Zuid-Holland/Niederlande, 280 km SWzW

13 He 112 320 o ad. 10. 3. 1963 Wittower Fähre, Rügen
+ tot (schon lange), Meldg. 3. 4. 1966, 500 m S von Genewadsan (56.35 N 12.56 E), nahe Halmstadt/Schweden, 225 km NzW

14 He 112 319 o ad. 10. 3. 1963 Wittower Fähre, Rügen
+ tot gegen elektr. Draht 13. 4. 1965 Björndammen (59.12 N 16.49 E), Malmköping/Schweden, 575 km NzE

15 He 112 151 o ad. 10. 2. 1963 Wittower Fähre, Rügen
+ tot 6. 5. 1966 Solö (59.41 N 18.46 E), Roslags-Länna, Uppland/Schweden, 660 km NNE

16 He 112 322 o ad. 10. 3. 1963 Wittower Fähre, Rügen
+ kontr. 24. 5. 1964 Lilla Skalklubben (58.49 N 17.54 E), bei Nünäshamn, Södermanland Schweden, 550 km NNE

17 He 112 214 o ad. 25. 2. 1963 Wittower Fähre, Rügen
+ kontr. ad. ♂ 27. 5. 1964 Säter (58.43 N 16.49 E), Bråviken, Södermanland/Schweden, 500 km NEzN

18 He 1 760 o 1931—1934 Hamburg/Alster (53.33 N 9.58 E)
+ tot, Meldg. 14. 6. 1955, (vor Jahren gefunden), Zörbig (51.38 N 12.06 E), Kr. Bitterfeld, 253 km SEzS

19 He 112 190 o ad. 20. 2. 1963 Wittower Fähre, Rügen
+ kontr. ad. ♂ 5. 7. 1963 bei Karlskrona (56.10 N 15.35 E), Blekinge/Schweden, 230 km NEzN
+ kontr. ad. ♂ (mit Jungen) 28. 7. 1964 Karlskrona (neuer Ring Sto 9 902 970)

20 He 10 261 o 1935 Hannover (52.20 N 9.44 E)
+ kontr. ca. 16. 7. 1940 Pomlenatte (54.47 N 12.08 E), Falster/Dänemark, 315 km NEzN

21 He 111 187 o Fängl. 2. 1. 1963 Lietzow (54.30 N 13.30 E), Rügen
+ kontr. ad. (mit 1 Jungen) 11. 9. 1966 Karlskrona, Blekinge/Schweden, 235 km NEzN

22 He 112 152 o ad. 10. 2. 1963 Wittower Fähre, Rügen
+ kontr. ad. ♂ (mit Jungen) 2. 10. 1964 Guövik (56.12 N 15.01 E), Åryd, Blekinge/Schweden (umberingt Sto 9 903 510), 200 km NNE
+ tot 10. 2. 1968 Balke Strand (55.02 N 15.07 E), Bornholm/Dänemark (Guövik-Balkestrand 125 km S)

23 He 1 1139 o dj. 20. 8. 1939 Artern b. Bremen (53.04 N 8.48 E)
+ tot 4. 10. 1942 Pustohl b. Bützow (53.51 N 11.59 E), Mecklenburg, 230 km ENE

24 He 111 161 o 4 bis 5 Monate alt 18. 10. 1956 Großer Segeberger See, (Bad Segeberg 53.56 N 10.17 E), Schleswig-Holstein
+ kontr. 23. 10. 1964 Norr Mälarstrand (59.20 N 18.02 E), Stockholm/Schweden, 750 km NEzN
+ verölt gefunden, getötet 1. 5. 1966 Bodal (59.21 N 18.08 E), Lidingö, Uppland/Schweden

25 Ro AA 10.684 o 23. 12. 1936 Friedrichswalde/Mark (53.02 N 13.42 E) (erbrütet in Berlin-Köpenick)
+kontr. 8. 1. 1938 auf der Donau bei Saal (48.54 N 11.54 E), Niederbayern, 470 km SSW

26 Ro AA 10 487 o 4. 9. 1938 Kauppa b. Neschwitz, Kr. Bautzen
+ zugeflogen 11. 1. 1940, eingegangen 18. 1. 1940 Ebermergen b. Donauwörth (48.43 N 10.43 E), Bayern, 390 km SW

27 Ro A 912 o ad. 23. 8. 1921 Mauersee (54.12 N 19.45 E), Kr. Angerburg, (Jezioro Mamry, Mazury/Polen)
+geschossen 15. 1. 1924 Zuidersee, Südküste bei Muiderberg (52.15 N 5.07 E), Niederlande, 1010 km WzS

28 Ro AA 10 280 o ad. 29. 10. 1936 Damitzow b. Tantow (53.17 N 14.20 E), Kr. Angermünde
+ ermattet gefg., gemeldet 28. 1. 1940 Mittelmarsch b. Norden (53.35 N 7.20 E), Ostfriesland, 490 km WzN

29 Ro AA 10 715 o dj. 23. 9. 1937 Drausensee b. Elbing (54.10 N 19.24 E), (Elblag/Polen)
+ Febr. 1940 Selzaete (51.23 N 3.48 E), 20 km N von Gent/Belgien, 1120 km WzS

30 Ro AA 10 663 o ad. 19. 3. 1936 bei Schivelbein (53.46 N 15.41 E), (Swidwin Polen)
+ brütend 27. 4. 1938 Fischteich zu Malz (52.50 N 13.18 E), b. Oranienburg, Kr. Niederbarnim, 197 km SWzW
+ Anfg. Febr. 1942 Nieuwerkerk (51.58 N 4.39 E), 590 km WzS von Malz

31 Ra AA 116 o nicht flügge (immutabilis) 2. 8. 1962 Joachimsthal (52.58 N 13.46 E), Kr. Eberswalde
+schwer verletzt gefunden 10. 2. 1966, eingegangen 15. 2. 1966 Hamburg-Eppendorf (53.33 N 10.00 E), 265 km WNW

32 Ro A 775 o dj. 23. 9. 1924 Tiefensee b. Zollnick nahe Rosenberg (53.43 N 19.20 E), (Susz, Mazury/Polen)
+ geschossen 12. 2. 1929 Zwanewater b. Callantsoog, niederländ. Küste (52.49 N), 975 km W

33 Ro A 776 o dj. 23. 9. 1924 Tiefensee
+ tot ca. 13. 2. 1929 bei Sögaard nahe Bredebro (55.03 N 8.54 E), Dänemark, 700 km WzN

34 Ro AA 10 018 o dj. 26. 7. 1934 Drausensee b. Elbing
+ tot, gemeldet 25. 2. 1940, Roskildefjord (Roskilde 55.37 N 12.05 E), Dänemark, 500 km WNW

35 Ro AA 10 913 o dj. 12. 7. 1938 Garder See b. Stolp (54.28 N 17.01 E), (Stupsk/Polen)

+ vom Hund gerissen 28. 2. 1940 Seedorf b. Flüelen (46.54 N 8.37 E), Südende des Urner Sees/Schweiz, 1050 km SWzS

36 Ra AA 231 o 14. 4. 1956 (immutabilis) Federsee (ca. 48.05 N 9.37 E) b. Buchau, Württemberg (erbrütet 1955 in Salach, Kr. Göppingen)
+ kontr. Anf. März 1960 (blieb 8—10 Tage) Nähermemmingen, Kr. Nördlingen (48.51 N 10.31 E), Bayern, 208 km NEzN
+ kontr. 25. 3. 1962 Blindensee b. Blitzenreute (47.52 N 9.36 E), Kr. Ravensburg, 130 km SWzS von Nördlingen

37 Ro AA 10 714 o dj. 23. 9. 1937 Drausensee
+ 8. 3. 1940 Holckenhavn-Fjord b. Nyborg (55.17 N 10.49 E), Dänemark, 570 km WzN

38 Ro AA 10 016 o. dj. 24. 7. 1934 Drausensee
+ 11. 3. 1940 Harderwyk (52.20 N 5.37 E), Niederlande, 940 km WzS

39 Ro A 778 o dj. 18. 9. 1925 Tiefensee
+ tot 31. 3. 1929 Hallig Süderoog (54.28 N 8.34 E), Schleswig, 710 km WzN

40 Ra AA 495 o dj. 30. 12. 1962 Konstanz (47.41 N 9.11 E)
+ kontr. 26. 7. 1964 Vörstetter Baggersee, 7 km N von Freiburg/Br. (47.59 N 7.51 E), 105 km WNW

41 Ro AA 10 690 o dj. 1. 9. 1937 Senditz (51.17 N 17.08 E), b. Breslau (Wrocław/Polen)
+ tot 24. 10. 1938 Michalkowice (50.19 N 19.00 E), pow. Katowice/Polen, 200 km SE

42 Se 990 362 o ad. ♀ 15. 1. 1941 Zürich (47.22 N 8.32 E), Schweiz
+ Mitte Jan. 1942, Ring u. Federn, Stegaurach (49.52 N 10.52 E), Bayern, 330 km NNE

43 Ar 9 500 337 o 8. 3. 1963 Kornwerd (53.05 N 5.23 E), Friesland/Niederlande
+ Ring an Fuchshöhle gefunden 15. 11. 1964 Norra Åsum (55.59 N 14.09 E), Kristianstad/Schweden, 680 km NE

44 Ar 121 610 o 5. 7. 1953 Rockanje (51.54 N 4.03 E), Zuidholland/Niederlande
+ tot. Jan. 1962 Clisson (47.05 N 1.16 W), Frankreich, 690 km SWzS

45 Ar 9 500 001 o 9. 2. 1963 Rhenen (51.57 N 5.34 E), Utrecht/Niederlande
+ gefg. 21. 1. 1968 u. mit Ring Kopenhagen 195 670 freigelassen Vordingborg (55.01 N 11.55 E), Sjaelland/Dänemark, 550 NEzE

46 Ar 9 500 757 o 17. 9. 1966 Kroonspolders (53.16 N 4.58 E), Vlieland/Niederlande
+ tot unter Hochspannungsleitung 6. 4. 1968 Bettingbühren (53.11 N 8.29 E), Oldenburg, 240 km EzS

47 Ar 9 500 328 o 8. 3. 1963 Kornwerd
+ tot an elektr. Drahtleitung 24. 4. 1968 Stigsnaes (55.13 N 11.18 E), Sjaelland/Dänemark, 480 km NE

48 Ar 9 500 580 o 17. 2. 1963 Hoophuizen (52.23 N 5.42 E), Gelderland/Niederlande
+ beob. 17. 8. 1965 (mit ♀ und 8 Jungen), Krakower See (53.39 N 12.16 E), Mecklenburg, 465 km ENE
+ beob. 13. 6. 1968 (mit Jungen), Krakower See

49 Lo Z 11 173 o Fängl. 26. 6. 1963 Shorehan by Sea (50.50 N 0.16 W), Sussex/Großbritannien
+ kontr. 24. 12. 1963 Schermeer (52.36 N 4.49 E), Noordholland/Niederlande, 430 km ENE

50 Lo Z 12 034 o ad. 11. 2. 1963 Eastbourne (50.46 N 0.17 E), Sussex/Großbritannien
+ kontr. 29. 1. 1966 Instö (57.54 N 11.39 E), Bohuslän/Schweden, 1110 km NE

51 Lo Z 11 105 o ad. 10. 3. 1963 Hoddesdon (51.47 N 0.00 E), Hertford/Großbritannien
+ tot März 1963 Woerden (52.06 N 4.54 E), Zuidholland/Niederlande, 340 km E

52 Lo Z 0 889 o einj. ♀ 14. 1. 1961 Eastbourne
+ tot 22. 4. 1961 Wimereux (50.46 N 1.37 E), Pas de Calais/Frankreich, 250 km ESE

53 Lo Z 11 178 o Fängl. 15. 8. 1963 Emsworth (50.51 N 0.56 W), Hampshire/Großbritannien
+ kontr. 27. 10. 1963 Emsworth
+ tot 15. 5. 1964 Hattstedt (54.33 N 9.02 E), Schleswig-Holstein, 1000 km NEzE

54 Lo Z 06 203 o ad. 31. 3. 1963 Newhaven (50.47 N 0.03 E), Sussex/Großbritannien
+ kontr. 18. 5. 1966 Olivet (47.52 N 1.54 E), Loiret/Frankreich, 360 km SzE

55 Lo Z 10 930, zweij. ♀ 9. 2. 1963 Staines (51.26 N 0.31 W), Middlessex/Großbritannien
+ tot 5. 8. 1965 Fehmarn (54.31 N 11.12 E), 1130 km ENE

56 Lo Z 4 040 o ad. 14. 5. 1961 Chichester Chennel (50.59 N 0.50 W), Sussex/Großbritannien
+ tot (schon lange) 20. 7. 1961 Bray. Dunes (51.04 N 2.30 E), Dep. Nord/Frankreich, 330 km E

57 Lo YB 2 507 o ad. ♂ 24. 8. 1959 Mistley (51.57 N 1.05 E), Essex/Großbritannien
+ kontr. Sommer 1964 Birkshorn (52.45 N 4.46 E), Noordholland/Niederlande, 230 km EzN

58 Lo Z 42 455 o Fängl. 21. 2. 1963 Maidstone (51.17 N 0.31 E), Kent/Großbritannien
+ gefg. ca. 1. 10. 1966 Bad Sülze (54.08 N 12.40 E), Mecklenburg, 900 km ENE

Beringungen auf dem Zuvintas-See (54.28 N 23.38 E) der Litauischen SSR/UdSSR:

59 Mo A 7689 o juv. 3. 8. 1957
+ tot 1958 auf dem Eis des Saaler Boddens (Ribnitz-Damgarten, ca. 54.16 N 12.28 E), 720 km WzS

60 Mo A 7563 o juv. 8. 9. 1954
+Ring gefunden Winter 1954/55 Hiddensee (ca. 54.25 N 13.25 E), 685 km WzS

61 Mo A 12 942 o ad. 30. 8. 1961
+ tot 22. 12. 1967 Strand bei Börgerende (Heiligendamm 54.09 N 11.51 E), Kr. Rostock, 770 km WzS

62 Mo A 7688 o ad. 3. 8. 1957
+ tot Jan. 1958 Prohner Wiek b. Klausdorf (54.26 N 13.01 E), Kr. Stralsund, 690 km WzS

63 Mo A 7587 o juv. 12. 8. 1955
+ umgekommen durch elektrischen Strom 12. 1. 1959 Annan (54.59 N 3.19 W), Dumfries-Shire, Schottland/Großbritannien, 1680 km WzN

64 Mo A 7577 o juv. 18. 7. 1955
+ tot 21. 1. 1956 Hejringe, Vesterborg (54.52 N 11.16 E), Lolland/Dänemark, 780 km WzN

65 Mo 12 984 o juv. 25. 9. 1962
+ ermattet gefunden, dann eingegangen 24. 1. 1963 Parow (54.22 N 13.04 E), Kr. Stralsund, 690 km WzS

66 Mo A 12 960 o juv. 15. 7. 1962
+ tot (verludert) Ende Jan. 1963 Hiddensee, 685 km WzS

67 Mo A 7872 o ad. 30. 8. 1960
+ tot 12. 2. 1961 Neuendorfer Wiek (Neuendorf 54.33 N 13.06 E), Rügen, 680 km WzS

68 Mo A 7570 o dj. 19. 8. 1954
+ tot 19. 2. 1955 Spandowerhagen (54.08 N 13.42 E), Kr. Wolgast, 650 km WzS

69 Mo A 7591 o juv. 12. 8. 1955
+ tot 20. 2. 1956 bei Le Havre (49.27 N 0.08 E), Frankreich, 1680 km WzS

70 Mo A 7808 o juv. 27. 8. 1958
+ tot 25. 2. 1959 Rassower Bucht bei Seehof (54.34 N 13.10 E), Rügen, 680 km WzS

71 Mo A 7565 o dj. 19. 8. 1954
+ ermattet gefangen (vj.) 26. 2. 1955, gepflegt u. freigelassen 7. 4. 1955 Greifswalder Bodden (Greifswald 54.06 N 13.23 E), 670 km WzS

72 Mo A 7551 o dj. 19. 8. 1954
+ tot 27. 2. 1955 Spandowerhagen, Kr. Wolgast, 650 km WzS

73 Mo A 7662 o juv. 29. 8. 1956
+ Ring abgelesen an Futterstelle 27. 2. 1963 Insel Riems (ca 54.11 N 13.22 E), Kr. Greifswald, 665 km WzS

74 Mo A 7592 o juv. 12. 8. 1955
+ tot 27. 2. 1956 Hoogstraten (51.25 N 4.45 E), Bez. Antwerpen/Belgien, 1300 km WzS

75 Mo A 7549 o juv. 17. 8. 1956
+ Ring abgelesen an Futterstelle 2. 3. 1963 Insel Riems, Kr. Greifswald, 665 km WzS

76 Mo A 7820 o juv. 3. 9. 1958
+ stark verölt gefunden 3. 3. 1963 Hafen Saßnitz (52.32 N 13.40 E), 650 km WzS

77 Mo A 7596 o juv. 15. 8. 1955
+ auf dem Eis geschwächt gefunden 3. 3. 1956 Fejo (54.58 N 11.26 E), Lolland/Dänemark, 780 km WzN

78 Mo A 7599 o juv. 15. 8. 1955
+ 4. 3. 1956 Arendonck (51.20 N 5.08 E), b. Turnhout/Belgien, 1275 km WzS

79 Mo A 7802 o ad. 19. 8. 1958
+ verunglückt 7. 3. 1963 Damm (53.27 N 11.46 E), Kr. Parchim, 785 km WzS

80 Mo A 12 939 o ad. 15. 8. 1961

+ tot 8. 3. 1963 Kapeller See b. Gingst (54.28 N 13.16 E), Rügen, 680 km WzS

81 Mo A 7825 o ad. 4. 9. 1958
+ kontr. 12. 3. 1963 Wittower Fähre, Rügen, 670 km WzS

82 Mo A 7573 o juv. 18. 7. 1955
+ tot 14. 3. 1956 Lietzow (54.30 N 13.32 E), Rügen, 650 km WzS

83 Mo A 7654 o juv. 23. 9. 1955
+ tot 18. 3. 1956 Grömitz (54.09 N 10.57 E), b. Lübeck, 820 km W

84 Mo A 7875 o ad. 2. 9. 1960
+ tot (verludert) 21. 3. 1963 Niederhof b. Brandshagen (54.15 N 13.12 E), Kr. Grimmen, 680 km WzS

85 Mo A 7642 o juv. 23. 8. 1955
+ tot 22. 3. 1956 Neumünster (54.04 N 9.59 E), Schleswig-Holstein, 890 km W

86 Mo A 12932 o ad. 7. 8. 1961
+ tot angespült 30. 3. 1963 Kinnbackenhagen (54.18 N 13.06 E), Kr. Stralsund, 680 km WzS

87 Mo A 7593 o juv. 12. 8. 1955
+ tot April-Mai 1956 Skive-Bucht (Skive 56.34 N 9.04 E), Jütland/Dänemark, 940 km WNW

88 Mo A 7641 o juv. 23. 8. 1955
+ 12. 4. 1956 Högersdorf b. Segeberg (53.57 N 10.17 E), Schleswig-Holstein, 875 km W

89 Mo A 7687 o 31. 7. 1957
+ Ring gefunden (10. 7.) 1958 Insel Saltholm b. Kopenhagen (55.38 N 12.46 E), Dänemark, 700 km WzN

90 Mo A 7546 o juv. 16. 8. 1956
+ tot 8. 10. 1957 Öresund, 8 km N v. Malmö (55.33 N 13.05 E), Schweden, 680 km WzN

Beringungen auf dem Zaltytis-See (54.22 N 23.25 E) der Litauischen SSR/UdSSR:

91 Mo A 12225 o juv. 24. 8. 1961
+ geschossen 18. 12. 1961 Cattolica (43.57 N 12.50 E), Italien, 1380 km SWzS

92 Mo A 7608 o juv. Mitte Juli 1955
+ tot 31. 1. 1956 Hiddensee (Kloster 54.37 N 13.07 E), 670 km W

93 Mo A 7614 o juv. Juli 1955
+ geschwächt gefunden 16. 2. 1956 Schwerin (53.38 N 11.28 E), 710 km WzS

94 Mo A 7612 o juv. Juli 1955
+ kontr. 17. 2. 1956 bei Hamburg (ca. 53.35 N 10 E),
+ tot 23. 6. 1960 bei Hamburg, 890 km W

95 Mo A 7632 o juv. 20. 8. 1961
+ tot 18. 2. 1963 Wittower Fähre, Rügen, 660 km W

96 Mo A 7627 o juv. 20. 8. 1961
+ tot März 1963 Wittower Fähre, Rügen, 660 km W

97 Mo A 12221 o juv. 20. 8. 1960
+ tot März 1963 Wittower Fähre, Rügen, 660 km W

98 Mo A 7618 o juv. Juli 1955
+ 10. 3. 1956 Rügen (ca 54.25 N 13.25 E), ca. 600 km W

Beringungen auf dem Engures-See (57.17 N 23.07 E), der Lettischen SSR/UdSSR:

99 Mo A 4290 (A 4291?) o juv. 7. 7. 1959
+ umgekommen 16. 12. 1959 Burgsviken (57.03 N 18.19 E), Gotland/Schweden, 290 km WzS

100 Mo A 12339 o juv. 29. 6. 1962
+ tot Jan. 1963 Kapelludden (57.13 N 18.38 E), Gotland/Schweden, 260 km W

101 Mo A 19812 o juv. 25. 6. 1965
+ 28. 1. 1966 Narshamn (57.14 N 18.40 E), Gotland/Schweden, 260 km W

102 Mo A 63247 o juv. 19. 7. 1961
+ tot Febr. 1962 Vamlingbo (56.58 N 18.13 E), Gotland/Schweden, 270 km WzS

103 Mo A 11243 o juv. 8. 7. 1958
+ tot 1. 2. 1959 Roskilde (55.40 N 12.08 E), Seeland/Dänemark, 690 km WSW

104 Mo A 56571 o juv. 5. 7. 1963
+ tot 1. 2. 1964 Faludden (57 N 18.24 E), Gotland/Schweden, 280 km WzS

105 Mo A 56390 o juv. 26. 6. 1961
+ tot 1. 2. 1963 Vordingborg (55.01 N 11.55 E), Seeland/Dänemark, 730 km WSW

106 Mo A 19846 o juv. 24. 6. 1965
+ tot 4. 2. 1966 Vestergarn (57.26 N 18.08 E), Gotland/Schweden, 280 km W

107 Mo A 11223 o juv. 21. 7. 1958
+ tot 16. 2. 1963 Guldborgsund (54.48 N 11.48 E), Lolland u. Falster/Dänemark, 750 km WSW

108 Mo A 4296 o juv. 14. 6. 1960
+ tot 23. 2. 1962 Slite (57.43 N 18.50 E), Gotland/Schweden, 260 km WNW

109 Mo A 63229 o juv. 2. 6. 1961
+ tot 26. 2. 1962 Slite/Schweden, 260 km WNW

110 Mo A 63240 o juv. 23. 6. 1961
+ tot 13. 3. 1963 Nabben (57.16 N 18.43 E), Gotland/Schweden, 260 km W

111 Mo A 4138 o juv. 8. 7. 1958
+ tot 20. 3. 1960 Jyllinge b. Roskilde (55.40 N 12.08 E), Seeland Dänemark, 690 km WSW

112 Mo A 63245 o juv. 28. 6. 1961
+ tot 23. 3. 1962 Olofsholm (57.43 N 18.14 E), Gotland/Schweden, 290 km WzN

113 Mo A 12341 o juv. 29. 6. 1962
+ tot auf Treibeis 27. 3. 1963, 9 km E vom Leuchtfeuer Sandsjenkan (58.19 N 17.10 E), Östergotland/Schweden, 380 km WzN

114 Mo A 63283 o juv. 3. 8. 1963
+ tot 29. 3. 1964 Hanöbukten, 10 km S Åhus (55.50 N 14.18 E), Schonen/Schweden, 475 km WSW

115 Mo A 11235 o juv. 14. 7. 1964
+ tot (verwest) 15. 4. 1965 Heligholmen (56.55 N 18.17 E), Gotland/Schweden, 280 km WzS

116 Mo A 19843 o juv. 24. 6. 1965
+ tot 25. 4. 1966 Barshagaudde (56.54 N 18.11 E), Gotland/Schweden, 290 km WzS

117 Mo A 4139 o juv. 8. 7. 1958

+ tot 7. 5. 1960 Masnedö (54.52 N 11.53 E), Seeland/Dänemark, 740 km WSW

118 Mo A 4300 o juv. 14. 6. 1960
+ tot 1962 Lausviken (57.17 N 18.40 E), Gotland/Schweden, 260 km W

Beringungen in der Nähe der Lebeajes-Insel am NW-Ufer der Krim (ca. 45.52 N 33.29 E) in der UdSSR:

119 Mo A 16722 o ad. 14. 8. 1960
+ geschossen 15. 12. 1962 St. Gheorghe (44.49 N 29.19 E), Zatonul Mare/Rumänien, 350 km SWzW

120 Mo A 64423 o ad. 15. 8. 1962
+ Skala Spastis (Gythion 36.45 N 22.35 E), Lakonia/Griechenland, 1530 km SW

121 Mo A 60352 o ad. 12. 8. 1961
+ tot 21. 1. 1963 Achtopol (42.07 N 27.55 E), Bez. Burgas/Bulgarien, 610 km WSW

122 Mo A 64071 o ad. 20. 7. 1962
+ 28. 1. 1963 Welika, Bez. Mitschurin/Bulgarien

123 Mo A 60112 o ad. 31. 7. 1961
+ tot Achtopol, 610 km WSW

124 Mo A 60384 o ad. 12. 8. 1961
+ geschossen (?) 2. 2. 1963 Çanakkale (40.08 N 26.25 E), Türkei, 840 km SWzS

125 Mo A 64404 o ad. 15. 8. 1962
+ geschossen 2. 2. 1963 Çanakkale, 840 km SWzS

126 Mo A 60210 o ad. 1. 8. 1961
+ geschossen 3. 2. 1964 Grind Kituk (44.30 N 28.49 E), Rumänien, 400 km SWzW

127 Mo A 64292 o ad. 2. 8. 1962
+ Büyük Çekmece (41 N 34 E), nahe Istanbul/Türkei, 665 km SWzS

128 Mo A 64157 o ad. 9. 8. 1962
+ geschossen 8. 2. 1963 Sinop (42.01 N 35.05 E), Türkei, 440 km SSE

129 Mo A 16540 o ad. 12. 8. 1960
+ 13. 2. 1961 Dobrudscha, Istria (44.35 N 28.41 E), Rumänien, 400 km SWzW

130 Mo A 60413 o ad. 12. 8. 1961
+ geschossen 14. 2. 1963 Istanbul (41 N 28.57 E), Türkei, 650 km SWzS

131 Mo A 64033 o ad. 20. 7. 1962
+ geschossen 18. 2. 1963 Manisa (38.38 N 27.28 E), Türkei, 910 km SWzS

132 Mo A 62146 o ad. 31. 7. 1963
+ 24. 2. 1964 Durankulak, Bez. Tolbuchin (Tolbuchin 43.35 N 27.49 E) Bulgarien, 520 km SWzW

133 Mo A 60054 o ad. 29. 7. 1961
+ (28.2. 1963) Pherrai (40.54 N 26.10 E), b. Alexandroupolis/Griechenland, 800 km SW

134 Mo A 16767 o ad. 14. 8. 1960
+ geschossen 2. 3. 1963 Tekirdağ (40.59 N 27.30 E), Türkei, 730 km SW

135 Mo A 62092 o ad. 2. 8. 1963
+ (tot) 8. 3. 1964 Dobrudscha, Istria/Rumänien, 400 km SWzW

136 Mo A 2579 o ad. 18. 8. 1959
+ geschossen (8. 3. 1963) Istanbul/Türkei, 650 km SWzS

137 Mo A 64145 o ad. 9. 8. 1962
+ geschossen? 15. 3. 1963 Çanakkale/Türkei, 840 km SWzS
138 Mo A 64132 o ad. 9. 8. 1962
+geschossen? 19. 3. 1963 Aydin (37.45 N 27.45 E), Türkei, 970 km SSW
139 Mo A 60242 o ad. 1. 8. 1963
+ Istria, Bez. Ramzin (44.50 N 29 E), Rumänien, 370 km SWzW
140 Mo A 60243 o ad. 1. 8. 1961
+ Istria, Bez. Ramzin/Rumänien, 370 km SWzW
141 Mo A 64327 o ad. 13. 8. 1962
+geschossen? 2. 4. 1963 Istanbul/Türkei, 650 km SWzS
142 Mo A 60018 o ad. 29. 7. 1961
+ Sur le Lac Tipos (45.13 N 29.16 E), Bez. Mila/Rumänien, 350 km WSW
143 Mo A 63844 o ad. 10. 8. 1960
+ Pherrai b. Alexandroupolis/Griechenland, 800 km SW

144 Polska Wejherowo, Kpt. Nowicki o 20. 3. 1937 Wejherowo (54.36 N 18.14 E), Polen
+ Ende Februar oder Anfg. März 1940 Rosmalen (51.43 N 20 E), Niederlande, 880 km WzS
145 Wa A 995 068 o juv. 21. 8. 1963 Warnicki (54.10 N 21.15 E), Bez. Ketrzyn/Polen
+ 19. 3. 1964 Riemser Ort (ca. 54.11 N 13.22 E), Kr. Greifswald, 520 km W
146 Wa A 995 159 o juv. 9. 8. 1959 Warnicki/Polen
+ gefunden Mitte Aug. 1960 nahe Greifswald (54.06 N 13.23 E), 520 km W
147 Gö L 686 o 13. 10. 1954 Falun (60.38 N 15.35 E), Schweden
+ kontr. 27. 2. 1955 zwisch. Särö (57.29 N 11.57 E) u. Släp, Halland/Schweden, 405 km SWzS
148 Gö L 693 o 7. 3. 1954 Marstrand (57.53 N 11.37 E), Schweden
+ 27. 2. 1955 Svino (55.05 N 11.47 E), Seeland/Dänemark, 318 km SzE
149 Gö L 504 o vj. 7. 3. 1941 Hälsingborg (56.04 N 12.42 E), Schweden
+ März 1942 Ijerseke (51.59 N 4.03 E), Zeeland/Niederlande, 760 km SWzW
150 Gö L 614 o 10. 10. 1951 Falun/Schweden
+ 7. 3. 1954 Marstrand (57.53 N 11.37 E), Bohuslän/Schweden
151 Gö L 484 o 22. 2. 1941 Hälsingborg/Schweden
+ kontr. 15. 3. 1947 Vikhög, Schonen, ca. 13 km nördl. Malmö (55.05 N 13 E), Schweden, 40 km SSE
+ kontr. 18. 11. 1950 Kinneviken (Lidköping 58.30 N 13.10 E) am Vänern, Skaraborg/Schweden, 350 km NzE (Vikhög-Kinneviken)
152 Gö 1 486 o 22. 2. 1941 Hälsingborg/Schweden
+ 26. 3. 1943 Stjärnholm b. Oxelösund (58.42 N 17.05 E), Södermanland/Schweden, 400 km NE
153 Gö L 580 o ♀ 22. 3. 1947 Hälsingborg/Schweden
+ 30. 4. 1955 Angsösund, ca. 20 km östl. Västeroos (59.40 N 16.37 E), Västmanland/Schweden, 505 km NNE
154 Gö L 613 o dj. 10. 10. 1951 Falun/Schweden
+ 8. 5. 1952 See Dran, Veddige (Varberg 57.03 N 12.18 E), Halland/Schweden, 450 km SSW
155 Gö L 615 o dj. 10. 10. 1951 Falun/Schweden
+ 11. 6. 1953 Tookern-See (58.22 N 14.50 E), Östergötland/Schweden, 255 km SzW

156 Sto 9 900 637 o pull. 29. 9. 1962 Näsbypark (59.25 N 18.06 E), Uppland/Schweden
+ kontr. Nov. 1962 Schleuse Lietzow (54.30 N 13.32 E), Rügen, 650 km SSW
+ erschöpft gefunden und gepflegt 7. 1. 1963 Schleuse Lietzow, Rügen

157 Sto 9 900 638 o pull. 29. 9. 1962 Näsbypark/Schweden
+ kontr. Nov. 1962 Schleuse Lietzow, Rügen, 650 km SSW
+ erschöpft gefunden und gepflegt 7. 1. 1963 Schleuse Lietzow

158 Sto 9 900 442 o juv. 6. 3. 1965 Stockholm (59.20 N 18.03 E) Schweden
+ leicht an Leitung verletzt, vorübergehend gepflegt 30. 12. 1965 Insel Pulitz (Bergen 54.26 N 13.27 E), Rügen, 600 km SWzS

159 Sto 890 212 o ad. 11. 2. 1961 Stockholm/Schweden
+ kontr. Anfg. Jan. 1962 Wittower Fähre, Rügen, 590 km SWzS

160 Sto 9 900 635 o pull. 29. 9. 1962 Näsbypark, Uppland/Schweden
+ erschöpft gefunden und gepflegt 7. 1. 1963 Schleuse Lietzow, Rügen, 650 km SSW

161 Sto 9 900 224 o juv. 18. 3. 1962 Stockholm/Schweden
+ gefg. 15. 1. 1963 (wird noch gepflegt) bei Rathenow (52.37 N 12.20 E), 860 km SSW

162 Sto 9 900 475 o juv. 6. 3. 1965 Stockholm/Schweden
+ in Pflege genommen 22. 1. 1966 Breege (54.37 N 13.22 E), Rügen, 590 km SWzS

163 Sto W 105 244 o pull. 6. 6. 1961 Vaxholm (59.25 N 18.20 E), Uppland/Schweden
+ in Pflege genommen 23. 1. 1963 bei Seebach (51.10 N 10.25 E), Kr. Mühlhausen, 1300 km SSW

164 Sto H 2535 o ad. 23. 8. 1959 Hällaryd (56.12 N 14.56 E), Blekinge/Schweden
+ kontr. 26. 2. 1963 Wittower Fähre, Rügen, 200 km SWzS

165 Sto 9 900 037 o 29. 1. 1961 Stockholm/Schweden
+ beob. 3. 3. 1963 Klärteich b. Knappenrode (51.24 N 14.20 E), Kr. Hoyerswerda, 880 km SzW

166 Sto 9 900 009 o juv. 14. 1. 1961 Stockholm/Schweden
+ kontr. ca. 4. 4. 1962 Wittower Fähre, Rügen, 590 km SWzS

167 Vib MRK 114 o dj. Sommer 1933 Gisselfeld (55.18 N 12 E), Seeland/Dänemark
+ geschossen 17. 12. 1933 Soissons (49.23 N 3.18 E), Aisne/Frankreich, 940 km SWzW

168 Vib MRK 192 o dj. Sommer 1937 Bregentved b. Haslev (55.20 N 12 E), Seeland/Dänemark
+ erschöpft gefg. 16. 2. 1940 Wateringen (52.01 N 4.17 E), Niederlande, 615 km SWzW

169 Vib MRK 151 o dj. Sommer 1933 Hverringe (55.28 N 10.43 E), Fünen/Dänemark
+ 27. 2. 1940 Liesse (49.37 N 3.47 E), Aisne/Frankreich, 795 km SW

170 Vib MRK 510 o ad. 8. 3. 1963 Dyreborg b. Fåborg (55.06 N 10.15 E), Fünen/Dänemark
+ beob. 21. bis 28. 1. 1966 Insel Riems b. Greifswald, 218 km ESE

171 Ko H 53 o ad. 6. 3. 1940 Kopenhagen (55.40 N 12.34 E), Dänemark
+ kontr. 1. 12. 1942 Ungaren-See (ca. 58.50 N 16.40 E), Sörmland/Schweden, 440 km NEzN

+ kontr. 12. 12. 1943 bei Nyköping (58.46 N 16.57 E), Schweden, 30 km ESE vom Ungaren-See
+ tot 24. 3. 1944 südl. Malmö (55.47 N 31 E), Schweden, 420 km SWzS von Nyköping
172 Ko 190 133 o ad. 5. 3. 1947 Karrebaeksminde (55.11 N 11.33 E), Süd-Seeland/Dänemark
+ 10. 1. 1950 Tookern-See, Östergötland/Schweden, 375 km NNE
173 Ko 192 743 o ad. 9. 3. 1963 Bogö/Dänemark
+ ermattet gefunden 15. 4. 1964 Strausberg (52.34 N 13.53 E), b. Berlin 286 km SSE
174 Ko 190 224 o ad. 18. 3. 1947 Kopenhagen/Dänemark
+ Sommer 1947 Aengsudden b. Stockholm (59.20 N 18.06 E), Schweden, 520 km NE
175 Ko H 68 o ad. 1. 4. 1940 Avedöre b. Kopenhagen (55.40 N 12.34 E), Dänemark
+ tot 29. 9. 1946 Ryttern (59.30 N 16.18 E), Västmanland/Schweden, 475 km NNE
176 Ko 9 008 284 o 9. 3. 1963 Bogö/Dänemark
+ gefg. (Datum?), Kosebeuchteiche b. Delitzsch (51.32 N 12.19 E), 375 km S

Nachtrag

177 Mo A 12983 o juv. 25. 9. 1962 Zuvintas-See
+ 24. 1. 1963 Yverdon (46.47 N 6.38 E), Vaud/Schweiz, 1500 km WSW

Zugbewegungen versetzter Höckerschwäne

1 He 10 418 o zweij. 28. 4. 1939 Altwasser d. Kreuzhorst (52.06 N 11.41 E), b. Magdeburg (von der Hamburger Alster 53.33 N 9.58 E versetzt)
+ gefg. 12. 2. 1942 Sailly Laurette b. Péronne (49.57 N 2.56 E), Frankreich, 660 km WSW
+ im Eis festgefroren u. befreit 21. 3. 1942 Wismarsche Bucht (53.54 N 11.27 E), 730 km (Sailly-Laurette—Wismarsche Bucht) NEzE (Entfernung Magdeburg—Hamburg 195 km NNW)
2 Ro AA 10 653 o ad.? 16. 3.1936 Braunschweig (52.17 N 10.34 E) (von Berlin-Köpenick = 52.25 N 13.34 E versetzt)
+ erschöpft gefg. 29. 12. 1941 Fürstenwerder (53.23 N 13.38 E), Kr. Prenzlau, 240 km (Braunschweig—Fürstenwerder) NEzE (Entfernung Braunschweig—Berlin 205 km EzN)
3 Ro AA 10 607 o 6. 3. 1936 Friedeberg (52.53 N 15.31 E), (Strzelce Kraj, Pomorze/Polen) (von Berlin-Köpenick, 52.25 N 13.34 E, versetzt)
+ zugeflogen mit 4 Artgenossen 10. 2. 1939 Dorfteich in Leckow (53.49 N 15.40 E), 103 km (Friedeberg—Leckow) N (Entfernung Friedeberg—Berlin 140 km WSW)

17.2. Zugwege und Winteraufenthalt des Singschwans

Aus ihren nordeuropäischen Brutgebieten wandern die Singschwäne bei beginnendem Frost in ihre südwestlich gelegenen Winterquartiere. Schon in der ersten Hälfte des Oktober trifft ein Teil in den westjütländischen Lagunen ein, so im Ringköbingfjord und auf dem Fülsee, wo sie sich manchmal zu Tausenden versammeln (Salomonsen 1938).

Sie verweilen auch an den übrigen Küsten Dänemarks sowie an den Südwestküsten Schwedens und Norwegens. Im Februar 1961 wurden in Norwegen mindestens 2565 überwinternde Singschwäne gezählt (H o l g e r s e n brieflich).

In geringerer Zahl besuchen sie auch die Ostseegebiete der DDR und der BRD und halten sich hier in den Haffen und in den eisfrei bleibenden Strommündungen auf. Ein Teil zieht, je nach der Strenge des Winters, weiter nach den Niederlanden, England, Schottland und Nordirland. In Nordirland wurden in den Jahren 1952 bis 1961 zum Herbst Höchstzahlen von 2200 und 3500 Überwinterern gezählt (G u d m u n d s s o n brieflich). In der Hauptsache wird es sich wohl um isländische Singschwäne handeln. B r o u w e r u. T i n b e r g e n (1939) ermittelten im Verlauf von zwei Wintern an der Zuidersee nur 21 Singschwäne gegenüber 6000 Zwergschwänen, und T h i e l c k e (1956) stellte im Verlauf von drei Wintern im Lande Oldenburg 20 bis 30 Singschwäne gegenüber 3500 Zwergschwänen fest. Nur in strengen Wintern erscheint der Singschwan hier häufiger. In abnehmender Zahl werden sie sodann noch in Belgien und Nordfrankreich angetroffen.

Ziemlich regelmäßig, doch in geringer Zahl, dringen Trupps von Singschwänen auch landeinwärts, überqueren aber selten das Gebiet

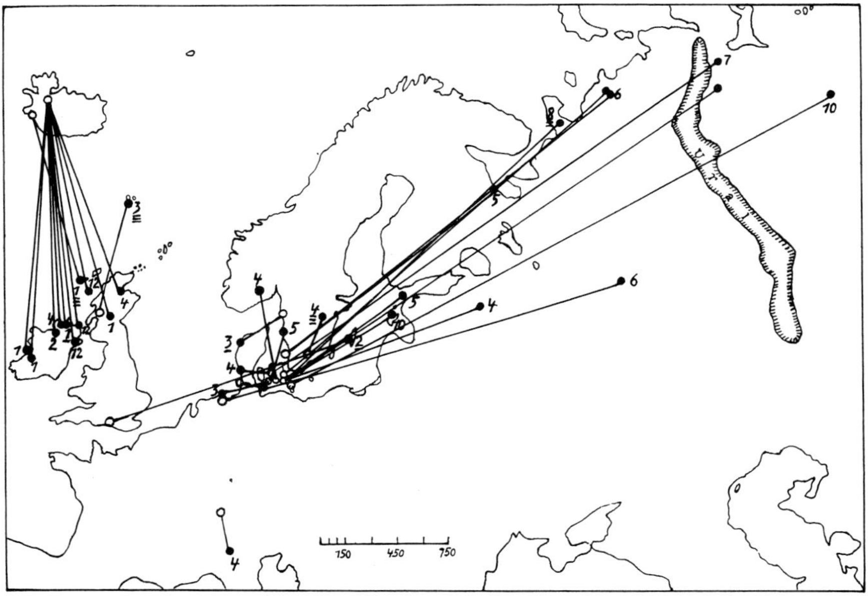

Fig. 15. Wiederfunde beringter Singschwäne. ○ Beringungsort, ● Fundort, die Zahlen bedeuten die Fundmonate, die Striche darunter die Lebens- bzw. Beringungsjahre

der DDR und die südlichen Teile der BRD wie auch Polen, die Tschechoslowakei, Österreich, Ungarn, Rumänien und die Schweiz, doch meldet sie Szijj (1963) als regelmäßige Überwinterer auf dem Bodensee. Im strengen Winter 1962/1963 traten sie auch in der Schweiz vermehrt auf. Die ersten erschienen Anfang und Mitte Januar. Bei Eriskirch am Bodensee waren es im Wechsel 15 und 30 (gegen die Höchstzahl von 20 in vorhergegangenen Wintern). Am 17. Februar stellte man in der deutschsprachigen Schweiz insgesamt 42 Singschwäne fest, die hier Winterquartier bezogen hatten. Das erwählte Gebiet wurde meist beibehalten, zum Teil unter schwierigen Verhältnissen. In den vorausgegangenen normalen Wintern lag die schubweise Ankunft auf dem Bodensee zwischen Anfang November und Anfang Dezember.

Man möchte annehmen, daß beim Zug des Singschwans der Ural als Barriere wirkt und die Schwäne Westsibiriens an seinem Ostrande zwangsläufig nach Süden führt, während die in den hohen Breiten Nordeuropas, also nördlich und nordwestlich des Urals wohnenden, südwestlich wandern und somit an der Westseite des Urals ein Winkelschatten entsteht, der nur ausnahmsweise beflogen wird. Der Wiederfund eines beringten Singschwans läßt jedoch Zug über den Ural nach Westsibirien vermuten. Ein auf Rügen im März beringter Schwan wurde ein Jahr später im Oktober im Bezirk Tjumen in Westsibirien geschossen. Ein anderer in Wilhelmshaven gekäfigter und am 10. 3. 1956 freigelassener Singschwan wurde vom Fluß Wetluga im Kostromagebiet nahe Ost Roshdesturen Moje in der UdSSR am 6. Juni des gleichen Jahres festgestellt. Man fand nur den Ring, der Fund dürfte somit in der Zeit etwas zurückliegen und wohl noch in die Zugzeit fallen. Die Flugrichtung geht auf den Ural zu (s. Fig. 15). Freilich bedarf es weiterer derartiger Funde, um Gültiges über eine Überquerung des Urals aussagen zu können. Immerhin läßt auch der Fund eines in der Schweiz am 13. 10. 1941 beringten Singschwans Flug über die Alpen vermuten. Er hielt sich vermutlich vom 16. 9. 1941 bis zum 21. 2. 1942 bei Zürich auf und wurde etwas später, am 9. 4. 1942, in Castelmella nahe Brescia in Norditalien festgestellt (dabei überrascht auch die südöstliche Richtung seines Frühjahrszuges, die zum Süden der UdSSR weist). Bemerkenswert ist der Zug durch Rumänien, über den von Spieß (1940: „Siebzehn Jahre im rumänischen Hofjagddienst“, München) berichtet. Zum Ende des kalten Winters 1928/1929 stellte er hier „großartigen Zug“ von Singschwänen fest, und einmal bemerkte er die Art bereits am 10. Oktober.

Es ist wenig wahrscheinlich, daß die durch Rumänien wandernden Singschwäne, falls sie aus dem Raum östlich des Urals kommen, an seiner Südspitze westlich einschwenken und so nach Europa gelangen, doch könnten die auf den Inseln des Mittelmeeres, auf Sardinien, Mallorka, Malta und Korfu beobachteten schon eher diesen Weg genommen haben. Auch in Unterägypten, Algerien und Spanien wurden Singschwäne angetroffen.

Abb. 55. Singschwäne auf dem Zuge in Schottland. Aufn. G. K. Yeates

Solange die Seen auf Island noch etwas offenes Wasser haben, halten die Vögel hartnäckig an ihrem Brutsee fest. Frieren die Seen vollends zu, fliegen sie an die Küste und bilden hier zuweilen Ansammlungen, die nach Tausenden zählen, besonders dort, wo das Seegras *(Zostera)* wuchert. Ein bevorzugter Sammelplatz sind die seichten Buchten der Fjorde Hvammsfjördur und Gilsfjördur (Gudmundsson brieflich). Wenige Singschwäne konnten auf Island beringt werden. Fundmeldungen kamen aus Schottland und Irland. Sie werfen die interessante Frage auf, ob (wie bei Enten) u. U. Verlobungen sibirischer und isländischer Schwäne im Winterquartier (Irland) stattfinden und wie sich die Tiere beim Einsetzen des Zugtriebes verhalten.

Schon Naumann bemerkte, es würden in strengen Wintern viele Singschwäne Island verlassen, einige würden nach Grönland verstreichen (von Helms – 1911 – bestätigt), womit er der Zugbereitschaft Ausdruck gibt. Faber (1882) betonte dagegen vom isländischen Singschwan, er sei Standvogel und begebe sich zum Winter von den Teichen der Bergebenen und des Nordlandes lediglich an die offenen Meeresbuchten des Südlandes. Der nunmehrige Ringbeweis des Zuges nach Schottland stützt die Vermutung des wiederholten Anfluges Großbritanniens von Island her, doch läßt er noch keine gültigen Schlüsse zu, wohin sich die Hauptmasse der isländischen Zugschwäne wendet und welche Entfernungen sie auf ihrer Wanderung erreichen.

Für 1958 bis 1961 errechneten Boyd & Eltringham (1962) unter den in England und Irland überwinternden Singschwänen eine Jungenzahl von 20,4%, während Hewson für 1955/1956 neben 1137 alten Vögeln 240 junge feststellte (17,4%); 1956/1957 standen 641 alten Vögeln 158 junge gegenüber (19,8%). Die Jungenzahlen liegen damit weit unter denen des Zwergschwans, obwohl dieser ein kleineres Gelege hat. So kann hier nur ein höherer Anteil der Nichtbrüter das Bild verschieben. Spätere Erhebungen von Hewson (1964) erbrachten bei 57 großen Trupps mit einer Durchschnittsgröße von 40,6 Vögeln einen Jungenanteil von 15,1%, bei 115 Trupps von durchschnittlich 8,2 Vögeln dagegen einen von 26,4%.

Trotz der bislang nur wenigen Wiederfunde beringter Singschwäne sagt die Zugkarte (Fig. 15) doch schon etwas über die Zugrichtung und den Winteraufenthalt der am Weißen Meer und auf Island beheimateten Vögel aus. McLean u. Williamson (1960) beobachteten auf dem Wetterschiff „Alpha“ im Nordatlantik unter 62° N 33′ W Vogelzug zwischen Südgrönland und Island und umgekehrt, auch Singschwäne waren darunter.

Nach Dementiew u. Gladkow beziehen die Singschwäne aus den asiatischen Teilen der UdSSR außer am Mittelmeer vor allem Quartier am Kaspischen Meer sowie in Mittel-, Süd- und Südostasien. Der Aufbruch der Singschwäne hängt auch hier – wie beim Höckerschwan –

vom Einbruch der herbstlichen Fröste und der Vereisung der Gewässer ab und geht in den verschiedenen Landstrichen unterschiedlich vor sich. Ende September und im ersten Oktoberdrittel verschwinden die Schwäne aus dem äußersten Norden. In den Küstengebieten des Ochotskischen Meeres währt der Flug vom 29. September bis zum 12. Oktober. Im Smolensker, Moskauer und Permer Gebiet bemerkte man sie in der zweiten Oktoberhälfte. Vom 25. September bis zum 15. Oktober verschwinden sie aus den Bezirken der mittleren Wolga, vom 1. bis 23. Oktober aus den Bezirken des Altai. Anfang Oktober verlassen sie Penshino und durchfliegen um diese Zeit auch die Tatarische Meerenge.

Johansen (1959) nennt für den Abzug aus den nördlichen Teilen Westsibiriens, z. B. bei Tobolsk, die erste Oktoberhälfte, für den Süden bei Semipalatinsk und im Alejgebiet etwa den 10. bis 25. Oktober und für das Irgis- und Turgaidelta die Zeit zwischen dem 20. Oktober und 1. November. In einzelnen Jahren sollen Singschwäne am Telezker See überwintert haben, auch auf einem großen See in der Nähe von Bijsk. Er vermutet dort warme Quellen, die das Wasser offenhalten.

Wie Dementiew u. Gladkow berichten, sollen sich die Singschwäne im Herbst an den nördlichen und nordwestlichen Küsten des Kaspischen Meeres einfinden, wo sie sich in größerer Anzahl im seichten Wasser der Agrachansker Meerenge nahe der Insel Tschetschen aufhalten. Vereisen die Wasser, verweilen die Schwäne anfangs noch am Eisrand und fliegen darauf allmählich weiter südlich zum Diwitschinska-Haff und in ihrer Hauptmasse noch weiter zu den Ufern der Küsülaratschker Meerenge sowie an die südlichen Küsten des Kaspischen Meeres.

Hier, wie auch am Schwarzen Meer, in Kleinasien und im Nordteil des Mittelmeers sammeln sich größere Scharen der Singschwäne (ein neuerer Bericht von Winokurow u. a. [1960] spricht von 12 000 überwinternden Schwänen – zumeist Singschwänen – am Schwarzen und Asowschen Meer). Vereinzelt finden sie sich dann noch auf den noch offenen Gewässern der Umgebung von Gorki, hier und dort auch in der Ukraine. Teilweise soll der Singschwan nach Dementiew u. Gladkow sogar am Weißen Meer überwintern, ferner in milden Wintern im Terekdelta. Er stellt sich auch an einigen Stellen Mittelasiens ein, am Issyk-Kul, am Telezkomsee, am Ufer des Stillen Ozeans bis nach Kamtschatka, in Baschkirien, in Südsachalin, auf den Kommandeurinseln, im Bezirk Anadyr, auf der Insel Hokkaido und an der chinesischen Küste. Diese Überwinterungsplätze werden jedoch nicht regelmäßig aufgesucht, und selten nur wird der Singschwan schließlich noch in Indien und im Iran bemerkt.

Nach den Beobachtungen Stellers (Lenz 1856) scheint auch ein Zug vom nordöstlichen Sibirien an die Buchten Amerikas vor sich zu gehen. Er hat sie auf der Beringinsel, auf der er Schiffbruch erlitt und überwinterte, scharenweise nach Amerika fliegen sehen. Steller berichtet ferner, daß sie sich von Mitte August bis Ende Oktober auf Kamtschatka sammeln, hier zunächst verweilen, darauf nach Amerika wandern, im Mai zurückkehren und sich über Sibirien verteilen (Pallas 1811).

Auf ihrer Herbstreise fliegen die Schwäne nach Dementiew u. Gladkow (1952) vermehrt die Seen an, während sie sich auf dem Frühjahrszug an die Flüsse halten. Auch Tischler (1941) weist darauf hin, daß die Herbstwanderung mehr durch das Binnenland geht und an der Küste gegenüber dem Frühjahr auffallend schwächer in Erscheinung tritt.

Der Rückflug von ihren Überwinterungsplätzen im Mittelmeergebiet, von Klein- und Mittelasien, vom Issyk-Kul, von Indien und China beginnt nach Dementiew u. Gladkow (1952) in der ersten Hälfte des Februar. Im äußersten Westen und Osten bewegt sich der Vogelzug im allgemeinen jedoch bedeutend schneller als in Kasachstan und in Zentralasien. Die einzelnen Züge werden durch Familien (manchmal Einzelvögel!) wie auch durch größere Verbände eröffnet. Hinter dem 50. Breitengrad brechen sie schon fast in winterlichen Verhältnissen auf. Es liegt dann überall noch Schnee, die Gewässer sind noch mit Eis bedeckt, und nur erste Pfützen lassen den Frühling ahnen. Bei Kälteeinbrüchen und Frühlingsschneefällen wird darum zuweilen eine Umkehr der Schwäne und Rückflug in mehr südlichere Gegenden beobachtet. Aus Kleinasien und Transkaukasien verschwinden die Singschwäne endgültig in den letzten Tagen des Februar und erscheinen in dieser Zeit in den Bezirken der Moldauischen SSR. Gegen Mitte März treffen die ersten auf der Krim, an der Asowschen Küste, im Delta des Terek und in den Küstengebieten des Fernen Ostens ein, sowohl in den Niederungen des Dnepr im Bezirk Askania Nova, in den Niederungen der Wolga, am Amu-Darja und Syr-Darja, in der Mongolischen VR und in den ussurischen Gebieten. Gegen Ende März fliegen sie am Mittellauf des Dnepr entlang, in der zweiten Märzhälfte am Amu-Darja, und den ganzen März hindurch gehen kleinere Zugbewegungen im Küstengebiet im Fernen Osten vor sich. In der Mitte des März reisen sie von der Insel Chondo ab. Mittelasien verlassen sie im warmen Frühjahr endgültig Ende März, verbleiben in kalten Frühjahren am Syr-Darja jedoch bis Mitte April. Ende März und Anfang April sind die ersten Singschwäne im Oka-Becken an der mittleren Wolga, in den nördlichen Küstengebieten des Aralsees und im südlichen und zentralen Kasachstan. Auch im Bezirk Wladiwostok wird in manchen Jahren Durchzug bemerkt (4. bis 9. April). Vom 30. März bis zum 17. April werden sie im Kaukasus beobachtet, Ende März, Anfang April im Moskauer Gebiet, Anfang April an der Wjatka, vom 2. bis 17. April im Tscherdynsker Bezirk, und Mitte April fliegen sie zur Murmansker Küste, zur mittleren Petschora und zum Permer Gebiet.

In Westsibirien ist der Singschwan nach Johansen (1959) einer der ersten Frühlingsboten. Er scheint in den mittleren Breiten Sibiriens sogar eher einzutreffen als im Süden. So sah man ihn in der Barabasteppe nicht selten in den letzten Märztagen, bei Tomsk am 2. April, bei Tobolsk zwischen dem 3. und 10. April und sogar bei Surgut und am Wach am 7. April. Ein paar Wochen später folgt den ersten Boten die Menge der Singschwäne. Im Süden bei Semipalatinsk erscheinen sie zwischen Anfang und Ende April, am unteren Irgis am 10. April. Zu dieser Zeit sind hier die Flüsse und Seen noch mit Eis bedeckt, und überall liegt tiefer Schnee. „Ich habe oft gefragt, wie und wo die großen Vögel mehrere Wochen ihr Leben fristen können, ehe richtiges Tauwetter einsetzt. Es wurde mir gesagt, daß die Schwäne sich dann an offenen eisenhaltigen Quellen in moorigen Gebieten aufhalten. Daher augenscheinlich auch die häufig vorkommende rostige Färbung der Unterseite."

Nach Masuren wandern Singschwäne nach Tischler (1941) bisweilen schon im Februar zurück (21. 2. 1935, 6. 2. 1936, 6. u. 25. 2. 1938, 17. 2. und 26. 2. 1939), meist beginnt der Zug aber erst im Laufe des März und hält bis Ende April an, entwickelt sich dabei zeitweise recht lebhaft. Auf der Lewitz in Mecklenburg hielten sich nach Kuhk (1939) noch am 17. 4. 1933 14 Singschwäne auf, die dann weiterzogen. Dänemark verlassen die Wintergäste Mitte April, ganz ausnahmsweise erst in den ersten Tagen des Mai (Salomonsen 1938).

In Finnland konnten zur Frühjahrszeit über die Dauer von 12 Jahren (1950—1961) mehr als 5000 wandernde Singschwäne beobachtet werden. Die Zahlen schwanken während der einzelnen Jahre, seit 1956 treten sie

Abb. 56. Singschwäne bei Lendersdorf am Niederrhein.
Aufn. H. Engländer

aber bedeutend vermehrt in Erscheinung. Allein 1958 und 1960 waren es jedesmal 1000. Der Durchzug erstreckt sich über ein bis zwei Monate, die Hauptmasse aber überquert Finnland an wenigen Tagen. Durchschnittlicher Zugbeginn ist der 7. 4., die Mitte liegt beim 14. 4., der Schlußtag ist der 6. 5. Die durchschnittliche Größe eines Fluges betrug 9 Vögel, die Höchstzahl 115, aber vielfach soll der Zug in Paaren vor sich gehen (J a h n u k a i n e n 1963).

Im strengen Winter 1962/1963 begaben sich die Singschwäne, die sich in der Schweiz aufgehalten hatten, Ende Februar und Anfang März auf den Heimzug. Ein großer Trupp am Stausee Riburg zog gestaffelt ab, die restlichen verließen erst Ende März und Anfang April das Land. Am Bodensee lag der Wegzug in den früheren Jahren zwischen Anfang März und Beginn des April (L e u z i n g e r 1963).

Nach den Aufzeichnungen von D e m e n t i e w u. G l a d k o w (1952) werden die Zugbewegungen des mehr östlich beheimateten Singschwans im Tal des Tobol in der ersten Hälfte des April bemerkt. Am 26. 4. sind die ersten in der Timansker Tundra festgestellt, vom 7. bis 28. 4. zeigen sie sich im Ana-Dyrsker Gebiet und fliegen Ende April weiter zur Mündung des Ob. Vom 17. bis 27. 4. bewegen sie sich im Gebiet von Tomsk und Ende April beim Weiterflug in den Niederungen des Wiljui. Die Gebirgsgegenden suchen sie später auf als das Flachland. So wurden sie erst vom 3. bis 31. 5. an verschiedenen Stellen des Altai beobachtet, Anfang Mai im Bezirk Werchne-Kolymsk. In der gegenwärtigen Zeit sind sie überall nur in kleinerer Zahl auf der Wanderung, lediglich in Ostsibirien wird ein größerer Durchzug beobachtet. Besonders in den Küstengebieten ist er ausgeprägt. Der Hauptzug setzt gewöhnlich 15 bis 30 Tage nach dem Erscheinen der ersten Vögel ein. Wie D e m e n t i e w u. G l a d k o w weiter bemerken, verschwinden die letzten Vögel endgültig aus den verschiedensten Durchzugsgebieten im Mai, ein Teil verbleibt jedoch südlicher von ihren gegenwärtigen Nistplätzen.

Auch aus unseren Gebieten sind Fälle von übersommernden Singschwänen bekannt geworden. So berichtet C l o d i u s (1896) von einem Singschwanpaar, das im Sommer 1885 den Breitling bei Rostock bewohnte. Es sonderte sich von den dort brütenden Höckerschwänen ab und hielt sich mehr in den abgelegenen Buchten auf. Die Singschwäne benahmen sich recht scheu. Obwohl sie über den ganzen Sommer verblieben, schritten sie nicht zur Brut. Was sie zurückhielt, war nicht ersichtlich.

D a t h e u. D a t h e (1965) stellten am 2. und 6. 8. 1964 nahe dem Westufer des Saaler Boddens hinter Ahrenshoop einen alten Singschwan fest, der flugfähig war und einen durchaus gesunden Eindruck machte. B ä h r (1965) sah an vermutlich gleicher Stelle hier einen alten Singschwan am 31. 8. 1954, ferner einen alten Vogel noch am 28. 9. 1960 mit Enten bei Röbel über den Müritzsee fliegen. Berichte über Bruten übersommernder Singschwäne mußten in jedem Fall als irrtümlich verworfen werden, sie beruhten auf einer Verwechslung mit dem Höckerschwan.

Zurückgemeldete beringte Singschwäne

Geordnet nach den Beringungsländern
Abkürzungen: Gö = Naturhistorisches Museum Göteborg, Schweden, He = Vogelwarte Helgoland, BRD, Ko = Zoologisches Museum Kopenhagen, Dänemark, Lo = Beringungszentrale London, Großbritannien, Se = Vogelwarte Sempach, Schweiz, Rey = Naturhistorisches Museum Reykjavik, Island; o = beringt, + gefunden, ad. = alt, brutreif, n. fl. = nicht flügge, vj. = vorjährig, juv. = jung, noch nicht brutfähig, Fängl. = Fängling.

1 Gö L 465 o Herbst 1940 Trollhättan (58.15 N 12.17 E), Älvsborg/Schweden
+ März 1942 Storaaen, 10 km W von Holstebro (56.24 N 8.34 E), Jütland/Dänemark, 310 km SWzW

2 Gö L 629 o 3. 4. 1947 Sonekulla, Bräkne-Hoby (56.14 N 15.08 E), Blekinge/Schweden
+ 25. 4. 1950 See Akervristen, Gruvdalen, Ukna (58.05 N 16.20 E), Smaland/Schweden, 220 km NzE

3 Gö L 476 o 21. 2. 1941 Hälsingborg (56.04 N 12.42 E), Schweden
+ 18. 5. 1941 Belomorsk (64.30 N 34.54 E), Karelskaja ASSR/UdSSR, 1520 km NEzE

4 Gö L 500 o 24. 2. 1941 Hälsingborg
+ gefunden 7. 6. 1941 in der Nähe von Narjan-Mar (67.37 N 53.02 E), Nenezki naz. okrug/UdSSR, 2450 km NEzE

5 He 111 343 o vj. 21. 2. 1956 fast verhungert und flugunfähig, gepflegt und freigelassen 14. 3. 1956 St. Michaelisdonn (54.19 N 9.07 E), Schleswig-Holstein
+ flugunfähig gefunden 26. 3. 1956, gepflegt, dann eingegangen Mitte Mai 1956 Kuden, Kr. Süderdithmarschen (54.27 N 11.12 E), Schleswig-Holstein, 145 km ENE

6 He 111 249 o vj. ca. 1 Monat gekräftigt, freigelassen 10. 3. 1956 (fliegt gut), Wilhelmshaven (53.31 N 8.08 E)
+ nur Ring gefunden 6. 6. 1956 am Fluß Wetluga nahe Roshdenstwenskoje (58.10 N 45.35 E), Kostroma-Gebiet/UdSSR, 2450 km EzN

7 He 112 247 o vj. 8. 3. 1963 Wittower Fähre (54.34 N 13.16 E), Rügen
+ geschossen 20. 10. 1964 Ingej-Jugan (61.40 N 74.20 E), Chanty-Mansiski naz. okrug UdSSR, 3670 km NEzE

8 Ko 191 318 o ad. 10. 1. 1956 Ulvshale (55.03 N 12.16 E), Mön/Dänemark
+ ca. 1. 3. 1956 Minsen (53.42 N 7.58 E), Oldenburg, 325 km WSW

9 Ko 191 316 o ad. 31. 12. 1955 Amager, Kopenhagen (55.38 N 12.34 E), Dänemark
+ 11. 4. 1956 Westerholz, Flensburg (54.47 N 9.27 E), Schleswig-Holstein, 230 km WSW

10 Ko 190 281 o ad. 18. 3. 1952 Mön (55 N 12.20 E), Dänemark
+ 23. 4. 1952 Dep. Nowgorod (58.30 N 31.20 E), UdSSR, 2300 km EzN

11 Ko 191 772 o ad. 5. 3. 1963 Karrebaeksminde (55.11 N 11.40 E), Seeland/Dänemark
+ 23. 4. 1963 Langesundsodden, Kragerö (59 N 9.30 E), Norwegen, 475 km NzW

12 Ko 190 412 o 11. 2. 1963 Bogö (54.56 N 12.04 E), Dänemark
+ 2. 5. 1965 Årnäs (57.12 N 12.12 E), Halland/Schweden, 260 km N

13 Ko 190 278 o ad. 18. 3. 1952 Mön
+ 9. 5. 1958 nahe Paldiski (ca. 59.20 N 24 E), Estnische SSR/UdSSR, 875 km NEzE

14 Ko 191 703 o juv. 4. 3. 1963 Karrebaeksminde
+ Juli 1963 bei Salechard (66.33 N 66.35 E), am Ob, Jamalo-Nenezki naz. okrug/UdSSR, 3170 km NEzE

15 Ko 190 242 o ad. 19. 1. 1952 Mön
+ Sommer 1964 bei Mushi (65.22 N 64.40 E), am Malaja Ob, Jamalo-Nenezki naz. okrug/UdSSR, 3070 km NEzE

16 Ko 192 294 o ad. 8. 3. 1963 Bogö
+ Sommer 1965 bei Narjan-Mar (67.37 N 53 E), Nenezki naz. okrug/UdSSR, 2500 km NE

17 Ko 190 236 o juv. 17. 1. 1952 Mön
+ August 1954 Kanin-Halbinsel (67 N 45.20 E), UdSSR, 2200 km NE

18 Ko 191 319 o ad. 10. 1. 1956 Ulvshale, Mön
+ 3. 10. 1956 Saaremaa (ca. 58.30 N 22.30 E), Estnische SSR/UdSSR, 750 km NEzE

19 Se 990 363 o ad. 13. 10. 1941 (bis 28. 2. 1942 beobachtet) Zürich (47.24 N 8.32 E), Schweiz
+ 9. 4. 1942 bei Castelmella, 10 km SW Brescia (45.32 N 10.13 E), Italien, 250 km SEzS

20 Lo Z 08596 o juv. 2. 2. 1963 Shoreham b. Sea (50.50 N 0.16 W), Sussex, England/Großbritannien
+ tot 29. 2. 1964 Hamra (56.59 N 18.18 E), Gotland/Schweden, 1450 km ENE

21 Lo Z 08011 o Fängl. 4. 1. 1964 Loch Lomond (56.03 N 4.35 W), Dunbarton, Schottland/Großbritannien
+ tot 12. 3. 1967 Sand (61.50 N 6.48 W), Sandø, Färöer, 600 km NzE

22 Rey 1/49 o n. fl. 24. 7. 1944 Berjanes (63.41 N 20.13 W), Landeyar, Süd-Island
+ tot unter Hochspannungsleitung Januar 1948 Grogary (57.20 N 7.23 W), South Uist, Äußere Hebriden, Schottland/Großbritannien, 990 km SSE

23 Rey 002 o pull. 11. 8. 1962 Arnarvatnsheidi (ca. 64.54 N 20.35 W), West-Island
+ tot unter Leitungsdraht 20. 1. 1963 Fallin nahe Stirling (56.06 N 3.55 W), Stirlingsshire, Schottland/Großbritannien, 1340 km SzE

24 Rey 028 o pull. 15. 8. 1962 Arnarvatnsheidi
+ tot unter Hochspannungsleitung 6. 12. 1962 Downpatrik (54.20 N 5.41 W), Down, Nord-Irland/Großbritannien, 1450 km SzE

25 Rey 043 o pull. 16. 8. 1962 Arnarvatnsheidi
+ tot gefunden 24. 1. 1963 Kilnaboy nahe Corofin (52.57 N 9.06 W), Clare/Irland, 1500 km SzW

26 Rey 086 o pull. 8. 8. 1963 Arnarvatnsheidi
+ tot gefunden Ende April 1964 Fort Augustus (Inverness 57.28 N 4.13 W), Invernessshire, Schottland/Großbritannien, 1200 km SSE

27 Rey 0148 o ad. ♀ 15. 8. 1963 Arnarvatnsheidi
+ geschossen 28. 1. 1965 Lough Beg, Londonderry (55.04 N 7.15 W), Nord-Irland/Großbritannien, 1330 km S

28 Rey 0219 o pull. 6. 8. 1965 Arnarvatnsheidi
+ tot gefunden 16. 2. 1966 Upper Lough Erne (ca. 54.23 N 7.42 W), Fermanagh, Nord-Irland/Großbritannien, 1350 km S

29 Rey 0283 o pull. 9. 8. 1965 Arnarvatnsheidi

+ tot gefunden Anfang Dezember 1965 Fair Head (ca. 55.12 N 6.10 W), Antrim, Nord-Irland/Großbritannien, 1350 km SzE

30 Rey 0314 o ad. 14. 8. 1965 Arnarvatnsheidi
+ geschossen 2. 1. 1966 River Shannon (ca. 90 km von der Mündung entfernt) (ca. 52.28 N 8.06 W), Tipperary/Irland, 1540 km SzW

31 Rey 0389 o pull. 16. 8. 1965 Arnarvatnsheidi
+ tot gefunden 2. 4. 1966 Campsey nahe Londonderry (55.04 N 7.15 W), Nord-Irland/Großbritannien, 1330 km S

32 Rey 0454 o pull. 19. 8. 1965 Arnarvatnsheidi
+ tot gefunden ca. 1. 12. 1965 Loch Duin, Island of Coll (56.39 N 6.34 W), Innere Hebriden, Argyll, Schottland/Großbritannien, 1140 km SzE

17. 3. Zugwege und Winteraufenthalt des Zwergschwans

Die Zwergschwäne besuchen verschiedene Winterquartiere. Die europäischen – und wohl auch ein Teil der westsibirischen – wandern nach Europa, die weiter östlich bis etwa zur Lena im asiatischen Raum brütenden wenden sich nach Südwestasien, und die östlich der Lena wohnenden suchen Südostasien über die Winterzeit auf.

Seit der Mitte unseres Jahrhunderts häufen sich die Zwergschwanbeobachtungen zu den Zugzeiten im Ostseeraum, an den Nordseeküsten der Bundesrepublik und denen der Niederlande sowie in England außerordentlich, während Irland als früherer Hauptüberwinterungsplatz nicht mehr so stark beflogen wird und Schottland sowie die Hebriden nicht mehr aufgesucht werden. Vermehrt wandern sie auch in das Binnenland, tauchen zum Teil in Landstrichen auf, wo man sie früher nicht kannte, und sie erscheinen in zunehmender Menge.

Zuerst wurde geglaubt, man habe sie vordem nur übersehen oder mit Singschwänen verwechselt, aber mit dem wiederholten Beobachten wuchs die Erkenntnis, daß die Unterscheidung gar nicht so schwierig ist und es genug Kennzeichen für ihre genaue Bestimmung gibt. Schmidt (1965) behauptet sogar, es falle nicht schwer, selbst in 800 bis 1000 m Höhe überhinfliegende Zwergschwäne an ihren Stimmen eindeutig auszumachen. Die Verwechslung mit dem Singschwan ist immerhin nicht unwahrscheinlich, ja verschiedentlich anzunehmen; das plötzliche gehäufte Vorkommen in einigen Ländern aber läßt sich damit nicht erklären.

Fragen wir nach den Ursachen für diese auffällige Erscheinung, so dürfte der Gedanke ausscheiden, daß etwa für Teile der Zwergschwäne eine Verlagerung des Zuges aus dem asiatischen Raum in den europäischen vor sich ging. Das spräche gegen bisherige Erkenntnisse. Sie könnte auch nur so denkbar sein, daß durch stärkere Ausfälle von in Südwestasien überwinternden Vögeln deren Brutplätze frei wurden und nach Europa ziehende sie besetzten. Oder es müßte Zug über den Ural vorkommen. Andererseits ist nicht recht zu übersehen, ob die Zugscharen im europäischen Raum jetzt ganz allgemein zahlenmäßig stärker auftreten oder bei früherem, weit nördlicherem Zug durch weniger bewohnte Gebiete Finnlands, Schwedens und Norwegens nur nicht auffielen. Aus den früheren Winterquartieren in Irland, Schottland und auf den Hebriden liegen leider keine genauen Bestandszahlen vor, die einen Vergleich gestatten.

Der Schutz, den die Schwäne nach D e m e n t i e w (brieflich) jetzt in der UdSSR genießen, dürfte sich günstig auswirken; in ihren unwirtlichen und von Menschen wenig betretenen Brutgebieten der Tundren behelligte man sie aber wohl sowieso weniger, und auf dem Zuge in Europa kamen sie kaum in Gefahr, da sie hier nicht verfolgt werden. Für ihr vermehrtes Erscheinen in den Überwinterungsgebieten und deren Verlagerung müssen somit andere Gründe mitspielen, die m. E. in klimatischen Veränderungen zu suchen sind.

Bekannt ist, daß sich Mitteleuropa seit den 1860er Jahren langsam aber stetig erwärmte, was sich vor allem im polaren Raum auswirkte, also im Brutgebiet des Zwergschwans. Zuerst erhöhten sich die Temperaturen in den Monaten November bis Mai auffallend, dann folgte in den 1930er Jahren auch der Monat Juni. Viele Vögel vergrößerten ihr Brutareal zum Norden hinauf, worauf K a l e l a (1946, 1950, 1952, 1955) wiederholt hinwies und Beispiele anführte. Es ist darum durchaus denkbar, daß der mit seinen Sümpfen und rasigem Bewuchs gerade für den Zwergschwan so vorzüglich geeignete erweiterte Brutraum, der fern menschlicher Siedlungen liegt, eine Bestandsvermehrung brachte, besonders nach dem Hinzutreten des wärmeren Juni. Neben verbesserte Brutbedingungen trat wohl ein größeres Wachstum der Nahrungspflanzen. Zwar ist eine solche Ausdehnung des Brutraumes und evtl. auch ein früherer Brutbeginn beim Zwergschwan in den letzten Jahrzehnten nicht gemeldet worden, doch kann das in den kaum von Menschen bewohnten Gebieten Nowaja Semljas, der Jamalhalbinsel und anderen Einöden nicht sogleich erwartet werden. Hierhin dringt der forschende Mensch nur selten.

Zum anderen machte es die im Ostsee- und Nordseeraum eingetretene Erwärmung möglich, früher überflogene Gebiete zum Winteraufenthalt zu wählen. Gerade der Zwergschwan mit ausgesprochenem Winterfluchttrieb konnte sich schnell anpassen, ohne bei dem Versuch zu Schaden zu kommen. Vielleicht stehen mit den vorstehenden Betrachtungen auch die gegenüber dem Singschwan bemerkten und von S c h m i d t (1965) verglichenen höheren Jungenanteile überwinternder Zwergschwäne im Zusammenhang. Beim Singschwan muß einer Ausbreitung nach dem Norden erst das Aufkommen einer starken Land- und Wasservegetation vorausgehen, die — zumal soweit nördlich — zu ihrer Entwicklung mehr Zeit braucht, jedenfalls mehr als die Bildung des Rasens für den Zwergschwan. Hält die Erwärmung im polaren Bereich an und werden die Schutzbestimmungen im Brutgebiet beachtet, ist für die Zukunft sicher auch mit der Vermehrung des Singschwans zu rechnen, wobei allerdings die Ausfälle im Winterquartier durch sein Beharren am vereisten Platz beim Auftreten starker und lang anhaltender Fröste hemmend wirken.

Sind die Schwingen nach der Mauser erneuert, was im September der Fall ist, verlassen die Zwergschwäne ihre Tundren. Dabei wenden sich die europäischen und wohl auch ein Teil der unmittelbar benachbarten westsibirischen sowie die auf Nowaja Semlja beheimateten Vögel vorwiegend südwestlich, die anderen asiatischen dagegen durchqueren West- und Ostsibirien in südlicher Richtung. Ob der Ural zu einem Teil überflogen wird, ist nicht bekannt.

Auf Nowaja Semlja und an der Karasee brechen die ersten Schwäne Anfang September auf, der Haupttrupp setzt sich Mitte September in Bewegung. Einige sollen laut Dementiew u. Gladkow (1952) in milden Wintern schon am Weißen Meer überwintern (?), es soll aber selten geschehen. Die weitere Reise geht über Finnland, das vom Zwergschwan alljährlich – doch in geringerer Zahl – „im letzten Teil des Jahres“ überquert wird. Er wurde bei Forssa, Kovjoki und Oulu bemerkt. Stärker soll die Linie Weißes Meer – Ladogasee – Finnischer Meerbusen beflogen werden. Beobachtungen am See Äyräpäänjärvo lassen Merikallio (1958) eine Änderung des Zugverlaufs von Zeit zu Zeit vermuten. Durch den Bezirk Leningrad geht der Flug im November, und am Fluß Wytschegda, also weit östlich im Binnenland, nahe dem Ural, bemerkte man ihn am 15. 10. 1930 (Dementiew u. Gladkow).

Regelmäßig im Oktober und November werden die baltischen Sowjetrepubliken durchwandert, zumindest die nördlichen. Dabei sind Verbände von 30–40 Vögeln keine Seltenheit. Familien pflegen gesondert zu wandern.

In Nordost-Polen konnte der Zwergschwan nur dreimal notiert werden (Tischler 1941). Nur wenig nördlich bei Liepaja (Libau) bemerkte Grosse (1927) dagegen regen Zwergschwanzug, und zwar Flüge von 60 bis 150 Vögel, an einem Morgen gar 60 Flüge von je 100 bis 150 Vögel. Auch am Angerschen See bei Riga traf er sie durchziehend an. Tischler (1941) glaubte daher vermuten zu müssen, daß der Zwergschwan an der Ostseeküste Nordost-Polens bisher nur übersehen oder als Singschwan bezeichnet wurde. Doch auch Doljnik (zitiert bei Schubert 1963) konnte bei den späteren alljährlichen Zugbeobachtungen auf der Kurischen Nehrung nur ein einziges Mal im Jahre 1958 Zwergschwäne auf dem Herbstzug bemerken. Und Zajac (brieflich an Schubert) kann Durchzug durch Polen auch für die neuere Zeit trotz Planbeobachtungen an der Küste bei Gorki Wschodnie von Mitte September bis Anfang November 1962 nicht bestätigen. In den baltischen Sowjetrepubliken reißt die Beobachtungskette über dem Land und an der Küste also plötzlich ab.

Norwegen wird auf dem Zuge kaum und nur im südlichen Teil berührt, zumeist im November. Von 1876 bis 1904 liegen nur 15 Beobachtungen vor, danach wurden lediglich am 3. 1. 1949 noch einmal 3 Vögel nördlich von Stavanger gesehen. Holgersen (brieflich) meint, die Art könnte aber doch öfter in Norwegen vorkommen, besonders aufgefallen scheint sie aber nicht zu sein.

Schweden wird vom Zwergschwan im Herbst wenig überflogen, auch nur im Süden und Südosten und hauptsächlich Mitte und Ende Oktober (Österlöf brieflich). Man sieht ihn vor allem bei den Lagunen und flachen Buchten des Meeres, wenig im Binnenland. Im Frühjahr tritt er mehr in Erscheinung (Curry-Lindahl 1959). Es wird jedoch ein häufigeres Vorkommen im schwedischen Raum vermutet. Curry-Lindahl glaubt, sie würden öfter mit Singschwänen verwechselt, da die Hauptlinie des Zuges nach seiner Überzeugung über Finnland und die skandinavische Halbinsel gehen müsse. Der Durchzug würde sich vielleicht nur schnell und dadurch unbemerkt abwickeln, da auf diesen Landstrecken im allgemeinen die großen flachen Lagunen fehlen. Die erste Beobachtung des Zwergschwans in Schweden gelang nach Högström u. Wiß (1968) im Jahre 1878. Zunächst war die Art noch selten, in den letzten Jahrzehnten mehrten sich die Beobachtungen jedoch auffallend, und seit 1944 wird der Vogel regelmäßig zur Zugzeit bemerkt.

Erst in Dänemark wird das Vorkommen des Zwergschwans wieder auffällig. Nach Salomonsen (1938) treffen die großen Scharen Ende Oktober und Anfang November ein und halten sich in den westjütländischen Lagunen auf. Die Mengen ballen sich besonders am Ringköbingfjord. Auf der Tipperhalbinsel stellten sich einmal bis zu 5000 Zwerg- und Singschwäne ein. Schelde (1961) meldet vom Fiilsee und der Lagune des Ringköbingfjordes in den letzten Jahren bis zu 800 rastende Vögel zur Herbstzeit (im Frühjahr bis zu 3000). Verhältnismäßig häufig soll er auch in Westseeland an der Mündung des Tudeå und auf dem Tissee nördlich von Slagelse sein. Aus dem übrigen Lande, wo er selten bemerkt wird, liegen aus den letzten Jahren etwa 30 Beobachtungen vor. Ende November ziehen die Scharen weiter. Manche verweilen länger und weichen erst einsetzendem Frost.

Offensichtlich geht Flug über die Inseln Seeland, Falster, Laaland und Fehmarn, worauf Schmidt (1965) hinweist, und er erhärtet die Annahme mit einer eigenen Beobachtung am 2. 10. 1960 auf Fehmarn. Der Bogen muß aber durch das halbe Jütland geschlagen und der Ringköbingfjord an der Nordseeküste mit einbezogen werden.

Seit der Mitte unseres Jahrhunderts häufen sich die Beobachtungen des Zwergschwans auch im Norden der DDR, besonders seit 1959. Er trat hier bevorzugt im Binnenland auf (s. Fig. 16 und 17). Schubert (1963) nennt als frühesten Ankunftstag den 9. 10. 1960, die Hauptmasse folgt Mitte Oktober bis Anfang November.

Undurchsichtig ist, auf welchem Wege der Zwergschwan beim Herbstzug nach hier kommt. Schubert vermutet für die Uckermark und Schleswig-Holstein Einflug über Dänemark sowie Überlandflug von Polen her. Der Umweg über die dänischen Inseln leuchtet dabei nicht ein,

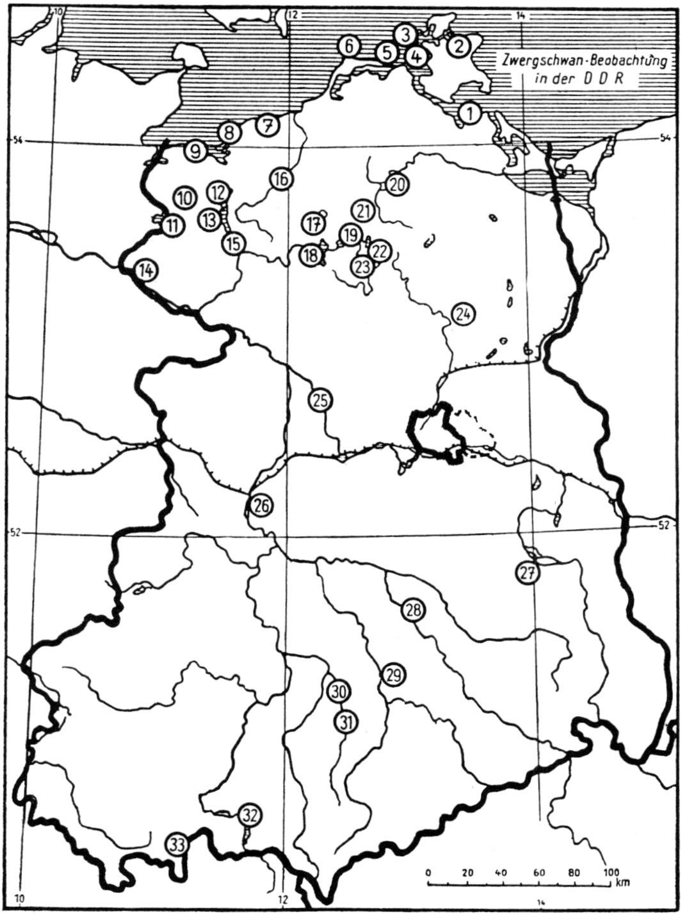

Fig. 16. Verteilung der Zwergschwanbeobachtungen in der DDR vom Herbst 1950 bis zum Frühjahr 1961. Nach Schubert
(1) Greifswalder Bodden, (2) Großer Jasmunder Bodden, Neuendorfer Wiek, (3) Nördliches Hiddensee, (4) Südliches Hiddensee, (5) Zingst (Großer Werder, Pramort, Wendisch-Langendorf), (6) Darß, (7) Conventer See, (8) Poel, Redentin, (9) Wohlenberger Wiek, (10) Neddersee, (11) Schaalsee, (12) Schweriner Außensee, (13) Schweriner Innensee, (14) Elbe bei Boizenburg, (15) Lewitz, (16) Warnow b. Bützow, (17) Krakower See, (18) Plauer See, (19) Loppiner See, (20), Kummerower See, (21) Malchiner See, (22) Müritz Ostufer, Waren-Stadtgebiet, (23) Großer Schwerin, (24) Röddelin-See, (25) Havel bei Schollene, (26) Elbe bei Magdeburg, (27) Reddern, Krs. Calau, (28) Torgau, (29) Wermsdorfer See, (30) Stausee bei Rötha, (31) Stausee Windischleuba, (32) Bleiloch-Talsperre, (33) Haselbacher Teiche

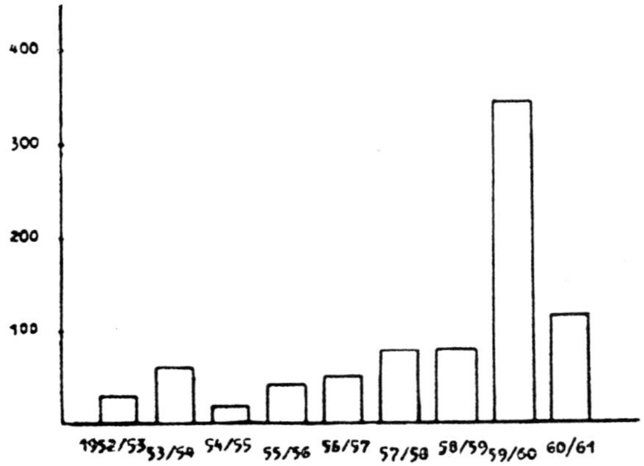

Fig. 17. Gesamtsumme der von 1952/53 bis 1960/61 in der DDR beobachteten Zwergschwäne je Durchzugsperiode. Nach Schubert

ist auch nicht mit den Ankunftsdaten in Einklang zu bringen, wovon etwas später die Rede sein wird. Für einen stärkeren Küsten- oder Überlandflug von Polen her fehlen dagegen Anhaltspunkte. Der Einflug von hier ist nach Beobachtungen in Polen so unbedeutend, daß er die in Mecklenburg aufgetretenen Mengen nicht bringen kann. Dort waren die Beobachtungen schon immer, wie auch in neuerer Zeit, sehr spärlich. Für 1950/1951 bis 1960/1961 sind nur drei einwandfreie Überfliegungen in den Frühjahren 1957, 1960 und 1961 mit insgesamt 25 Vögeln bekannt.

Da der Weiterflug aus den baltischen Sowjetrepubliken über Polen abreißt, vermutet Kumari Flug über die Ostsee hinweg zur schwedischen Küste. Hier treten sie aber keinesfalls in den abgeflogenen Massen in Erscheinung, werden auch erst in Südschweden bemerkt, dazu in mäßiger Zahl. Es liegt darum nahe, daß die Zwergschwäne zu einem großen Teil nicht erst die Küste ansteuern, sondern über der Ostsee verbleiben und den dänischen Inseln direkt zustreben. Nur Teile scheinen einen Teil der Küste Schwedens und Mecklenburgs zu streifen. So läßt sich die Heimlichkeit ihres Zuges erklären, der fern der Küste nicht auffällt. Schmidt (1965) weist bereits darauf hin, daß ziehende Schwäne keinesfalls immer die Küste als Leitlinie benutzen. Außerdem wandern sie häufig nachts, auf dem Fernflug dazu oftmals in großer Höhe (Schmidt bemerkte sie in 900 m Höhe). Nur so kann m. E. das plötzliche Auftauchen großer Massen in beiden deutschen Staaten und Dänemark erklärt werden. Der Hauptteil dürfte die dänischen Inseln und Schleswig-Holstein von den baltischen Sowjetrepubliken aus also im Direktflug ohne vorherige Landberührung anfliegen (Fig. 18). Daneben scheint geringer Überlandflug sowohl nördlich wie südlich der Ostsee stattzufinden und auch bereits vom Nördlichen Eismeer das europäische Binnenland südwestlich überquert werden. Die frühen Ankunftstage in der DDR lassen das vermuten (31. 10. 1952 Thüringen, 21. 10. 1958 Torgau, 22. 10. 1960 Windischleuba/Thür.). — Auch Bodensee und Genfer See können auf diese Weise erreicht werden. Vom 16. zum 17. 12. 1938 rasteten 16 Zwergschwäne an verschiedenen Plätzen der Schweiz, im strengen Winter 1962/1963 waren es 7.

Wie weit östlich das Binnenland fern der Ostsee überflogen wird, beweist die bereits erwähnte Beobachtung am Fluß Wytschegda nahe dem Ural (15. 10. 1930) sowie der Zug durch die Ukraine bei Poltawa und Kursk (Dementiew u. Gladkow). Zwar fehlen Zwischenbeobachtungen, die einen solchen Zug genauer verfolgen lassen, doch mag das sowohl an der Seltenheit des Überflugs wie auch an geeigneten Beobachtern liegen.

Ende Oktober bis Mitte November erreicht der Durchzug in Mecklenburg zur Herbstzeit seinen Höhepunkt und flaut Anfang Dezember deutlich ab. In der zweiten Hälfte des Dezember sind es schon merklich weniger geworden, und im Januar sind nur noch einzelne da. Bemerkenswert ist der gehäufte Aufenthalt entfernt der Küste inmitten Mecklenburgs. Schubert (1963) errechnete 1953/1954 236 Vögel an der Ostsee gegenüber 490 (67,5%) im Binnenland. Auch er folgert daraus, daß die Küste für den Zwergschwan beim Zug offenbar nicht die große Bedeutung als Leitlinie hat wie für den Singschwan. — Junge zogen immer schnell weiter, alte Vögel und Junge im Alterskleid verblieben mehrere Tage.

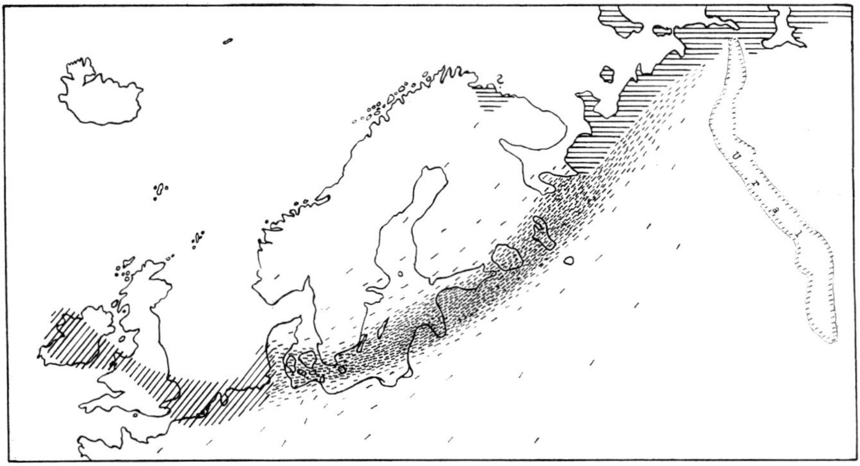

Fig. 18. Versuch einer Darstellung des gegenwärtigen Verlaufes des Zwergschwanzuges in Europa. Waagerecht schraffiert Brutgebiete, gestrichelt Herbstzug, schräg schraffiert Überwinterungsgebiete

Nach späteren Feststellungen von Zimmermann und Kaiser (1968) war das gehäufte Vorkommen in Mecklenburg auch nach 1961 auffällig. Als Beispiel für viele ähnliche Beobachtungen werden folgende Angaben für den Herbstzug gemacht: 31. 10. 1964 133 auf dem Schweriner See (Kröpelin), 23. 10. bis 11. 12. 1966 bis zu 37 auf den Teichen der Lewitz, sodann im Überschwemmungsgebiet der Elbe am 21. 12. 1966 122, am 3. 1. 1967 40 Zwergschwäne.

Leider lassen sich die Ankunftszeiten in den einzelnen Reiseetappen schlecht vergleichen. Verfolgt man den Zug durch die Länder, so stößt man auf Widersprüche. Je ferner die Länder liegen, je eher kommen Schwäne nach den Meldungen an. Die Beobachtungen scheinen noch ungenügend zu sein. Außerdem sind gültige Vergleiche nur möglich, wenn gleiche Jahre gegenübergestellt werden können. Das ist bislang nur zwischen der DDR und Schleswig-Holstein über den Zeitraum von 9 Jahren (1952 bis 1960) möglich.

Tabelle 6. Ankunftsdaten von Höckerschwänen

Jahr	1952	1953	1954	1955	1956	1957	1958	1959	1960
DDR	8. 10.	11. 10.	1. 11.	12. 11.	14. 10.	13. 10.	18. 10.	15. 10.	9. 10.
Schleswig-Holstein	5. 10.	8. 10.	24. 10.	6. 11.	4. 11.	13. 10.	28. 9.	3. 10.	2. 10.

Die Tabelle zeigt also fast immer eine frühere Ankunft in Schleswig-Holstein, statt einer späteren. Der Unterschied ist manchmal beträchtlich (1956 = 10 Tage, 1958 = 20 Tage, 1959 = 12 Tage). Da für Dänemark die Ankunftszeit mit Ende Oktober angegeben wird und somit später als für Mecklenburg liegt, kann ein Einflug von dort nicht in Betracht kommen, erst recht nicht für Schleswig-Holstein. Das schließt nicht aus, daß der Rand der südlichen dänischen Insel gestreift wird und im Ringköbingfjord rastende später durch Schleswig-Holstein ziehen. Gegen einen Rückflug der Zwergschwäne von Dänemark in die DDR unmittelbar nach ihrer Ankunft im Herbst spricht auch, daß sie hier nicht verweilen, sondern bald wieder verschwinden — und sicher in westlicher Richtung.

Für Schleswig-Holstein und Hamburg scheinen die Wanderwege wie auch die Rast- und Aufenthaltsgebiete nach Schmidt (1965) traditionell festzuliegen. Zuerst stellen sich alt aussehende, aber wohl „jüngere" Vögel ein, die Familien folgen später. Sie verweilen gewöhnlich einen oder zwei Tage und wandern weiter. Über die 1953/1954 bis 1963/1964 durchgezogenen Mengen unterrichtet die Fig. 19. Insgesamt waren es in diesem Zeitraum von 11 Jahren 13752 Zwergschwäne, die das Gebiet in beiden Richtungen durchwanderten. Schmidt errechnete bei den Vergesellschaftungen folgende Größenordnungen: 433mal 1—10, 266mal 11 bis 100, 25mal 100 bis über 600 Vögel. In milden Wintern wurden gezählt: 1956/1957 242, 1960/1961 3800 Vögel.

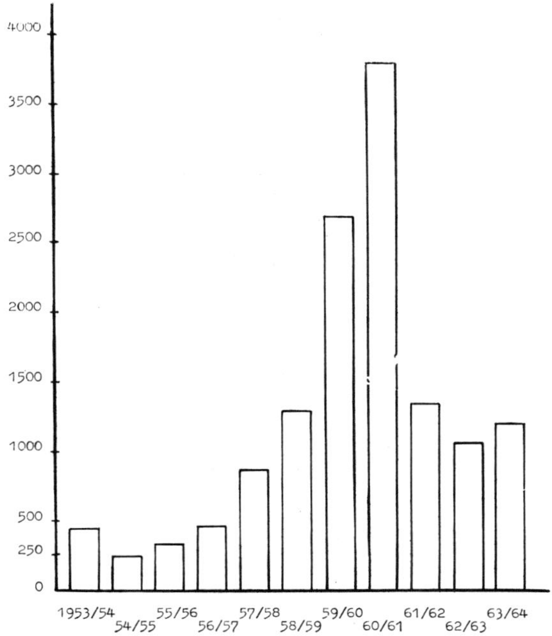

Fig. 19. Gesamtsumme der von 1953/54 bis 1963/64 in Schleswig-Holstein und Hamburg beobachteten Zwergschwäne je Durchzugsperiode. Nach Schmidt

Vor Jahrzehnten wurden Zwergschwäne auf dem Durchzug regelmäßig nur im oldenburgischen Küstengebiet bemerkt und auch nur in bescheidener Anzahl. Jetzt stellen sie sich vielerorts ein, zuweilen in großen Scharen, besonders in der Hunteniederung, in Ostfriesland im Leda-Jümmegebiet wie auch in den Wiesen am Unterlauf der Ems. In der Hunteniederung konnten 1952 bis zu 600 Vögel gezählt werden, in der Leda-Jümme-Niederung u. a. am 23. 11. 1952 ca. 950 und am 7. 3. 1954 ca. 470 (Thielcke 1956). Leege (1940) stellte sie 1938/1939 in kleiner Zahl als Überwinterer auf der Insel Juist fest. Auch bei Bremen (Witte 1939) erscheinen sie jetzt fast alljährlich. Selbst im Stadtgebiet von Hamburg gelangen neuerdings Nachweise (Thielcke 1956, Schmidt 1965). Am Niederrhein halten sich jetzt in jedem Winter regelmäßig 200 Vögel auf (Engländer brieflich).

In Dänemark, Mecklenburg, Schleswig-Holstein, an der weiteren Nordseeküste der Bundesrepublik sowie am Niederrhein versuchen Zwergschwäne bereits alljährlich zu überwintern. Kündigen sich härtere Frostperioden an, weichen sie westlich (einige auch südlich) aus und kehren nach der Wetterbesserung zurück. Die Überwinterungsversuche er-

Abb. 57 und 58. Zwergschwäne auf überschwemmter Wiese im Niederrheingebiet. Aufn. H. E n g l ä n d e r strecken sich nach Schmidt (1965) für Schleswig-Holstein über den Zeitraum von 50 bis 100 Tagen. In der Schweiz überwinterten zwei Zwergschwäne auf dem Genfer See und verblieben hier über die Zeit vom 2. 12. 1961 bis zum 9. 3. 1962 (Géroudet, zitiert bei Leuzinger 1963).

In den Niederlanden hielten sie sich schon immer über den Winter auf, und zwar in der weiteren Umgebung der Ijsselmündung. Nach der Abschnürung des Beckens vom Meer versüßten die Teile allmählich, was eine außerordentliche Begrünung zur Folge hatte. Der seichte Grund und das reiche Nahrungsangebot bieten den Schwänen nun ideale Lebensbedingungen. Seit 1936 und 1937 suchen sie neben den alten Plätzen nunmehr auch den größten Teil der Gelderschen Küste, die Westküste Frieslands und die Gegenden bei Medemblik und Huizen auf. Ihre Zahl nahm bedeutend zu (Tinbergen 1941). Während früher der Singschwan vorherrschte, stellte ten Kate (1930) jetzt das umgekehrte Verhältnis fest (im Verlauf von zwei Wintern 6 000 Zwergschwäne gegenüber 21 Singschwänen).

Man fragte sich darum auch hier, ob die Zwergschwanscharen früher vielleicht nur übersehen bzw. mit den Singschwänen verwechselt wurden. Auch Brouwer und Tinbergen (1939) errechneten für die Winter 1936/1937 und 1937/1938 1800 bis 3200 Vögel. Allein im Nordostpolder, wo sich die Zwergschwäne jetzt mehr und mehr zusammenziehen, zählten Lebret und von der Heide zwischen dem 25. und

Abb. 59. Zwergschwäne am Altrhein bei Xanten. Aufn. H. Engländer

29. 12. 1941 rund 1100 Zwergschwäne, am 25. 1. 1952 etwa 2300 (ten Kate brieflich). Im Winter 1955/1956 waren es 4000, und am 14. 11. 1955 gar 6000 überwinternde Zwergschwäne am Ijsselmeer. Damit wurden die Niederlande zum Hauptüberwinterungsgebiet der nach Europa ziehenden Zwergschwäne. Tritt starker Frost auf, weichen sie nach Irland und England aus, stellen sich aber mit dem eintretenden Tauwetter wieder ein. Für den Februar 1956 errechnete Nisbet (brieflich) für die Niederlande, England und Irland zusammen 6000 überwinternde Zwergschwäne. Die Gesamtsumme der in Europa überwinternden Vögel dieser Art veranschlagt er (1959) mit 6500 bis 7500.

In den niederländischen Winterquartieren treffen die Zwergschwäne schon in der ersten Hälfte des Oktober ein. Zu Beginn des November nehmen die Bestände zu. Die Singschwäne dagegen erscheinen weit später und nicht vor Eintritt der Kälte, etwa Mitte Dezember (ten Kate 1930). Dieses frühe Eintreffen harmoniert jedoch gleichfalls nicht mit den Zugzeiten der durchflogenen Landstriche in den baltischen Sowjetrepubliken, in Schweden, Norwegen, Dänemark und der DDR, die später liegen. Den Ankunftsdaten in Schleswig-Holstein schließen sie sich jedoch unmittelbar an.

Es hat danach den Anschein, als würden die ersten Schwanscharen die Wegstrecke von ihren Brutgebieten bis zum Winterquartier in den Niederlanden ohne bemerkenswerten Aufenthalt durchfliegen, während sich die später auf dem Wege befindlichen mehr Zeit lassen und schon unterwegs hier und da zu überwintern versuchen. Inwieweit junge Vögel die Reise beschleunigen, bedarf näherer Prüfung. Schubert (1963) stellte jedenfalls fest, daß junge Zwergschwäne immer schnell weiterziehen, alte Vögel sowie Junge im Alterskleid dagegen mehrere Tage verbleiben. Möglich auch, daß Populationen der verschieden entfernten bzw. nördlicher oder südlicher gelegenen Brutbezirke ihre Reise mehr oder weniger weit ausdehnen.

Schottland wird nicht mehr aufgesucht, dagegen in steigendem Maße England überquert, besonders in Ostengland in der Umgebung von Cambridge stellte man sie fest. Bis 1938 sah man sie hier nur dreimal, für die Folgezeit alljährlich. Erst waren es kleinere Zugverbände von weniger als 30 Vögeln, vom Winter 1949/1950 vermehrten sich die Scharen aber ständig, und die Vögel verblieben nun auch als Überwinterer im Bezirk. Bevorzugt aufgesucht wird ein im Flachland von Cambridge gelegenes Überflutungsbecken, das überständiges Flußwasser staut. Es bedeckt eine Fläche von etwa 30 mal 1,5 km. Im trockenen Winter ist das Wasser bis zum Februar vereist, und es halten sich darauf nur wenige Schwäne auf. Nisbet (1955 und brieflich) führt für den See folgende Beobachtungszahlen auf: Winter 1949/1950 5 Schwäne, 1950/1951 mindestens 30 Vögel, 1951/1952 7 Schwäne (späte Beflutung des Sees), 1952/1953 ca. 120 Schwäne, 1953/1954 41 Vögel (wieder späte Beflutung des Sees), 1954/1955 254 Schwäne. Auch 1955/1956 stieg die Zahl

Abb. 60. Rastende Zwergschwäne in England. Aufn. J. C. T. Nisbet

an; nachdem sich das Überflutungsbecken am 26. 1. mit Wasser gefüllt hatte, stellten sich die ersten Schwäne am 29. 1. ein, am 12. 2. zählte Nisbet dann 318 Vögel. In diesen Jahren tauchte der Zwergschwan auch in anderen Bezirken Englands und Wales auf, erschien in immer größerer Zahl. Der strenge Frost Anfang 1956 vertrieb viele Vögel von den Niederlanden nach Irland und England. Nisbet (brieflich) bemerkte vom 25. 2. bis zum 5. 3. 1956 650 bis 700 Zwergschwäne, und an anderen Orten Englands, wo sie früher nicht vorkamen, wurden Herden von 50 bis 100 Vögeln festgestellt. Die Anzahl der Zwergschwäne, die im Winter 1955/1956 England und Wales aufsuchten, schätzt Nisbet auf etwa 2000 Vögel. Seit 1960 mehren sich die Nachweise von Zwergschwänen, die sich in England ab November aufhalten (Nisbet brieflich an Engländer 1963).

In Irland treffen die Überwinterer wie in den Niederlanden schon im Oktober ein, bekommen dann aber noch bedeutenden Zuzug im Januar. Auch im März werden große Bewegungen und Ansammlungen bemerkt, doch bringt sie Ruttledge mit der Abreise in Beziehung. Leider sind die Feststellungen in Irland unvollkommen und gestatten keinen genauen Vergleich mit den veränderten Vorkommen in den Niederlanden und England. In den Jahren 1880 bis 1900 übertraf der Zwergschwan in Irland das Singschwanvorkommen etwa um das 25-fache. Ussher und Warren (1900) führen Herden von über 1000, 800 und zweimal 500 auf und führen viele weitere Plätze mit 200 bis

Abb. 61. Zwergschwäne am Überflutungsbecken bei Cambridge in England. Aufn. J. C. T. Nisbet

400 Vögeln an. So schätzt Nisbet (brieflich) die frühere Gesamtzahl für Irland auf etwa 5000 bis 10 000 Vögel. Ruttledge (nach Nisbet 1955 und brieflich) konnte jetzt dagegen nur noch Herden mit 200 bis 350 Vögeln feststellen und bemerkt, daß nunmehr der Singschwan zahlreicher sei. Die jetzt in Irland alljährlich überwinternden Zwergschwäne nimmt Ruttledge mit 1000 Vögeln an, Nisbet (brieflich) vermeint jedoch, es müßten wohl 2000, in strengen Wintern gar 4000 bis 5000 Vögel sein.

Für Belgien wird eine leichte Zunahme gemeldet (Lippens, Verheyen). Seit 1950 etwa erscheinen die Schwäne ziemlich alljährlich bei Ossendrecht. Im Februar 1954 waren es 70, 1955 dagegen blieben sie aus, und 1956 konnten 5 Vögel bemerkt werden (Nisbet brieflich). Auch in Frankreich stellen sie sich jetzt regelmäßig im nördlichen Küstengebiet (Lucas) und im Departement Aude am Mittelmeer ein (Roux und Spitz, zitiert bei Leuzinger). Im strengen Winter 1962/1963 wichen 300 Vögel nach Frankreich aus.

Vermutlich wanderte früher die Hauptmasse der Zwergschwäne von Skandinavien über das Nordmeer direkt nach Schottland und von hier weiter nach Irland (Fig. 20 und 21). Die Verlagerung scheint noch nicht ganz zum Abschluß gekommen zu sein, was aus den wachsenden Zahlen in England, Belgien und Frankreich und vor allem in zunehmenden Überwinterungsversuchen in Schleswig-Holstein und Mecklenburg hervorgeht. Zwergschwäne wurden gelegentlich auch an der dalmatinischen Küste, in Italien und Spanien festgestellt.

Bei den Zwergschwänen setzen sich die einzelnen Trupps in den Winterquartieren nach Witherby durchschnittlich aus 4 bis 5 Altvögeln und nur 1 Jungvogel zusammen. Tjittes kam zu ähnlichen Ergebnissen und zählte an der Zuidersee im Dezember unter 1080 Vögeln 20% Jungvögel des letzten Sommers, bei weiteren 600 sodann 30%. Thielcke (1956) schätzte die Jungenzahl unter 900 Zwergschwänen auf ein Drittel, während Oltmer (zit. Thielcke) unter 470 Vögeln nur 10% sich umfärbende Jungvögel feststellte.

In Schleswig-Holstein stellte Schmidt (1965) den Jungenanteil über die Zeit von 11 Jahren nahezu gleichbleibend mit 28,8% fest. 116 Familien führten im Durchschnitt 2,34 Junge. Nach einem für Europa sehr warmen Sommer wiesen die Familien 3–4 und einmal sogar 5 Junge auf. Ähnlich soll es auch 1964/1965 gewesen sein, wogegen das Jahr 1963 mit nur 21% des Jungenanteils unter ungünstigen Brutbedingungen gestanden haben muß.

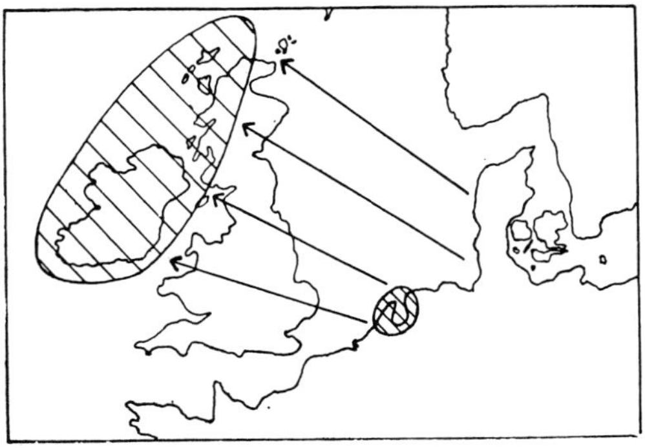

Fig. 20. Westliche Winterquartiere (gestrichelt) des Zwergschwans *(Cygnus bewickii)* und sein Zug (Pfeile) durch Großbritannien vor dem Jahre 1900. Nach Nisbet

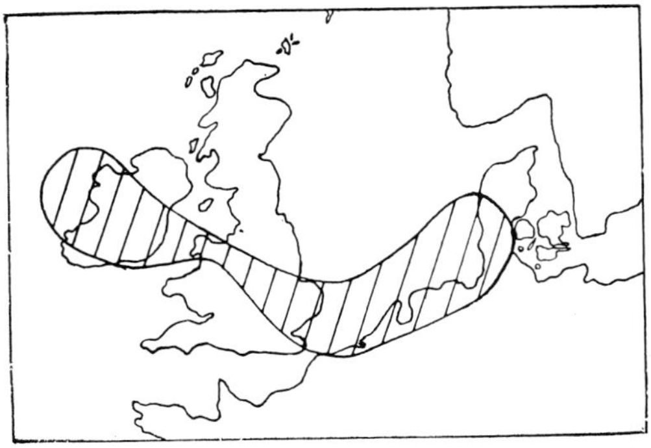

Fig. 21. Heutige westliche Winterquartiere des Zwergschwans *(Cygnus bewickii)*. Nach Nisbet

Schelde (1961) errechnete in Dänemark einen Jungenanteil von 35% im Herbst, im darauffolgenden Frühjahr jedoch nur von 29% und schließt daraus auf hohe Verluste im Winterquartier. In Schweden stellten Högström und Wiß (1968) für den Herbst Jungenanteile von 26 bis 47% fest, im Durchschnitt 35,1%; bei der Rückwanderung im Frühjahr bemerkten sie jedoch nur 20,1%. Es wird vermutet, daß zu dieser Zeit manche letztjährigen Junge als solche nicht mehr erkannt werden können. Auf die Familie kamen hier im Herbst 2,0, im Frühjahr 1,8 Jungvögel (in 44 bzw. 19 Familien). Schubert (1963) errechnete in der DDR für die Zeit vom Herbst 1952 bis zum Frühjahr 1961 den Jungenanteil mit 32,9% (Alte sowie Junge im Alterskleid gegenüber den Jungen des letzten Sommers 2,04 : 1). In den einzelnen Jahren unterlag das Altersverhältnis beträchtlichen Schwankungen: 1957/1958 etwa 39,5% Junge, 1958/1959 26,1%, 1959/1960 42,9% und 1960/1961 36,5%.

Der Heimzug aus den Überwinterungsgebieten beginnt in Irland, das am weitesten angeflogen wird, Anfang März; in England Mitte März, in Schleswig-Holstein gegen Ende März und erste Hälfte April (im Mittel über 17 Jahre am 20. April); in der DDR Anfang März bis Ende April; Dänemark Mitte Februar bis Mitte April (Maximum zweite Hälfte März); Polen gegen Mitte März bis Anfang April und Finnland im April und in der ersten Maihälfte (3. 4. bis 13. 5.). Stoßen die Vögel beim frühen Heimzug über ins Stocken geratene Warmluft hinaus, so wird mit Rückzug reagiert (Schmidt 1965).

Nichtbrütergruppen bummeln manchmal noch lange unterwegs herum, halten sich in den einzelnen Landesteilen bis in den Mai, ja noch im Juni auf (2 alte 8. 5. 1963 Malchiner See, ferner 7. 5. 1960, 10. 5. 1954 ein Paar an der Lewitz; in Schleswig-Holstein 1. 5., 4. 5., 9. 5., 15. 5., 22. 5., Mitte Juni und 19. 7.; in Dänemark 14. 5. 1942, und bei Maulbronn verblieb ein junger Zwergschwan vom 22. 3. bis 27. 5. 1954).

Übersommerer wurden sodann noch bemerkt in Schleswig-Holstein am 12. 6.1960, in Borstel (Holstein) vom 23. 3. bis 9. 5. und abermals am gleichen Ort vom 29. 6. bis zum 11. 7. 1954. Auch in Finnland hielt sich ein Zwergschwan am 16. 9. 1939 bei Koojoki als Sommergast auf (Lehtonen, Ornis Fennica 1941, S. 116).

Für den Heimzug im Ostseeraum wird nach den Beobachtungen offensichtlich die Linie Dänemark—Südschweden—Baltische Sowjetrepubliken bevorzugt. In Dänemark tritt der Zwergschwan im Frühjahr bedeutend zahlreicher in Erscheinung als im Herbst (nunmehr 3000 statt 800 Vögel).

Für Mecklenburg ergab sich über die Zeit von 11 Jahren (Herbst 1952 bis Frühjahr 1961) ein Gleichstand in den Oktober- und Märzbeobachtungen (Oktober 244, März etwa 246 Vögel). Zimmermann und Kaiser (1968) gaben weitere Frühjahrsbeobachtungen bekannt: 5. 4. 1965 auf den Teichen der Lewitz etwa 250 Zwergschwäne, die Mitte April abzogen (Matthes). Am 5. 3. 1967 hielten sich in der Lewitz neben 108 Singschwänen 23 Zwergschwäne auf, am 26. 3. neben 142

Singschwänen 125 Zwergschwäne, sodann am 2. 4. neben 34 Singchwänen 277 Zwergschwäne (Kaiser, Heine, Zimmermann), 1967 wurden sie hier in Mecklenburg auch zum erstenmal ziehend beobachtet, und zwar 150 Zwerg- und 10 Singschwäne am 12. 4. über dem Barnimasee in nördlicher Richtung (Richter), und 24 Zwergschwäne am 16. 4. über Zapel in Richtung NO (Kaiser). In beiden Fällen war es gegen 18,30 Uhr, und die Abenddämmerung setzte ein. Die Vögel dürften somit den Nachtzug begonnen haben.

Diese neueren Beobachtungen in der DDR lassen die Vermutung aufkommen, daß die Verlagerung der Zugwege sowie der Winterquartiere des nach Europa wandernden Zwergschwanes noch nicht abgeschlossen sind und weiterer Aufmerksamkeit bedürfen.

Schweden wird im Frühjahr nicht nur im Süden verstärkt berührt, es geht nun auch ein Strang durch das Binnenland, wobei die vom Frühjahrshochwasser überschwemmten Flächen von Einfluß sein können (Högström und Wiß 1968). Danach scheint hier der Heimzug etwas nördlicher zu verlaufen. Während im Herbst etwa 50 Raststätten angeflogen werden, sind es im Frühjahr 75. Besonders stark treten die heim-

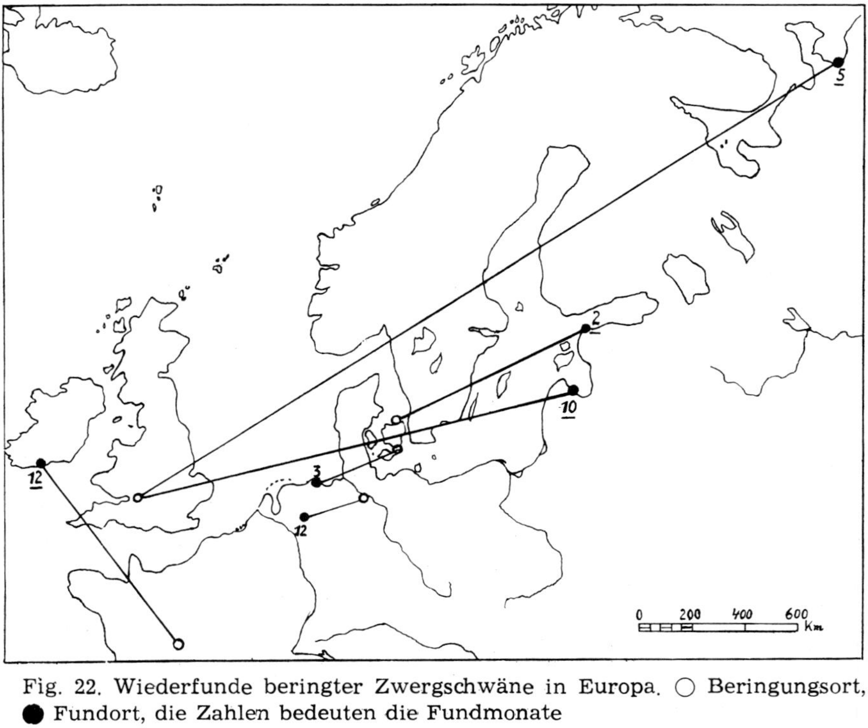

Fig. 22. Wiederfunde beringter Zwergschwäne in Europa. ○ Beringungsort, ● Fundort, die Zahlen bedeuten die Fundmonate

ziehenden Vögel dann wieder in den baltischen Sowjetrepubliken in Erscheinung, wo sich zur Frühjahrszeit Tausende in der Matsalabucht versammeln. Da sie in diesen Mengen weder in Schweden noch in Mecklenburg bemerkt werden, scheint die Ostsee beim Rückflug abermals von einem wesentlichen Teil der Zwergschwäne fern der Küste überflogen zu werden. In Finnland ist zwischen dem Herbst- und Frühjahrszug kein mengenmäßiger Unterschied, und die Strecke Finnischer Meerbusen—Ladogasee—Weißes Meer wird im Frühjahr verstärkt berührt.

Will man ein genaues Bild über die Zugbewegungen des Zwergschwans erhalten, dürften Zählungen an gleichen Tagen in den Überwinterungsräumen nötig sein, insbesondere ist dem Flug der von den baltischen Sowjetrepubliken auf das offene Meer hinausfliegenden Scharen nachzuspüren. Weiter sind umfassende Beringungen unerläßlich, die einwandfreie Ergebnisse ermöglichen. Man sollte sich dazu geeignete Fangmöglichkeiten ausdenken und evtl. Raketennetze versuchen. Für wichtig und erfolgversprechend halte ich auch das Färben der Zwergschwäne. Auf ihrem weißen Federkleid würden bunte Flächen sehr ins Auge fallen und auch leicht anzubringen sein. Nach aufklärenden wiederholten Hinweisen könnte der Weiterflug einer so gezeichneten Schar unter Umständen bis in die entfernten Winterquartiere verfolgt werden, zumal wenn man Rundfunk und Fernsehen einschaltet.

Bisher liegen von Zwergschwänen fünf Wiederfunde vor (s. Fig. 22). Ein im Februar in England gefangener und im September freigelassener Schwan wurde im Mai bei Archangelsk tot gefunden. Ein ebenfalls in England im Januar markierter Vogel stellte sich im Oktober in der Lettischen SSR ein. Hier fand man im Februar auch einen im März des Vorjahres in Dänemark beringten Vogel. Der vierte Wiederfund betrifft einen im Februar in der Loiremündung in Frankreich beringten und im Dezember in Irland gefundenen Schwan. Der fünfte Ringvogel, ein in der Elbmarsch bei Bardowick im Lüneburgischen im April gegriffener, leicht verletzter Zwergschwan, wurde im Dezember des gleichen Jahres als Rupfung bei Rehde an der Ems gefunden.

Im asiatischen Zugraum bemerkte man die Zwergschwäne auf ihrem Herbstzug an den verschiedensten Stellen in Westsibirien im September und Oktober. „Man hört jedoch selten darüber, da sie augenscheinlich oft mit Singschwänen verwechselt werden“, schreibt Johansen (1959). Alljährlich sollen sie am Ob und Irtysch durchziehen, häufig bei Tobolsk; auch Semipalatinsk sollen sie regelmäßig in großer Zahl passieren. Am Telezker See überwintern sie hin und wieder. Nach Dementiew u. Gladkow wurden sie am 17. 10. 1927 im Becken Many festgestellt, und an der Mündung des Syr-Darja trafen sie am 18. 10. 1958 ein. Danach geht der südliche Zug durch die UdSSR gleichfalls schon zeitig vor sich. Das dürfte seinen Grund in der frühen Vereisung der Brutheimat haben. Einmal aufgebrochen, hält sich der Zwergschwan aber anscheinend unterwegs nicht lange auf. Spärlich ist das winterliche

Vorkommen des Zwergschwans im Kaukasus und am Kaspischen Meer.

In Ostsibirien brechen die Zwergschwäne gleichfalls im September zur Herbstreise auf und eilen zu ihren Überwinterungsplätzen in Nordchina. Mitte September sind sie am Delta der Jana und am Unterlauf der Indigirka in Bewegung. Von der Mündung der Jana geht die Reise bis zum See Pu-Jan, wo sie regelmäßig eintreffen, Futschou und Swatao werden selten, Indien nur vereinzelt erreicht. Das Gebiet an der Kolyma ist am 22. 9. restlos verlassen, die Küste des Ochotskischen Meeres Anfang Oktober erreicht, und zu Beginn des Dezember wechseln sie die Aufenthaltsplätze um Peking. Früher, so vermeinen Dementiew u. Gladkow, überquerten sie auch die Städte auf ihrem Fluge, womit die Verfasser wohl dem zahlenmäßigen Rückgang Ausdruck geben wollen. Es wurde schon erwähnt, daß der in Holstein und an der Nordseeküste der Bundesrepublik auf dem Zuge vermehrt auftretende Zwergschwan auch über der Stadt Hamburg gesichtet wurde. Nisbet (brieflich) berichtet ebenfalls, daß im März 1940 100 Zwergschwäne nachts über eine englische Stadt zogen, von denen sich sechs an Gebäuden zu Tode flogen.

Auf ihrem Rückflug von Nordchina (Naumann gibt auch Japan als Überwinterungsland an) erreichen sie im März den Strand und die Umgebung von Tschukotskaja. Ende Mai – Anfang Juni treffen sie an ihren Nistplätzen an der Mündung der Indigirka, Mitte Mai im Delta der Kolyma ein. Wann die Zwergschwäne den europäischen Süden der UdSSR sowie Mittelasien verlassen, ist noch wenig bekannt. Tugarinow (zitiert bei Johansen 1959) nennt für Krasnojarsk die Zeit Ende April und Anfang Mai. Wanderzüge wurden an der Mündung der Chorowa, auf dem Tienschan, am Altai bei Tschulyschmanu, bei Semipalatinsk, Enizeju, Krasnojarsk und Minussinska bemerkt (Dementiew u. Gladkow). Ende Mai bis Anfang Juni sollen sie ihre Brutplätze erreichen.

Zurückgemeldete beringte Zwergschwäne

Abkürzungen: Lo = Beringungszentrale London, Großbritannien, Ko = Zoologisches Museum Kopenhagen, Dänemark, Pa = Beringungszentrale Paris, Frankreich, He = Vogelwarte Helgoland, BRD; o = beringt, + = gefunden, ad. = alt, brutreif, Fängl. = Fängling.

1 Lo Z 0726 o Fängl. ♂ 10. 2. 1963 (freigelassen 11. 9. 1963) Slimbridge (51.44 N 2.25 W), Gloucester/Großbritannien
+ tot 19. 5. 1964 Nishnjaja Pescha (66.47 N 47.40 E), Nenezki naz. okrug/UdSSR, 3120 km NEzE

2 Lo G 016 o ad. ♀ 7. 1. 1967 Slimbridge
+ tot 26. 10. 1967 Lake Laidze (57.19 N 22.40 E), Lettische SSR/UdSSR, 1720 km ENE

3 Ko 191 371 o 25. 3. 1957 Nyköbing (55.56 N 11.41 E), Nordsjäll/Dänemark
+ 8. 2. 1958 Lissatava, Grafsch. Mayo (Castlebar 53.50 N 9.20 W), Irland, 1400 km WzN

4 Ko 191 373 o 25. 3. 1957 Nyköbing
+ 20. 10. 1959 Hindeloopen (52.57 N 5.24 E), Niederlande, 550 km WSW

5 Pa BA 1252 o ad. Ende Februar 1956 Paimboeuf (47.17 N 2.01 W), Loire-Atlantique/Frankreich
+ Ende Februar 1956 Lac de Grand-Lieu (47.06 N), Loire-Atlantique/Frankreich,
+ entkräftet gefunden Dezember 1956 Killeagh (51.56 N 7.59 W), Cork/Irland, 680 km NW

6 He 110 734 o jung (noch nicht ausgefärbt) 5. 4. 1954, leicht flügelverletzt, auf dem Durchzug bei Regenschauer in eine Baumgruppe gedrückt (nach 5 Tagen Pflege freigelassen) Bardowick (53.18 N 10.22 E), b. Lüneburg
+ tot aufgefunden (Rupfung) Gemarkung Rhede (53.03 N 7.16 E), Bourtlanger Moor, Aschendorf-Hümmling, 210 km WzS

18. Erfolgreiche Ansiedlungen

Sicher war der Wildschwan früher über das Gebiet der beiden deutschen Staaten verbreitet und fehlte keinem See, der seinen Ansprüchen genügte. Die schonungslose Verfolgung, der er ausgesetzt war, verringerte jedoch seinen Bestand bedeutend und ließ ihn vielerorts ausbleiben. Nicht nur, daß man ihn mit der Flinte erlegte und seine Eier raubte, die Jagdherren fanden auch ein großes Vergnügen daran, die zur Mauserzeit flugunfähigen Vögel zusammenzutreiben und mit Stöcken zu erschlagen. Für 1885/1886 nennt die amtliche Jagdstatistik für Preußen noch 263 erlegte Wildschwäne, davon für Ostpreußen 30, Westpreußen 37, Brandenburg 12, Pommern 96, Schleswig-Holstein 76, Hannover 10 und die Provinz Sachsen 2. Kein Wunder, daß der Wildschwan dabei immer seltener wurde.

18.1. Die Havelschwäne

Ein ansehnlicher Bestand an Höckerschwänen hatte sich noch bis zum Beginn des ersten Weltkrieges auf der Havel gehalten. Hier handelte es sich aber um angesiedelte halbwilde, ihrer Flugfähigkeit beraubte Vögel, die der Krone unterstanden und daher nicht gejagt werden durften. Ihre Aussetzung geht nach alten Urkunden in das 16. Jahrhundert zurück. Von Zeit zu Zeit wurde ihnen neues Blut zugeführt, jedenfalls geht aus den Akten des Geheimen Staatsarchivs hervor (Genthe in: Dtsch. Jägerztg. Bd. 31, S. 825—829), daß in den Jahren 1725 bis 1740 in zweijährigen Abständen 512 Schwäne und von 1749 bis 1781 wiederum 503 Schwäne der Havel zugeführt wurden. Sie kamen vom Ueckersee und den Seen um Peitz und Cottbus, die in der ersten Hälfte des 18. Jahrhunderts noch schwanenreich gewesen sein müssen.

In seinen „Wanderungen durch die Mark Brandenburg“ zeichnet uns Theodor Fontane (verfaßt 1862 bis 1882) ein lebendiges Bild von den

Havelschwänen. Er schreibt: „Die Schwäne sind auf dem ganzen Mittellauf der Havel zu Hause. Die zahlreichen großen Wasserbecken, die sich hier finden: der Tegeler See, der Wannsee, die Schwielow, die Schlänitz, die Wublitz, sind ihre Lieblingsplätze. Ihre Gesamtzahl beträgt zweitausend... Während der Franzosenzeit waren sie – als ein bequemes Jagdobjekt – zu Hunderten getötet worden; später wurden die großstädtischen Eiersammler ihrer Vermehrung gefährlich. Erst die Festsetzung strenger Strafen machte diesem Übelstande ein Ende. Seitdem ist ihre Zahl in einem steten Wachsen begriffen. Wie mächtige weiße Blumen blühen sie über die blaue Fläche hin; ein Bild stolzer Freiheit." Die Zahl von 2000 Exemplaren wurde auch Naumann durch das Königliche Hofjagdamt genannt, Böhm (1879) bezifferte die Havelschwäne zwischen Berlin, Potsdam und Brandenburg zu seiner Zeit dagegen auf 900.

Im Sommer wurden die Schwäne eingefangen, um gerupft zu werden, dann im Winter erneut zur Fütterung. Der Sommerfang hatte einen doppelten Zweck, nämlich den Jungschwan zu lähmen und den Altschwan zu rupfen. Fontane beschreibt den Vorgang wie folgt: „Die Fischer der verschiedenen Haveldörfer machen sich auf, treiben die auf ihrem Revier schwimmenden Schwäne in einer Bucht oder Ecke zusammen, fahren dann mit einem zehn Fuß langen Hakenstock in die Schwanenmassen hinein, legen den Haken, der wie bei dem Schäferstock eine halboffene Öse bildet, geschickt um den Hals des Schwanes, ziehen ihn heran und in ihr Fahrzeug hinein. Dies geschieht mit großer Schnelligkeit, so daß binnen ganz kurzer Zeit das Boot mit dicht nebeneinander hockenden Schwänen besetzt ist, und zwar derart, daß die langen Hälse der Schwäne über die Bootkante fort nach außen blicken. Ein sehr eigentümlicher, grotesker Anblick."

In der Rupfkammer erwarteten die Rupfweiber die Schwäne und nahmen ihnen mit flinker Hand die Daunen, wobei kein Fleisch sichtbar werden durfte. Waren sie gerupft, erhielten die Schwäne wieder die Freiheit und wurden dann abermals mit Einbruch des Winters, wenn die Havel zuging, zur Fütterung über die kalte Jahreszeit eingefangen. Der Vorgang des Einfangens war der gleiche wie im Sommer, die Überführung zu den Sammelstellen jedoch im Boot nicht möglich, da der Fluß zu dieser Zeit hier und da schon vereist war. So trafen sie denn in Bauern- und Möbelwagen, selbst in Eisenbahnwaggons im Potsdamer Winterhafen ein.

Eines Tages entschloß man sich, einer Anzahl junger Schwäne die Flugfähigkeit zu belassen. Es waren weniger Schönheitsrücksichten, die diesen Gedanken aufkommen ließen, als der Wunsch, einen neuen jagdbaren Vogel, einen neuen Sport zu schaffen. Und so wurden dann von Zeit zu Zeit Wildschwanjagden abgehalten.

Auch von mannigfachen Versuchen, den Schwan wieder an anderen Stellen einzubürgern, spricht Fontane. „Es mag indessen lange dauern, ehe der Havelschwan übertroffen wird", betont er mit gewissem Stolz. „Noch ist die Havel mit ihren zweitausend Schwänen unerreicht."

Noch zu Beginn des 20. Jahrhunderts trug die Havel den Schmuck der weißen Schwäne. Als aber der erste Weltkrieg die großen Ernährungsschwierigkeiten brachte, wurden sie unbefugt weggefangen und ihre Gelege geraubt. Die ganze Schwanenherrlichkeit verschwand bis auf 20 Vögel, größtenteils Flieger, die sich den Nachstellungen zu entziehen vermochten.

18.2. Neubesetzung der Havel

Es kam der Wunsch auf, der Havel ihren alten Schmuck wieder zu geben. Alte Schwäne zu erwerben, war aber zu kostspielig – sie kosteten damals etwa 4000 bis 6000 Mark –; man entschloß sich daher, Wildschwaneier zu beschaffen, sie ausbrüten zu lassen und die aufgezogenen Jungen auszusetzen.

Es ist das Verdienst Heinroths, diesen Gedanken in die Tat umgesetzt zu haben. Er fuhr im Mai 1922 zum Luknainer See und sammelte hier 56 Eier des wilden Höckerschwans. In einer Kiste mit Holzwolle verpackt, gingen sie auf die Reise, zunächst im Boot, dann zwei Stunden im Auto – wobei Heinroth die kostbare Last auf dem Schoß hielt, um sie gegen Erschütterungen zu sichern –, schließlich im Zuge. Am anderen Tage lagen sie bereits im Brutofen in Berlin, aus dem sie nach und nach an brutlustige Hausgänse verteilt wurden. Das war nötig, denn den im Ofen oder auch von Puten oder Hühnern erbrüteten entenartigen Vögeln fehlt die Möglichkeit, sich im elterlichen Gefieder einzufetten, weshalb sie bei der Berührung mit dem Wasser durchnässen und verklammen.

Die 56 Eier erbrachten 20 Jungschwäne. Sie erhielten zunächst ausschließlich Wasserlinsen, die sie von der Oberfläche wegschnatterten. Damit sie sich an den Verkehr auf der Havel gewöhnten, setzte man sie in einen Zwinger am Fluß. Eine seuchenhafte Erkrankung brachte Verluste; aber schließlich konnten im Frühjahr 1925 zwölf geschlechtsreife Schwäne der freien Havel übergeben werden. Noch im gleichen Jahre schritten drei Paare in der Nähe des Freilassungsortes zur Brut und zogen 16 Jungschwäne auf. Damit war der Anfang zur Neubelebung der Havel mit Schwänen gemacht, und nach zehn Jahren war ihre Vermehrung so weit fortgeschritten, daß die Stadt Potsdam über 100 Schwäne betreuen konnte.

Da den neuen Havelschwänen im Gegensatz zum früheren Brauch die Schwingen nicht gekürzt wurden, vermochten sie sich in die Luft zu erheben und über das Land auszubreiten.

18.3. Flieger Schwan an der Mittelelbe und in der Lausitz

Im Winter 1935/1936 tauchten im Mittelelbegebiet Höckerschwäne auf, die sich vertraut zeigten und über deren Herkunft zunächst Unklarheit bestand. Dann wiesen sich einige beringte Vögel als zu den Havelschwänen gehörig aus. Es wurden ihrer immer mehr, allerorts tauchten sie auf. Auf der Elbe folgten sie den zu Tal treibenden Lastkähnen eine Strecke, bis ihnen nahrhafte Bissen zugeworfen wurden, dann steuerten sie einen anderen Kahn an, mit den gleichen Wünschen und dem gleichen Erfolg. Besonders über den Winter hielten sie sich auf dem Strom auf. Am 7. 1. 1939 waren es an einer Stelle zwischen Magdeburg und Schönebeck einmal 14, ein andermal 18 Schwäne. Sie verblieben im Bezirk und schritten zur Brut; so bei Calbe a. d. Saale, bei Elbenau, Glinde und Dessau. Jetzt hatte auch die Elbe den Schmuck der leuchtend weißen Vögel, und es war ein erbaulicher Anblick, wenn sich die Vögel in die Luft erhoben und auf mächtigen Schwingen am blauen Himmel vorüberzogen. Das Mittelelbegebiet war Schwanenland geworden.

Die gleiche Bewegung wie an der Mittelelbe konnte in der Lausitz festgestellt werden. Möglicherweise bestanden hier Zusammenhänge und ein gleicher Ausgangspunkt, denn das Auftauchen der Schwäne fällt in die gleiche Zeit. Sie brüteten bei Niedergurig, im Teichgebiet von Kreba und in Kauppa (hier wurde ein Havelpaar ausgesetzt). Bei Kauppa hielten sich im Herbst 1939 gleichzeitig 21 Höckerschwäne auf (Creutz 1950).

18.4. Alsterschwäne auf Wanderschaft

Auf eine jahrhundertealte Vergangenheit kann auch die Schwanenherde auf der Hamburger Alster zurückblicken. 1813 war sie einmal fast der Auflösung verfallen, erholte sich aber und zählte vor 1914 wieder etwa 400 Vögel. Der erste Weltkrieg brachte sie ein zweites Mal in Gefahr, nur 16 Schwäne überdauerten die Kriegswirren. Im Frühjahr 1920 waren es wieder 22 Vögel, und im gleichen Jahre kamen 25 Junge hinzu. Schon 1936 war die Zahl von 344 Schwänen erreicht, von denen 132 Vögeln die Flugfähigkeit belassen wurde. Einige davon gingen auf Wanderschaft, und da sie beringt waren, hörte man wieder von ihnen. Sie hatten sich bis 250 km weit entfernt und vielerorts angesiedelt.

Im Kriegsjahr 1941 ging der Bestand rapide zurück, und am Ende des Krieges, im Winter 1945/1946, betreute die Baubehörde nur noch zwei Schwäne. Drei flugfähige hielten sich noch auf dem Eis auf, dann verschwanden sie allesamt spurlos, auch die betreuten. Erst 1949 konnten 30 noch junge Höckerschwäne durch Hagenbeck beschafft und auf die Alster gebracht werden. 1950 kamen noch 50 hinzu. Sämtliche Vögel gehörten der Mutation *immutabilis* an. 1952 brüteten 22 Schwanenpaare, 1955 waren es insgesamt 220, davon 29 Brutpaare, die 30 Jungschwäne großzogen (Nieß 1960).

18.5. Fliegende Schwäne in beiden deutschen Staaten

Heinroth hatte nicht nur die Wiederbelebung der Havel mit Schwänen möglich gemacht, er setzte sich auch nachdrücklich für die Wiedereinbürgerung des Schwans in anderen Landschaften ein. Er forderte die Schwanenhalter, die zoologischen Gärten sowie die Park- und Stadtverwaltungen auf, ihrer Schwanenzucht nicht mehr die Flügel zu stutzen, sondern sie frei fliegen zu lassen. „Wer Sinn für die Schönheit eines Tieres hat“, schrieb er, „könnte sich dann wieder an Schwänen erfreuen, die zwei vollständige Flügel haben, also nicht so einseitig und unnütz stark verstümmelt sind, wie man das leider fast immer sehen muß. Auch das herrliche Flugbild und der wunderbare Flugklang der dahinziehenden Höckerschwäne würde wieder ein Bestandteil der Volksseele, wie es in alten Zeiten war.“

Der Aufforderung wurde vielerorts Folge geleistet, und so hörte man bald überall von freifliegenden und brütenden Höckerschwänen. Sie tauchten u. a. in großer Zahl auf der Ruhr auf (Wendehorst 1933, Krüdewagen 1939), verwilderten bei Stralsund (Darmer 1955), erschienen auf der Donau (Ulmer Tageblatt 1932) und stellten sich auch bei Braunschweig ein (Berndt 1949).

Dann kam der zweite Weltkrieg. Nach seinem Ende lichteten sich die Reihen der Schwäne schnell, auf der Mittelelbe blieb auch nicht ein halbwilder Schwan am Leben. Eine großartige, hoffnungsvolle Entwicklung war zunichte gemacht. Havel und Elbe waren wieder ihres kostbaren Schmucks beraubt.

Intensive Schutzmaßnahmen bewirkten eine langsame Erholung des winzigen Restbestandes. Für das Havelgebiet konnten 1966 wieder 49 Brutpaare gezählt werden, von denen 29 Junge ausbrachten. An der Mittelelbe tauchten die ersten etwa 1960 wieder auf, und 1966 hatte der Bezirk Magdeburg erneut 10 Brutpaare, von denen 7 mit Erfolg brüteten. In der Lausitz lassen sie sich auch wieder sehen, doch kam es bis 1966 noch zu keiner Brut.

18.6. Die Bodensee-Schwanenkolonie

Inmitten des Kriegsbrandes des ersten Weltkrieges faßten Schweizer Ornithologen unter der Initiative von Bernhard Kobler den Entschluß, den Höckerschwan auf dem Bodensee einzubürgern. Sie erwarben zu diesem Zweck ein Schwanenpaar und setzten es im Mai 1917 in den See. Zunächst wollte der Versuch nicht glücken: Der eine Vogel verschwand schon nach kurzer Zeit, den anderen erlegte ein Jäger, als jener sich am Ufer aufhielt. 1920 wurde der Versuch wiederholt. Das neu ausgesetzte Paar schritt auch zur Brut und nistete bei Rheineck am Uferrand. Ein in der Nacht plötzlich einsetzendes Hochwasser schwemmte aber die Eier fort. 1921 kamen dann 5 Jungschwäne hoch, 1922 gar 8, und 1923 brüteten bereits 3 Paare, nachdem sich noch einige Paare aus anderen Schweizer Kolonien hinzugesellt hatten. So konnten im Herbst 1923 bereits 24 Schwäne gezählt werden. 1924 war ein Fehljahr, aber dann ging die Entwicklung schnell voran: 1925 kamen 17 Jungschwäne hinzu, 1926 brüteten 6 Paare, 1927 schon 9 Paare, und die Kolonie war inzwischen auf etwa 100 Vögel angewachsen. Im zehnten Jahre nach dem Beginn des Experiments, im Herbst 1930, brütete der Höckerschwan bereits rings um den großen See. Man zählte 200 Schwäne, 1930 gar 300 (K o b l e r brieflich). 1935 waren es 350, 1940 = 600 Schwäne.

Durch den zweiten Weltkrieg und die Nachkriegszeit waren auch hier Einbußen zu verzeichnen. Immerhin überlebten diese Zeit nach J a u c h (1960) etwa 300 Schwäne. Der Bestand erholte sich schnell, und bei einer Zählung am 16. 9. 1962 (S z i j j 1963) betrug ihre Zahl auf dem gesamten Bodensee 1218, am 14. 10. 1962 dann 1115. 35 Familien führten im September insgesamt 130 Jungvögel, 16 Paare brüteten ohne Erfolg oder verloren ihre Jungen (Fig. 23).

Der halbwilde Höckerschwan auf dem Bodensee bewahrte sich viele Wildeigenschaften. Ein bedeutender Teil des Bestandes verrät im Frühjahr und Herbst Zugunruhe und durchstreicht ein ausgedehntes Gebiet. Beringte Vögel wanderten zu südwürttembergischen und schweizerischen Seen. Auch die Wahl des Brutplatzes und das Brutverhalten entsprechen weitgehend den ursprünglichen Verhältnissen, auch sind die

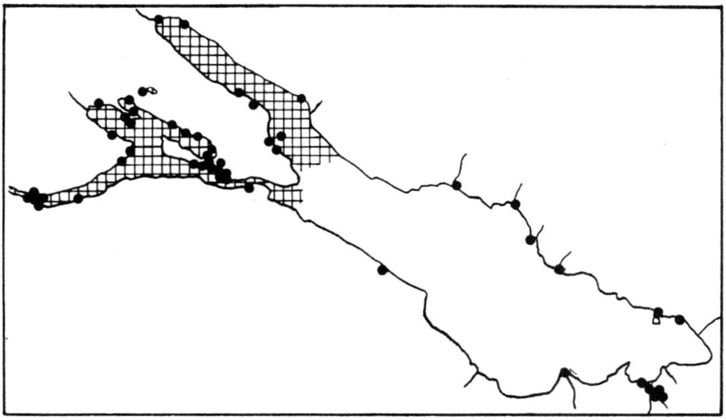

Fig. 23. Höckerschwannester mit Gelege am Bodensee 1962. Schraffiert die bei der internationalen Wasservogelzählung regelmäßig erfaßten Gebiete. Nach S z i j j

Vögel der normalen Jungensterblichkeit unterworfen. Szijj (1963), der darauf hinweist, betont darum, es bestehe kein Grund, den halbwilden Höckerschwan als Haustier zu behandeln und stellt ihn etwa dem eingebürgerten Fasan gleich. Dies bedeute aber keineswegs, betont er, daß eine Regulierung des Bestandes unnötig wäre. In unseren veränderten Naturbiotopen würden die meisten Vogelarten eine positive oder negative Lenkung benötigen. Baumann empfiehlt, zur Regulierung des Bestandes die Eier zu schütteln.

Der Höckerschwan ist heute auf dem Bodensee eine bekannte Erscheinung und sein besonderer Schmuck. Ungeachtet aller Landes- und Kantonsgrenzen zieht er seine Bahn.

18.7. Schwäne in der Schweiz

Auf dem Vierwaldstätter See setzte man Höckerschwäne zur Belebung des Gewässers schon 1690 ein. Für das 20. Jahrhundert wurden für den See folgende Bestandszahlen bekannt: 1905 40, bis 1935 20, 1940 30, 1950 50, 1952 120, 1954 130. Man verringerte darauf ihre Zahl auf 120 und hält diese Menge für den Vierwaldstätter See für tragbar.

Im 19. Jahrhundert besetzte man auch andere Seen und Weiher mit Höckerschwänen. Den gesamten Winterbestand der Schweiz einschließlich des Genfer Sees und des Bodensees schätzte man 1962/1963 auf mindestens 3997 Exemplare.

18.8. Schwanenland Großbritannien

Seit alten Zeiten werden auf der Themse halbzahme Schwäne gehalten, die der Krone unterstehen und die durch das Abnehmen einer Flügelhand am Entweichen gehindert wurden. Als man es unterließ, den aufwachsenden jungen Schwänen die Flugkraft zu lähmen, lüfteten sie die Schwingen und flogen in das Land hinein, in die englischen Grafschaften, nach Wales und Schottland. Fliegende Parkschwäne gesellten sich hinzu, flogen mit ihnen auf die Seen und vermehrten sich. Es wurden ihrer mehr und mehr. Jeder geeignete See, jeder Teich wurde besiedelt. Als sie alle besetzt waren, bauten sie auch an den Bach- und Flußufern ihre Nester.

Nach einer Zählung, die im Sommer 1955 durch den „British Trust for Ornithology" durchgeführt wurde, sind es jetzt etwa 12 000 bis 15 000 Höckerschwäne, die über Großbritannien verteilt leben, und zwar 2750 bis 3000 Brutpaare und 8100 bis 8700 nicht brütende, also junge, noch nicht brutfähige Schwäne. Der weitaus überwiegende Teil davon, etwa 75%, bewohnt England, ca. 20% bevölkert Schottland, der Rest verteilt sich auf Wales. Großbritannien ist Schwanenland geworden.

Die jährliche Vermehrung betrug in London 15,6% gegenüber 18,4% in Dänemark. In einem Londoner Gebiet stieg das Vorkommen von 412 auf 1311, was einer Zunahme von 200% entspricht. Als Gründe dafür werden die geringere Nutzung für Nahrungszwecke, ein besserer Schutz, sichere Brutplätze und eine verstärkte Fütterung durch die Bevölkerung angegeben.

18.9. Sorgt für wilde Schwäne!

So hatte Heinroth seinen Aufruf überschrieben, als er dafür eintrat, die Gewässer wieder mit dem Wildschwan zu beleben. „Der Schwan ist jetzt geschützt", betonte er, „also gebt ihn frei, aber nicht den Schießern, sondern der Allgemeinheit, ihr zur Freude und zum Schutze." Er machte Vorschläge, wie man bei einer Aussetzung an fremdem Ort am zweckmäßigsten verfährt, um den Vogel an den neuen Platz zu binden, und riet, ihm die inneren 6 bis 7 Handschwingen eines Flügels zu kürzen, und zwar dicht an den großen Flügeldeckfedern (s. Fig. 5). Der Vogel würde dann am Auf- und Davonfliegen gehindert. Fallen ihm später bei der Mauser die gekürzten Federn aus und wachsen ihm neue, habe er sich inzwischen an den neuen Ort gewöhnt.

Heinroths Ruf wurde gehört, und die Versuche lehrten, daß die Einbürgerung des Höckerschwans an für ihn geeigneten Orten ohne weiteres möglich ist und bei entsprechendem Schutz auch schnell zum Erfolg führt.

Zunächst machte auch diesen Bestrebungen der zweite Weltkrieg einen Strich durch die Rechnung. Neben den halbwilden Schwänen verschwanden vielerorts auch die wilden Populationen. Sie gingen in ihrem Bestand so erschreckend zurück, daß sich besondere Schutzmaßnahmen notwendig machten. Die Deutsche Demokratische Republik setzte den Höckerschwan darum auf die Liste der vom Aussterben bedrohten Tiere. Jede Nachstellung, jede Beunruhigung des Vogels wurde streng untersagt, und um jede Störung von ihm abzuhalten, wurde er auch von der wissenschaftlichen Vogelberingung ausgenommen.

Die Schutzmaßnahmen wirkten sich so erfreulich aus, daß er inzwischen seine früheren Brutplätze wieder besetzte. Auch die Verluste des strengen Winters 1962/1963 konnten diese starke Entwicklung nicht aufhalten. In einigen Ländern nahm er so sehr zu, daß man sich bereits Gedanken macht, wie der Bestand reguliert werden kann. Es sind vermehrte Kämpfe zwischen den streitsüchtigen Männchen um die Brutreviere zu erwarten, die zum Tode des Schwächeren sowie der kleinen Jungen des Unterlegenen führen können. Die Sektion des Internationalen Rates für Vogelschutz in der Bundesrepublik befaßte sich mit dem Problem auf ihrer Tagung vom 3. bis 4. 9. 1960 in Garmisch-Partenkirchen. Es wurde eine Entschließung gefaßt und darin ausgesprochen, daß es nicht für ratsam angesehen wird, einer übermäßigen Schwanenansiedlung etwa mit Verboten entgegenzutreten oder gar die Jungschwäne flugunfähig zu machen. „Ein junger Höckerschwan“, so wird darin betont, „kann nur dann ein gesundes Tier werden und bleiben, wenn er seine Flugfähigkeit behält und zu einem Zugvogel, mindestens aber zu einem Strichvogel wird.“ Die Sektion empfahl vielmehr, ihn in übervölkerten Gebieten für die Zeit vom 15. 9. bis 15. 10. nach bestimmten Abschußplänen für die Jagd mit der Kugel freizugeben.

Noch gibt es aber für den Schwan weite Landgebiete, in denen er fehlt und die sich für seine Besiedlung eignen. Hält die Vermehrung weiter an, so wird der Höckerschwan eines Tages die heimatlichen Gewässer als ihr kostbarster Schmuck beleben.

19. Literaturverzeichnis

Airey, A. F. (1955): Whooper Swans in southern Lakeland. – Bird Study 2, S. 143–150; Anonymus (1938): Eigenartiges Verhalten einer Schwanenmutter. – Dtsch. Jagd, Nr. 34; dgl. (1955): Census of Mute Swans. Direct Enquiry. – Bird Study 3, S. 156/157; dgl. (1961): Entschließungen der Deutschen Sektion des Internationalen Rates für Vogelschutz. Zum Höckerschwanproblem. – Orn. Mitt. 13, S. 118; dgl. (1961/62): Vom Höckerschwan in Schweden. – Wild u. Hund 64, S. 618; dgl. (1962): Geplanter Schwanenmord. – Pirsch 14, S. 144

Bähr, H. (1965): Übersommernde Singschwäne *(Cygnus cygnus)*. – Beitr. Vogelk. 11, S. 198; Baumann, F. (1960): Von den Schwänen im und am Bodensee. – Dtsch. Jäger 78, 3, S. II–IV; Bespr. in: Orn. Mitt. 13 (1961), S. 215; Beckmann, K. O. (1939a): Zwergschwan, *Cygnus bewickii* Yarr., in Ost-Holstein. – Orn. Mber. 47, S. 17; dgl. (1939b): Zwergschwäne (*Cygnus bewickii* Yarrell) in Holstein. – ebd. 47, S. 61; Bekmann, B. L. (1751): Naturgeschichte der Mark Brandenburg. Berlin; Belevieh, E. F. (1963): The division of the Volga-Delta into physiographical districts in the Fauna and Ecology of Birds of Volga-Delta and the Caspien Sea-Shores. – Trans. Astrakhan Wildl. State Pres. 8; Bent, E. (1962): Seit Ludwig dem XIV. Schwäne in Luzern. – Tierwelt 72, S. 203; Bespr. in: Orn. Mitt. 14 (1962), S. 233; Berck, K.-H. (1963): Zwergschwäne in Hessen. – Natur Mus. 93, S. 415–417; Berg, B. (1928): Tookern, der See der wilden Schwäne. 2. Aufl. Berlin; Berglund, E. B., K. Curry-Lindahl, H. Luther, V. Olsson, W. Rodke, und G. Sellerberg (1963): Ecological Studies on the Mute Swan *(Cygnus olor)* in southeastern Sweden. — Acta Vertebr. 2, 2; Berndt, R. (1940): Erstnachweis des Zwergschwans, *Cygnus bewickii* Yarr., für Schlesien. — Ber. Ver. Schles. Orn. 25, S. 1—4; dgl. (1949): Wandlungen im Artenbestande der Braunschweiger Vogelwelt während der letzten Jahrhunderte. — Braunschweiger Kalender 1950, S. 44—46; dgl. (1951): Über Vorkommen und Stimme des Zwergschwans (*Cygnus bewickii* Yarr.). — Orn. Mitt. 3, S. 162; dgl., u. W. Meise (1962): Naturgeschichte der Vögel. Stuttgart; Bianchi, V. (1926): Über die Vögel Nordrußlands, Finnlands und des Baltikums, referiert von H. Grote. — J. Orn. 74, S. 426—463; Böhm, R. (1879): Im Sande der Mark. — Z. Orn. Stettin; Bofenschen, G., u. H. Kramer (1969): Überwinterungsplätze der Wildschwäne und Wildgänse im Bereich der Nordsee und der westlichen Ostseeküste. — Decheniana 122, 1, S. 87—116; Boyd, H., u. S. K. Eltringham (1962): The Whooper Swan in Great Britain. — Bird Study 9, S. 217—241; Brennecke, H.-E., (1962): Zur Ausbreitung des Höckerschwans und zur Frage seiner Fischereischädlichkeit. — Orn. Mitt. 14, S. 171—172; Brinkmann, M. (1933): Die Vogelwelt Nordwestdeutschlands. Hildesheim; Brouwer, G. A., u. L. Tinbergen (1939): De verspreiding der kleine zwanen, *Cygnus b. bewickii* Yarr., in der Zuiderzee, vóór en na de verzoeting. — Limosa 12, S. 1—18; Buxbaum, L. (1891): Die Überwinterung der Vögel 1890/91. — Orn. Mschr. 16, S. 139—142; dgl. (1893): Der Winter- und Frühjahrszug unserer Vögel. — ebd. 18, S. 252—254

Campbell, B. (1960): The Mute Swan Census in England and Wales. — Bird Study 7, S. 218—223; Chrailsheim, Frhr. v. (1962): Übermäßige Verbreitung des Höckerschwans. — Pirsch 14, S. 332; Bespr. in: Orn. Mitt. 14 (1962), S. 234; Christoleit, E. (1926): Bemerkungen zur Biologie der Schwäne. — J. Orn. 74, S. 464—490; Clodius, G. (1896): Seltene deutsche in Mecklenburg gefundene Vögel. — Orn. Mschr. 21, S. 322—328; Creutz, G. (1950): Zum Brutvorkommen des Höckerschwans an den Teichen der Oberlausitz. — Orn. Mitt. 2, S. 168—169

Darmer, G. (1955): Zur Brutbiologie des Höckerschwans (*Cygnus olor* Gmelin). — Beitr. Vogelk. 4, S. 82—86; Dathe, H. (1955): Forschungen über die Ursachen der Kippflügeligkeit. — Naturwiss. Rdsch. 8, März; dgl., u. H. Dathe (1965): Singschwan, *Cygnus cygnus*, im August auf dem Saaler Bodden. — Beitr. Vogelk. 10, S. 328; Dementiew, G. P., u. N. A. Gladkow (1952): Die Vögel der Sowjetunion. Bd. 4, Moskau; Dietrich, Fr. (1928): Hamburgs Vogelwelt. Hamburg; Dobbrick, W. (1939): Aus dem Danziger Gebiet. — Orn. Mber. 27, S. 48—51; Doß, K., u. K. Lambert (1963): Gehäuftes Zwergschwanvorkommen bei Malchin/Meckl. — Falke 10, S. 172/173; Dost, H. (1964): Die Hilfsaktion für die Höckerschwäne und die Wasservogelverluste im Winter 1962/1963 auf Rügen. — ebd. 11, S. 16—20; Drechsler, H. (1954): Wildschwäne über Uhlenhorst. Radebeul; Drost, R., u. E. Schüz (1939): Nochmals die Kältewelle am Jahresschluß 1938. — Vogelzug 10, S. 172—173; dgl. (1940): Von den Folgen des harten Winters 1939/40 für die Vogelwelt. — ebd. 11, S. 161—191; Dungern, O. v. (1938): Die Schwäne in Deutschland. — Märk. Natursch. S. 74—76

Eckardt, W. R. (1912): Das Auffliegen der Schwäne vom Erdboden. — Orn. Mschr. 37, S. 382—383; dgl. (1918): Über das Vogelleben des Meeres, insbesondere über die Anpassungen der Meeres- und Strandvögel an ihre Umgebung. II Schwimmvögel. — ebd., S. 70—80; Endrigkeit, A. (1940a): Parasitäre Massenerkrankungen als Ursache für Bestandsveränderungen in unserer Vogelwelt. — Dtsch. Vogelwelt 65, S. 70—75; dgl. (1940 b): Ein durch Parasiten hervorgerufenes Schwanensterben auf dem Nordenburger See. — Berlin. Münchn. Tierärztl. Wschr. 17, S. 148—151; Engländer, H. (1966): Singschwäne. — Rhein. Heimatpfl. NF. II; dgl., u. A. G. Johnen (1963): Der Niederrhein 30, S. 60—65

Floericke, K. (1916): Die Vögel des deutschen Waldes. 23. Aufl. Stuttgart; Fontane, Th.: Wanderungen durch die Mark Brandenburg. Berlin; Frank, F. (1940): Neuere avifaunistische Beobachtungen aus Oldenburg. — Orn. Mber. 48, S. 15—29; Frase, R. (1936): Der Höckerschwan *(Cygnus olor* Gm.) in der Grenzmark Posen-Westpreußen. — Abh. Ber. Grenzmärk. Ges. Schneidemühl 11, Sonderdruck; Friderich, C. G. (1891): Naturgeschichte der deutschen Vögel. Stuttgart; Frielinghaus (1941): Wildschwäne in Westfalen. — Dtsch. Vogelwelt 66, S. 158—159

Gladkow, N. A., s. Dementiew (1952); Groebbels, F. (1941): Zwergschwäne *(Cygnus bewickii* Yarrell) am Balksee. — Orn. Mber. 49, S. 146; Groß, Julius (1939): Zwergschwäne am Steinhuder Meer. — ebd. 47, S. 82

Haapanen, A., u. H. Helminen (1965): Joutsenen nykylevinneisgys (Present breeding range of the Whooper Swan in Finland). Sonderdruck; Handtke, K. (1955): Singschwäne als Durchzügler an der Elbe bei Aken. — Falke 2, S. 175; Harms, M. (1937): Ornithologische Notizen aus Estland. — Orn. Mber. 45, S. 43—46; Hartert, E. (1921): Die Vögel der paläarktischen Fauna. Bd. 2. Berlin; dgl., u. F. Steinbacher (1936): dgl. Ergänzungsband; Heide, G. D. v. d., s. Lebret (1942); Heinroth, O. (1911): Beiträge zur Biologie, namentlich Ethologie und Psychologie der Anatiden. — Verh. V. int. Orn. Kongr. Berlin, S. 589—702; dgl. (1922): Ausflug nach Masuren zur Beschaffung von Höckerschwänen. — Orn. Mber. 30, S. 121—124; dgl. (1929): Sorgt für wilde Schwäne. — Vogelschutzwarte, S. 30—40; dgl. (1939): Wie wir den Höckerschwan wieder einbürgerten. — Jber. Berlin Brandenb. Naturschutz, S. 1—7; dgl., u. M. Heinroth (1928): Die Vögel Mitteleuropas. Bd. 3. Berlin; dgl. (1955): Aus dem Leben der Vögel. 2. Aufl. Berlin-Göttingen-Heidelberg; Helms, O. (1911): Die Avifauna Ostgrönlands. — Verh. V. int. Orn. Kongr. Berlin, S. 273—282; Henrici, F. (1901): Besuche auf dem Karrasch-See (Westpreußen). — Orn. Mschr. 26, S. 137—144; Högström, S., u. L. E. Wiss (1968): Mindre sångsvanens (*Cygnus columbianus bewickii* Yarrell) förekomst i Sverige jämte något om artens sträck i Österjöomradet. — Fågelvärld 27, S. 12—14; Bespr. Schüz in: Vogelwarte (1968), S. 293; Hewson, R. (1964): Herd composition and dispersion in the Whooper Swan. — Brit. Birds 57, S. 26—31; Heyder, J. (1965): Junge Singschwäne in Jena. — Falke 12, S. 32; Heymer, A. (1958): Zwergschwan, *Cygnus bewickii* Yarr., in Haselbach/Thür. — Beitr. Vogelk. 5, S. 316; Hilprecht, A. (1938): Vogelkunde im Magdeburger Land. Magdeburg; dgl. (1939): Der Wildschwan in Mitteldeutschland. Anregungen zu seiner Wiederansiedlung. — Montagsblatt, wiss. Beil. Magdeb. Ztg. 81, S. 105 bis 107; dgl. (1968): Der Bestand des Höckerschwans in der Deutschen Demokratischen Republik im Jahre 1966. — Falke 15, S. 148—151; Hurtig, T. (1956): Eis an der Ostseeküste. — Natur Heimat. H. 1, S. 13—17

Ivanauskas, T. (1960): Zunahme des Höckerschwans in Litauen. — Falke 7, S. 190

Jahnukainen, M. (1963): On the spring migration of the Whooper Swan *(Cygnus cygnus)* in the Helsinki region in the years 1950—1961. — Ornis Fennica 40, S. 1—12; Jany, E. (1938): Neues über Brutvögel in Petsamo (Finnisch-Lappland). — Beitr. Fortpfl. Vögel 14, S. 26—27; Jauch, W. A. (1960): Schwanenfreud und Schwanenleid. Zur Wiedereinführung des Höckerschwans auf dem Bodensee. — Konstanzer Almanach, S. 89—94; Johansen, H. (1959): Die Vogelfauna Westsibiriens, III. Teil. — J. Orn. 100, S. 60—64; Johnston, W. (1935): Notes on the nesting of captive Mute Swans. — Wilson Bull., S. 237

bis 238; J u n g , N. (1966): Eine Singschwanbrut in Mecklenburg? — J. Orn. 107, S. 88—89

K a l e l a , O. (1946): Zur Charakteristik der neuzeitlichen Veränderungen in der Vogelfauna Mittel- und Nordeuropas. — Ornis Fennica 23, S. 78—98; dgl. (1950): Zur säkularen Rhythmik der Arealveränderungen europäischer Vögel und Säugetiere, mit besonderer Berücksichtigung der Überwinterungsverhältnisse als Kausalfaktor. — ebd. 27, S. 1—30; dgl. (1952): Suomi, a general Handbook on the Geography of Finland. Helsinki; dgl. (1955): Die neuzeitliche Ausbreitung des Kiebitzes, *Vanellus vanellus* (L.) in Finnland. — Ann. Soc. Zool.-bot. Fenn. 16, H. 11; K a t e , C. G. B. ten (1930): Over de talriykheid van *Cygnus bewickii bewickii* Yarr. in den winter langs de Oostkust van de Zuiderzee. — Org. Club Nederl. Vogelk. 2, S. 187—198; K n a u t h e , K. (1893): Häufigkeit des Singschwans in Ostfriesland. — Orn. Mschr. 18, S. 189—190; K ö n i g , H. v. (1938): Der Höckerschwan wieder Brutvogel in der Mark Brandenburg. — Märk. Naturschutz, S. 77—79; K ö n i g s t e d t , D., u. B. N i c o l a i (1968): Zwergschwanbeobachtungen im Binnenland. — Falke 15, S. 420—421; K o s t i n , J. W. (1968): Der Höckerschwan in der Karkinitzker Bucht und die Beringungsresultate. In „Die Wanderung der Tiere", Bd. 5, S. 5—11, Leningrad; K r o h n , H. (1899): Ausflug nach den Höckerschwan-Brutplätzen im Wesseker See. — Orn. Mschr. 24, S. 222—228; dgl. (1925): Die Vogelwelt Schleswig-Holsteins. Hamburg; K r ü d e w a g e n (1939): Gehört der auf Teichen und Flüssen des Industriegebietes lebende Höckerschwan zu den geschützten wilden Schwänen? — Dtsch. Jagd, Nr. 20; K ü h l h o r n (1912): Das Auffliegen der Schwäne vom Erdboden. — Orn. Mschr. 37, S. 253—254; K u h k , R. (1939): Die Vögel Mecklenburgs. Güstrow; K u h l e m a n n , P. (1963): Die große Hilfsaktion für Wasservögel im Februar/März 1963. — Orn. Mitt. 15, S. 147—152; K u m e r l o e v e , H. (1950): Zur Kenntnis der Osnabrücker Vogelwelt (Stadt- und Landkreis). — Veröff. naturw. Ver. Osnabrück 25, S. 147—309

L e b r e t , T., u. G. D. v. d. H e i d e (1942): Het voorkomen van Kleine Zwanen, *Cygnus b. bewickii* Yarr., in den Noordoostpolder. — Ardea 31, S. 148—150; L e e g e , O. (1892): Zum Vogelzuge im Mai 1892. — Orn. Mschr. 17, S. 295—299; dgl. (1893): Häufigkeit des Singschwans in Ostfriesland im Winter 1892/93. — ebd. 18, S. 189—190; dgl. (1940): Zwergschwäne — *Cygnus b. bewickii* Yarr. — auf den ostfriesischen Inseln. — Dtsch. Vogelwelt 65, S. 9—11; L e n s k i , E. (1950): Ein pommersches Vogelparadies. — Columba, Dez. 50, S. 90—91; L e n z , H. O. (1856): Zoologie der alten Griechen und Römer. Gotha; L e u z i n g e r , H. (1963): Das Auftreten der Schwäne *(Cygnus)*, Feldgänse *(Anser)* und Meergänse *(Branta)* in der Schweiz und im Bodenseegebiet im Winter 1962/63. — Orn. Beob. Bern, S. 223—236; L e v e r k ü h n , P. (1886): Ornithologische Exkursionen im Frühling 1886. Von Clausthal nach Kiel. — Orn. Mschr. 11, S. 256 bis 264; L i b b e r t , W. (1955): Zwergschwan, *Cygnus bewickii*, in der Uckermark. — Beitr. Vogelk. 4, S. 129; L i n d n e r , Fr. (1888): Frißt der Höckerschwan Fische? — Orn. Mschr. 13, S. 223; dgl. (1915): Ornithologische Beobachtungen auf Hiddensee im Jahre 1914. — ebd. 40, S. 67—89; L i n g , R. G. (1961): Über die Wiedereinbürgerung des Höckerschwans in Estland. Ekologia i magracii ptic Pribaltiki. Vorträge der 4. baltischen Ornithologen-Konferenz. Riga, S. 81—83; Bespr. S z i j j in: Vogelwarte 21 (1962), S. 333

M a k a t s c h , W. (1950): Die Vogelwelt Mazedoniens. Leipzig; M a t h i a s s o n , S. (1963): Untersuchungen über jährliche Fluktuationen nichtbrütender Höckerschwäne *Cygnus olor* (Gm.) in Schonen, Südschweden. — Lunds Univ. Årsskrift NF. Avd. 2, 58, 13; dgl. (1963): Uppträdandet av icke Häckande Knölsvanar, *Cygnus olor* (Gm.) i Kungsbackafjorden och Näraliggande Havsvikar. — Göteborgs Naturhistoriska Museum; M a u e r s b e r g e r , G. (1958): Zur feldornithologischen Kennzeichnung des Zwergschwans, *Cygnus bewickii* Yarrell. — Beitr. Vogelk. 5, S. 122—136; McLean, I., u. K. Williamson (1960): Traekfugle mellem Sydgrønland og Island. — Dansk Orn. Foren. Tidskr. 54, S. 69—76; Bespr. Goethe in: Vogelwarte 21 (1961), S. 77—78; Mecklenburg, E. (1944): Ein Singschwanpaar in Mecklenburg. — Dtsch. Vogelwelt 69, S. 19—20; Melchior-Hansen, R. (1962): Jagttagelser over Bornholms fugleliv 1957—1960. — Flora Fauna 68, S. 165—171; Merikallio, E. (1958): Finnish birds, their distribution and numbers. — Fauna Fennica V; Michelson, G. A. (1962): Der jahreszeitliche Aufenthalt und die Wanderungen der lettischen Entenvögel nach den Beringungsergebnissen. In: Die Wanderungen der Wasser- und Ufervögel der Lettischen SSR. Ornithologische Untersuchungen Bd. 3. Riga, S. 25—26

Naumann (1897—1905): Naturgeschichte der Vögel Mitteleuropas. Neubearbeitung von Carl R. Hennicke, Gera; Nieß, H. (1955): Beobachtungen zur Brutbiologie des Höckerschwans (*Cygnus olor* Gm.). — Beitr. Vogelk. 4, S. 201—203; dgl. (1960): Beobachtungen an den Hamburger Alsterschwänen, *Cygnus olor* (Gm.), in den Jahren 1951—1955. — ebd. 7, S. 239—251; dgl. (1960): Brütet das Männchen vom Höckerschwan, *Cygnus olor* Gm., wirklich? — ebd. 7, S. 19—21; dgl. (1961): Zum Höckerschwanenproblem. — Natur Landschaft 36, S. 194—195; Bespr. in: Orn. Mitt. 14 (1962), S. 75; Niethammer, G., K. M. Bauer, u. U. N. Glutz von Blotzheim (1968): Handbuch der Vögel Mitteleuropas. Bd. 2. Frankfurt/M.; Nilsson, L. (1965): Andfågelstudier i Trollhättetrakten 1959—1964. — Fauna och Flora 60, S. 27—45; Nisbet, J. C. T. (1955): Bewick's Swans in the fenlands: the past and present status. — Brit. Birds 48, S. 533—537; dgl. (1959): Bewick's Swans in the British Isles in the winters of 1954—55 and 1955—56. — ebd. 52, S. 393—416; berichtigt 53 (1960), S. 94 und 237; Norderhang, M. (1962—1963): Fra Knoppsvanens forekomst i Vestfold fram til 1962. — Sterna, S. 49—59

Paludan, K. (1962): Wildfowl Research and Conservation in Denmark in 1961. — Wildfowl Trust 13th Annual Report, S. 31—32; Pedersen, E. T. (1961): Nogle aendringer i Jüllands ynglefuglefauna gennem de sidste 50 år. — Flora Fauna 67, S. 63—73; Pejler, B. (1962): Om sjöfåglar och sjötyper. — Fågelvärld 21, S. 267—274; Peters, N. (1931): 10 Jahre Brutstatistik und Entwicklung der Hamburger Alsterschwäne. — Abh. naturw. Ver. Hamburg 23, Sonderdruck; dgl. (1935): (Zusatz zu Verthein, Zwergschwäne bei Hamburg.) — Orn. Mber. 43, S. 48—51; dgl. (1936): Über Beobachtungen an den Hamburger Alsterschwänen, *Cygnus olor* (Gmel.), in den Jahren 1931—1935. — Abh. naturw. Ver. Hamburg NF. 1, S. 195—214; Peterson, R. G. Mountfort, u. P. A. D. Hollom (1954): Die Vögel Europas. Hrsg. G. Niethammer. Hamburg-Berlin; Petzold, H.-G. (1964): Vergleichend-ethologische Beobachtungen an Schwänen. — Beitr. Vogelk. 10, S. 1—126; Poncy, R. (1941): Trajectoire aérienne de Monettes rienses. — Orn. Beob. Bern 38, S. 161; Portielje, A. F. J. (1936): Ein bemerkenswerter Grenzfall von Polygamie bzw. accessorischer Promiskuität beim Höckerschwan, zugleich ein Beitrag zur Ethologie bzw. Psychologie von *Cygnus olor* (Gm.). — J. Orn. 84, S. 140—158; Poulsen, H. (1948): Bidrag til Svanernes Ethologi. — Dansk Orn. Foren. Tidskr. 42, S. 173—201; dgl. (1953): A study of incubation responses and some other behaviour patterns in birds. — Vidensk. Meddel. Dansk naturh. Foren. 115, S. 1—139

Reinsch, H. H. (1965): Ornithologische Beobachtungen auf drei Fahrten nach Island. — Beitr. Vogelk. 10, S. 241—256; Requate, H. (1954): Die Entenvogelzählung in Deutschland (1948 bis April 1953). — Biol. Abh., H. 10; Rey, E. (1903): Mageninhalt einiger Vögel. — Orn. Mschr. 28, S. 67—71; dgl. (1908):

Mageninhalt einiger Vögel. — ebd. 35, S. 413—421; Ringleben, H. (1936): Über einige Fälle von Polyandrie und Polygynie bei Vögeln. — Orn. Mber. 44, S. 178—179; Rosenberg, E. (1946): Sangsvanan. Vara Faglar i Norden. Stockholm; Ruthenberg, H. (1968): Massensterben von Höckerschwänen im NSG „Galenbecker See" und die Ursachen (vorläufige Ergebnisse). — Falke 15, S. 93—95

Salomonsen, F. (1938): Fugletraekket over Danmark. Kopenhagen; Sanden, W. v. (1933): Guja, See der Vögel. Königsberg; dgl. (1934): Zunahme des Bestandes an wilden Höckerschwänen auf dem Nordenburger See. — Orn. Mber. 42, S. 52—53; dgl. (1935): Beobachtungen an dem Schwanenbestand des Nordenburger Sees in Ostpreußen seit seiner Besiedlung mit *Cygnus olor*. — ebd. 43, S. 82—85; dgl. (1936): Von den Höckerschwänen des Nordenburger Sees 1935. — ebd. 44, S. 88—89; dgl. (1938): Höckerschwäne *(Cygnus olor)* auf dem Nordenburger See 1936 und 1937. — ebd. 46, S. 53—54; dgl. (1939): Der Bestand der Höckerschwäne Ostpreußens 1936/38 und ihr Leben auf dem Nordenburger See. — Schr. phys.-ökon. Ges. Königsberg 71, S. 37—52; dgl. (1959): Überall Leben. Hannover; Schalow, H. (1919): Beiträge zur Vogelfauna der Mark Brandenburg. Berlin; Schelde, O. (1961): Pibesvanens (*Cygnus columbianus bewickii* Yarrell) forekomst i Danmark. — Dansk Orn. Foren. Tidsskr. 55, S. 185—192; Scherping (1938): Schaden Schwäne der Fischerei? — Naturschutz, Aug. 1938; Schifferli, A. (1945): Jahresbericht der Schweizer Vogelwarte Sempach für die Jahre 1943 und 1944. — Orn. Beob. Bern 42, S. 154 bis 173; dgl. (1949): dgl. für die Jahre 1947 und 1948. — ebd. 46, S. 161—186; dgl. (1953): dgl. für die Jahre 1951 und 1952. — ebd. 48, S. 169—208; Schmidt, G. A. J. (1965): Der Zwerg- oder Tundraschwan, *Cygnus bewickii*, in Schleswig-Holstein und Hamburg. — Corax 1, S. 10—38; Schoennagel (1938): Zur Verbreitung des Höckerschwans in der Kurmark. — Märk. Natursch., S. 132; Schubert, M. (1963): Der Zwergschwan, *Cygnus bewickii* Yarr., im Gebiet der DDR (1950—1961). — Falke 10, S. 75—80, 128—133; Schüz, E., s. Drost (1939 u. 1940); dgl. (1942): Flugweise des Singschwans *(C. cygnus)* beim Zug über Eisflächen. — Vogelzug 13, S. 61; dgl. (1942): Bewegungsnormen des Weißen Storches. — Z. Tierpsych. 5, S. 1—37; Scott, P. (1966): The Bewick's Swans at Slimbridge. — Wildf. Trust 17. Ann. Rep. 1964—65, S. 20—26; Scott, D. (1967): The Bewick's Swans at Slimbridge 1966—67. — Wildf. Trust 18. Ann. Rep. 1965—66, S. 24—27; dgl. (1967): The wild Singing Swans of Slimbridge. — Animals 10, S. 420—424; Bespr. Schüz in: Vogelwarte (1968), S. 293; Snoukaert van Schauburg, R. C. J.: Large brood of Mute Swan. — Brit. Birds 26, S. 231; Bespr. in: Beitr. Fortpfl. Vögel 9 (1933), S. 39; Sokolowski, J. (1960): The Mute Swan in Poland. — State Council Cons. Nat., Nr. 1, Krakow, 28 S.; Sprenger, A. (1913): Schwanenkult. — Orn. Mschr. 38, S. 461—464; Steinbacher, G. (1938): Der Höckerschwan in der Kurmark. — Märk. Natursch., S. 131—132; Steinparz, K. (1963): Ist Fischlaich für Vögel unverdaulich? — Egretta 6, S. 26; Stresemann, E. (1927—1928): Aves. In: Kückenthal-Krumbach, Handbuch der Zoologie. Berlin und Leipzig; dgl. (1940): *Colymbus adamsii* und *Cygnus bewickii* als Brutvögel bei Petsamo (Finnisch-Lappland). — Orn. Mber. 48, S. 188—189; dgl., u. V. Stresemann (1966): Die Mauser der Vögel. — J. Orn. 107. Sonderheft; Szidat, L. (1942): Über die Beziehungen zwischen Parasitologie und Ornithologie. — Vogelzug 13, S. 17—35; Szielasko, A. (1926): Geschichtlicher Überblick über die Vogelkolonien des Nördlich-Europäischen Eismeeres und der Nachbarländer. — J. Orn. 74, S. 497—511; Szijj, J. (1963): Zehn Jahre Entenvogelzählung am Bodensee. — Vogelwarte 22, S. 1—17; dgl. (1963): Bestand des Höckerschwans *(Cygnus olor)* am Bodensee. — ebd. 22, S. 80—84; dgl. (1965): Ökologische Untersuchungen an Entenvögeln (Anatidae) des Ermatinger Beckens. — ebd. 23, S. 24—71

T h i e l c k e, G. (1956): Zum Vorkommen des Zwergschwans (*Cygnus bewickii* Yarr.) in Deutschland. Manuskript; T h i e n e m a n n, J. (1931): Vom Vogelzuge in Rossitten. Neudamm; T i e m a n n, Fr. (1868): Zool. Garten Frankfurt M. 9; T i m m e r m a n n, A.: Over de vogels van Gaasterland I u. II — Vanellus 11 und 13. Sonderdruck; T i n b e r g e n, L. (1941): Vogels in hun domein. Over de Vogelbevolking van Nederland in haar samenhang mit Landschap, Plantengroei en Dierenwereld. Amsterdam; T i s c h l e r, F. (1941): Die Vögel Ostpreußens und seiner Nachbargebiete. Bd. 2. Königsberg; T s c h u s i z u S c h m i d h o f f e n, v. (1902): Ornithologische Kollektaneen aus Oesterreich-Ungarn und dem Occupations-Gebiete. VIII. — Orn. Mschr. 27, S. 137—142; dgl. (1906): dgl. XIII. — ebd. 31, S. 438—452

U l b r i c h, E. (1939): Wildschwäne im Botanischen Garten in Berlin-Dahlem. — Märk. Natursch., S. 162—164; U s s h e r, R. J., u. R. W a r r e n (1900): The Birds of Ireland. London

V e r t h e i n, J. (1935): Zwergschwäne *(Cygnus bewickii)* auf der Unterelbe unterhalb Hamburgs. — Orn. Mber. 43, S. 48—51; V i e t i n g h o f f - R i e s c h, A. Frhr. v. (1942): Über Ansiedlungsversuche durch Aussetzen von Vögeln. — Dtsch. Vogelwelt 67, S. 35—39 u. S. 59—63; dgl. (1960): Singschwäne *(Cygnus cygnus)* im Januar in der Oberlausitz. — Orn. Mitt. 12, S. 139; V o l j u s, M. J., u. J. K. M u r a s c h k a (1961): Natürliche Wiedereinbürgerung des Höckerschwans in Litauen und im Baltikum. Thesen der Vorträge der 4. Baltischen Ornithologentagung 1960. Riga, S. 13—14; Bespr. S z i j j in: Vogelwarte 21 (1962), S. 246; V o l l b r e c h t, K. (1943): Singschwäne (*Cygnus c. cygnus* L.) bei Gifhorn. — Dtsch. Vogelwelt 68, S. 31—32; V o o u s, K. H. (1960): Atlas van de Europese Vogels. Amsterdam-Brüssel

W a c h s, H. (1929): Beiträge zur Biologie der Ornis des Mare Balticum. — Mitt. naturw. Ver. Greifswald 52/56, S. 1—32; W a i t k j a w i t s c h u s, A. P., u. W. K. S k u o d i e s (1965): Der Höckerschwan. In: Der Zug der Vögel nach den gegebenen Zusammenstellungen in Litauen von 1929 bis 1959. Wilna, S. 46—49; W a l j u s, M. I. (1952): Materialien über die Biologie der Höckerschwäne in Litauen. — Ornitologija 2, M. S. 221—227; W a l t e r, A. (1889): Ein Beispiel von Mutterliebe des Wasserhuhns *(Fulica atra).* — Orn. Mschr. 14, S. 321—322; W a r r e n, R., s. U s s h e r; W e i c h e l t, O. (1940): Der Höckerschwan *Cygnus olor* (Gm.) wieder Brutvogel in Mitteldeutschland. — Beitr. Avifauna Mitteldtschl. 4, S. 29—32; W e i l a n d, A. P. (1960): Zur Siedlungsdichte des Höckerschwans. — Zwischen zwei Meeren (Mittl.bl. Bund Vogelsch., Landesgr. Schlesw.-Holst.), Nr. 5, S. 8—9; W e n d e h o r s t (1933): Vogelschutz an der Ruhr. — Naturschutz, Juli 1933; W e s t e r n h a g e n, W. v., u. J. Pons O l i v e r a s (1966): Ornithologische Notizen aus dem Ebrodelta. — J. Orn. 107, S. 154—166; W i n o k u r o w, A. A., V. S. S a l e t a e w, A. A. K i s c h t s c h i n s k i, A. V. M i c h e e w, B. W. S a b i n e w s k i, A. P. F e d o r e n k o, u. L. K. S c h a p o s c h n i k o w (1960): Das Überwintern von Wasservögeln an den Küstengebieten des Schwarzen und Asowschen Meeres im Winter 1957/58. — Migracii Schivotnych 2, S. 45—54; Bespr. S c h ü z u. S z i j j in: Vogelwarte 21 (1962), S. 78—79; W i ß, L.-E. (1963): Knölsvanen på Gotland. — Fauna och Flora 58, S. 204—207; W i t h e r b y, H. F., F. C. R. J o u r d a i n, N. F. T i c e h u r s t, u. B. W. T u c k e r (1958): The Handbook of British Birds. Bd. III. London, S. 172—174; W i t t e, H. (1939): Zwergschwan *(Cygnus bewickii* Yarrell) bei Bremen. — Orn. Mber. 47, S. 82

Z a j a c, R. (1963): Höckerschwan, *Cygnus olor,* in Nordwest-Polen. — Acta Orn. Warszawa 7, S. 221—252; Z i m m e r m a n n, H., u. W. K a i s e r (1968): Verstärkter Durchzug von Zwergschwänen. — Falke 15, S. 282